集成电路科学与工程系列教材

芯片安全防护概论

朱春生　郭朋飞　编著

电子工业出版社·

Publishing House of Electronics Industry

北京·BEIJING

内 容 简 介

本书从基本原理、电路设计和案例应用三个层次，全面、系统地介绍芯片攻击与安全防护的相关知识，全书共 10 章，其中第 1 章为绪论，第 2～4 章介绍侧信道攻击与防护、故障攻击与防护和侵入式及半侵入式攻击与防护，第 5 章介绍硬件木马攻击与防护，第 6 章介绍物理不可克隆函数，第 7～9 章分别介绍 IP 核安全防护、处理器安全防护、存储器安全防护，第 10 章介绍芯片测试与安全防护。全书内容翔实、概念讲解深入浅出、案例应用丰富，各章末尾均列有参考文献以供读者进一步深入学习。本书提供配套的电子课件 PPT。

本书可以作为普通高等院校电子科学与技术、网络空间安全、计算机科学与技术、信息安全等专业高年级本科生及研究生的教材，同时也是芯片安全性设计、攻击分析、安全性测试评估等领域的工程技术人员和研究人员的重要参考资料。

图书在版编目（CIP）数据

芯片安全防护概论 / 朱春生，郭朋飞编著. —北京：电子工业出版社，2023.1
ISBN 978-7-121-44973-4

Ⅰ. ①芯… Ⅱ. ①朱… ②郭… Ⅲ. ①芯片－信息安全－高等学校－教材
Ⅳ. ①TN43 ②TP309.7

中国国家版本馆 CIP 数据核字（2023）第 017550 号

责任编辑：王晓庆
印　　刷：北京虎彩文化传播有限公司
装　　订：北京虎彩文化传播有限公司
出版发行：电子工业出版社
　　　　　北京市海淀区万寿路 173 信箱　　邮编：100036
开　　本：787×1092　1/16　印张：15　字数：384 千字
版　　次：2023 年 1 月第 1 版
印　　次：2024 年 3 月第 2 次印刷
定　　价：55.00 元

凡所购买电子工业出版社图书有缺损问题，请向购买书店调换。若书店售缺，请与本社发行部联系，联系及邮购电话：（010）88254888，88258888。

质量投诉请发邮件至 zlts@phei.com.cn，盗版侵权举报请发邮件至 dbqq@phei.com.cn。

本书咨询联系方式：（010）88254113，wangxq@phei.com.cn。

前　言

随着互联网、大数据、云计算及人工智能等信息技术的加速创新，其与经济社会各个领域的融合不断加深，极大地改变了人们的生产与生活方式。如今数字经济已经上升为国家战略，逐渐成为重组全球要素资源、重塑全球经济结构、改变全球竞争格局的关键力量。然而伴随信息技术快速发展而来的是安全方面的隐患，正如英国作家查尔斯·狄更斯在《双城记》中开篇所说："这是一个最美好的时代，也是一个最糟糕的时代。"而对于信息技术蓬勃发展和广泛应用的今天，最美好和最糟糕之间往往只差了一个"安全"。近年来，针对信息系统的攻击越来越多，危害越来越大，攻击对象也正在从面向应用和软件的高层向底层硬件转移。芯片作为现代电子信息系统的"芯"脏，是底层硬件平台的核心，其面临的安全风险也在不断增加，针对芯片潜在的脆弱点或安全风险一旦被触发，就会导致一系列严重后果。

目前，芯片的安全性问题已经受到社会各界广泛关注，各国都在加速推进芯片安全技术的研究。如美国国防部高级研究计划局（DARPA）启动的"电子复兴计划"（ERI）已经将芯片安全性设计作为主要研究方向之一，欧洲 11 国提出的"电子芯片和半导体产业联盟计划"将安全增强处理器设计作为核心任务之一等。我国也正在以网络空间安全为牵引，不断强化关键信息基础设施的安全技术研究，特别是随着"网络空间安全"和"集成电路科学与工程"等一级学科的设立，各个高校、科研单位及相关公司都开始聚力于以芯片为核心的硬件安全技术的研究与探索。

然而芯片的安全防护技术涉及芯片设计与制造、信息安全、密码学、计算机科学与技术、网络空间安全等多个学科领域的交叉融合，以及相关国家标准、检测规范和法律法规的制定，内容涵盖得非常广泛。同时，在现有的芯片安全防护设计中，缺乏通用、有效的工具和系统的解决方案等，这些都为芯片安全防护技术的研究带来了巨大挑战。

芯片安全防护技术的发展离不开大量相关领域专业技术人才的支撑，然而在这方面的人才培养和实际教学中，系统性的教材和参考书籍仍较为匮乏。为了进一步促进以芯片安全为核心的防护技术研究，适应新时代课程体系和教学内容的改革，培养更多适应芯片安全防护技术发展的综合性人才，笔者编写了本书。

本书有以下特色。

（1）围绕芯片的全生命周期及供应链安全，从设计、制造和测试等多个维度，全面、系统地介绍针对芯片的攻击及安全防护技术，内容涵盖物理攻击、硬件木马、测试攻击、数据防护及安全原语设计等，能够呈现出一幅完整的芯片安全防护基础图景。

（2）全书从基本原理、电路设计和案例应用三个层次，从攻击和防护两个维度对各部分内容进行编排设计，力求做到深入浅出、循序渐进、即学即用。

（3）着重对 IP 核、处理器、存储器等典型芯片类型的攻击与防护技术进行全面介绍，涵盖攻击模型分析、攻击方法实现及应对防护策略等。

（4）涵盖芯片安全防护技术的最新发展趋势，包括新兴器件、新兴工艺和人工智能技术在芯片安全防护中的应用及对芯片安全性的影响等内容。

全书共 10 章，全面、系统地介绍芯片安全防护的知识。第 1 章为绪论，主要对芯片安全防护概念、发展趋势及芯片安全防护中常用的密码算法进行介绍。第 2～4 章对芯片的物理攻击与防护技术进行介绍，其中第 2 章介绍侧信道攻击与防护，第 3 章介绍故障攻击与防护，第 4 章介绍侵入式及半侵入式攻击与防护。第 5 章主要介绍硬件木马攻击与防护。第 6 章介绍物理不可克隆函数。第 7～9 章围绕具体的芯片类型（IP 核、处理器、存储器），详细介绍相关的攻击模型、攻击方法及防护技术。第 10 章主要介绍芯片测试与安全防护，包括基于扫描链、JTAG 的攻击及面向 SoC 的测试攻击等。

本书提供配套的电子课件 PPT，请登录华信教育资源网（www.hxedu.com.cn）注册后免费下载，也可联系本书编辑（010-88254113，wangxq@phei.com.cn）索取。

本书第 1～7 章、第 9～10 章由朱春生编写，第 8 章由朱春生和郭朋飞共同编写。本书在编写的过程中参考了大量近年来出版的相关技术资料，吸取了许多专家和同人的宝贵经验，在此向他们深表谢意。特别是中国人民解放军战略支援部队信息工程大学的严迎建、戴紫彬、张立朝、徐金甫、陈韬、陈琳、李伟、徐劲松、刘军伟、南龙梅、钟晶鑫、王俊杰、李军伟、杜怡然、刘燕江、金羽等老师，为本书的编写提供了有力支持和宝贵意见。电子工业出版社为本书的编辑、校对、出版做了大量工作，笔者对此表示诚挚的感谢。同时，也感谢我的家人，特别是我的妻子李攀和孩子朱鸣谦，感谢你们在新冠肺炎疫情期间全力支持我的工作和生活，使我有充足的时间完成本书编写。

笔者希望通过本书，能够与国内同行一起分享和探索芯片安全防护领域的技术发展，共同提高我国芯片安全防护水平。

由于国内外半导体芯片技术和信息安全技术迅猛发展，针对芯片安全防护技术的研究和应用正在发生深刻变革，因此笔者虽然在编写过程中力求精益求精，但仍未能面面俱到。加上笔者水平有限，书中错误和不足之处在所难免，敬请读者批评指正，有任何疑问可与笔者直接联系（cszhu01@126.com）。

朱春生

2022 年 12 月

目　　录

第1章 绪 论

芯片作为现代电子信息系统的"芯"脏，是支撑信息技术和数字经济发展的核心基石。也正是由于芯片的这种核心关键作用和地位，使其成为各类攻击者的重要攻击目标。芯片安全作为一个相对的概念，一直在围绕"攻击与防护"这对相互矛盾的主体快速发展演进。本章主要对芯片面临的安全威胁和相应的防护技术进行概述，同时对芯片安全防护中常用的密码算法进行阐述，最后结合国内外最新的技术发展趋势，对芯片安全防护技术的未来发展进行介绍。

1.1 引言

近年来，随着大数据、云计算、物联网及区块链等新一代信息技术的飞速发展，其对社会各行各业及人们的日常生活产生了巨大影响。在这些新兴的信息技术的支撑下，数字经济已经成为现代经济发展中创新最为活跃、影响最为广泛的产业领域。而以集成电路为代表的芯片，作为核心基础部件，是促进信息技术乃至数字经济发展的重要动力。

回顾历史，从 1947 年第一个晶体管被发明，1954 年第一台晶体管计算机研制成功，1958 年第一块集成电路芯片诞生，到 1981 年世界上第一台笔记本电脑诞生，微型计算机、个人计算机逐步取代了大型计算机，成为时代的主导者；2000 年，智能手机和平板电脑快速取代了个人计算机，人们也进入了移动互联网时代。在摩尔定律的不断驱动下，现在的普通物品也能够较为容易地获得一定的计算和连接能力，由此带来了智能设备及物联网的蓬勃发展。如图 1-1 所示，现在已经步入"万物互联"的新时代。据相关机构预测，2022 年至 2027 年，我国的物联网连接总数将保持 17.3% 的年复合增长率，预计 2027 年连接设备总数将超过千亿台，市场规模将突破 5 万亿元人民币。目前，随着 5G、新型传感器芯片和人工智能等新技术的发展，物联网也被赋予越来越多的新内涵，智能家居、智慧农业、智慧城市、智慧医疗等越来越多具有物联网概念的新兴产业蓬勃发展，为人们的生活带来了极大的便捷。

伴随信息技术乃至数字经济快速发展而来的是安全方面的隐患，正如查尔斯·狄更斯在《双城记》中开篇所说："这是一个最美好的时代，也是一个最糟糕的时代。"而最美好和最糟糕之间往往只差了一个"安全"。在现实生活中，针对物联网、智能终端等各类设备和信息系统的攻击案例越来越多，危害也越来越大；而针对信息系统的攻击目标，也正在从面向应用和软件堆栈的高层逐渐向底层硬件转移。芯片作为现代电子信息系统的"芯"脏，是底层硬件平台的核心，在整个系统中发挥着不可替代的作用。针对芯片潜在的脆弱点或安全风险一旦被触发，就会导致一系列严重的安全问题。2007 年，以色列轰炸叙利亚东北部潜在的核设施时，由于设施内部的处理器芯片被植入后门，因此叙利亚预警雷达形同虚设，没有发出任何警报。2012 年，军用级 FPGA 芯片 ProASIC3 上面的后门被攻击者利用，使其可以获取芯片上的机密信息及改变芯片上的数据，造成严重的数据泄露。2018年，处理器中的 Meltdown 和 Spectre 硬件漏洞被曝光，恶意程序能够利用这两个漏洞非法获取内存信息，窃取机密数据，影响非常广泛。此外，由于针对芯片的逆向解剖、侧信道攻击、版权窃取、非法制造、测试攻击等层出不穷，因此，现有的芯片设计不仅围绕芯片的功能性能、可实现性、可制造性和可测试性等方面进行，安全防护设计也成为芯片设计中的一个重要方面。

图 1-1 物联网应用

在芯片的安全防护设计中，涉及芯片设计与制造、信息安全、密码学、计算机科学和软件工程等多个学科的内容，以及国家标准、检测规范和法律法规的制定，因此涵盖内容非常广泛。另外，由于在现有的芯片安全防护设计中缺乏通用的、有效的工具及解决方案等，因此，设计满足要求的具有一定安全防护功能的芯片极具挑战。下面以密码芯片和汽车芯片为例，对芯片的安全防护设计进行简要介绍。

1. 密码芯片的安全防护

众所周知，密码是确保网络空间安全和计算平台安全最有效、最严密、最核心的技术手段之一，密码芯片则是承载密码信息、实现密码处理、提供密码服务的一类专用集成电路芯片。由于密码芯片在信息系统中具有特殊作用和特殊地位，其也成了攻击者的重要攻击目标，因此，对于密码芯片而言，其在对外提供密码安全服务的同时，更需要确保芯片自身的安全性。

在密码芯片的设计中，除要实现要求的密码功能和性能外，更多的是要进行安全防护的设计。在这个过程中，不仅要在逻辑设计上考虑内部存储的密钥及敏感信息的防护手段（如不被直接访问和非法读取等）；还要考虑运算过程中信息泄露（如工作电流、运行时间、电磁辐射、动态功耗等）带来的安全隐患，以及考虑芯片处于非正常工作状态（如电源电压过高/过低、超频、环境温度过高）下导致的信息泄露；同时，也必须考虑芯片处于失控状态下，抵抗恶意物理入侵攻击（如逆向工程等）的防护手段。可以说，密码芯片的安全防护设计是密码芯片设计的重中之重。

2. 汽车芯片的安全防护

随着技术的不断进步，汽车正在朝着电气化、网络化、智能化和共享化的"新四化"方向快速发展。现有的智能网联汽车已经集成大量的摄像头、雷达、测速仪、导航仪等传感器，以及处理器、存储器等各类芯片，由于汽车这类终端平台具有特殊性，因此一旦发生安全问题，就会危害人身安全和公共安全，造成人员生命财产的重大损失。因此，汽车芯片要具有较高的可靠性，更要具有较高的安全防护能力。

目前，根据汽车芯片的不同应用形态，相应的安全防护要求也有所区别，大概可以分为三类。第一类针对微控制器、微处理器和高级驾驶辅助系统（ADAS，Advanced Driving Assistance System）等处理器芯片，通过在其中内嵌硬件安全模块（HSM，Hardware Security Module）来提升整个系统的安全性，硬件安全模块主要提供安全启动、安全算法等安全功能的支撑。第二类针对存储芯片，通过提升其安全性进而构建安全存储芯片，此类芯片通常具备安全存储区域，提供加密读/写功能，主要用于核心代码、会话密钥、认证授权信息等重要关键数据的存储。第三类是构建分立的安全控制器，包含可编程的安全单元（SE，Secure Element）或者可编程的安全 eSIM（V2X 通信），具备防篡改功能，主要用于保障车辆对外通信和对外交互的安全性。

在实际应用中，为了保证应用于特定领域的芯片的安全性，国内外均制定了相关的安全标准和安全测试规范。如目前国际上普遍认可的是信息技术安全性评估准则（CC，Common Criteria for Information Technology Security Evaluation），其将信息产品或系统的安全性分为 7 个评估保障等级（EAL，Evaluation Assurance Level），即 EAL1～EAL7，等级越高，安全性越高。芯片作为一款典型的信息技术产品，其安全性测试也需要遵循该评估准则。参考 CC 相关内容，我国也制定了芯片领域的检测标准《信息安全技术—具有中央处理器的 IC 卡芯片安全技术要求》（GB/T 22186—2016），规定了对具有中央处理器的 IC 卡芯片应达到 EAL4+、EAL5+、EAL6+所要求的安全功能要求及安全保障要求。

密码芯片及组成模块对安全性通常有更高的特殊要求，其相关标准和规范也更加详细。如我国的 GB/T 37092—2018《信息安全技术密码模块安全要求》、GB/T 38625—2020《信息安全技术密码模块安全检测要求》、GM/T 0008—2012《安全芯片密码检测准则》、GM/T 0083—2020《密码模块非入侵式攻击缓解技术指南》等，以及美国国家标准与技术研究院（NIST，National Institute of Standards and Technology）的联邦信息处理标准（Federal Information Processing Standards，FIPS）140—3 等。

1.2　芯片攻击与安全防护

安全作为一个相对的概念，一直围绕着"攻击与防护"这对相互矛盾的主体发展演进。对于芯片而言，以数字集成电路为例，其典型生命周期如图 1-2 所示。在设计阶段，首先明确功能规范（如用于数据加/解密、视频编/解码等）和参数性能规范（如工作频率、数据吞吐率、功耗等），之后由芯片设计团队开始进行具体的电路设计和验证等工作。在这个过程中，一般采用自顶向下的设计流程，依次完成架构设计、逻辑设计、电路设计和物理设计，并逐级细化和验证其功能与性能，最后生成版图文件并交给代工厂进行晶圆制造。晶圆代工厂在完成晶圆制造之后，将晶圆交给封装厂进行划片、封装和测试。测试合格的芯片即可交付客户用于构建电子系统，并进行部署应用。

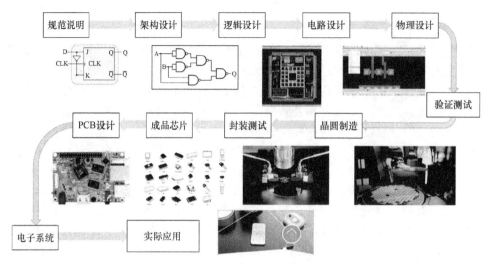

图 1-2 芯片的生命周期

在这个漫长的周期中，需要多个第三方实体参与，他们通常是不可信的，并且分布在全球各个国家和地区，从而使芯片的设计、生产及应用的各个环节都存在安全风险。图 1-3 展示了现有芯片商业模式中各个环节可能遭受的攻击和能够采取的安全防护措施。由于芯片的复杂度不断提升，因此为了缩短芯片的设计研发周期，现有的芯片设计通常需要外购大量的第三方知识产权（IP，Intellectual Property）核。对于用户而言，这些 IP 核内部的细节并不是公开的，从而很难评估和确保这些 IP 核内部没有后门或被恶意植入的硬件木马。而对于 IP 核供应商而言，他们也需要防范针对 IP 核的恶意篡改、版权盗用、非法复制等攻击。在芯片设计阶段，通常需要依赖第三方的设计工具及第三方设计厂商的协助才能完成整个复杂芯片的设计任务，这也会带来硬件木马植入、版权盗用等风险。在芯片制造阶段，如果完全借由第三方的代工厂来完成，那么也存在硬件木马植入、芯片过量生产和版权盗用等安全隐患。在测试应用与部署阶段，由于芯片可能会完全暴露给攻击者，因此其面临的安全威胁更加多样化和复杂化，包括各类物理攻击、基于测试的攻击及芯片伪造、恶意复制等。

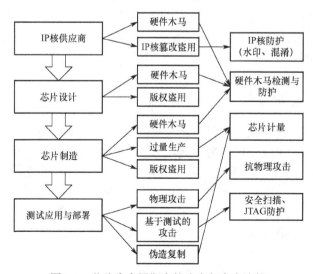

图 1-3 芯片生命周期中的攻击与安全防护

　　基于上述存在的安全威胁，需要针对性地进行防护。如针对硬件木马的植入和攻击，需要研究硬件木马检测与防护技术等；针对 IP 核的盗用，需要研究 IP 核的防护技术，包括水印技术、混淆技术等；针对芯片的过量生产、伪造复制等，需要研究芯片的计量技术等。

　　在芯片面临的各类攻击中，物理攻击主要出现在芯片测试应用阶段，也是芯片面临的最主要的安全威胁之一。根据是否会对芯片造成物理破坏，物理攻击可分为侵入式攻击、非侵入式攻击和半侵入式攻击。如图 1-4 所示，其中，侵入式攻击需要直接攻击访问芯片的内部电路，主要包括逆向工程和微探针攻击等。非侵入式攻击主要通过收集和分析芯片工作中的物理侧信道泄露信息（如能量消耗、运行时间等），从而实现攻击和敏感信息窃取，因此也称为侧信道攻击。在非侵入式攻击中，又可以根据是否与芯片发生交互，进一步分为被动的侧信道攻击和主动的故障注入攻击。半侵入式攻击是介于侵入式攻击和非侵入式攻击之间的一类攻击方式，与侵入式攻击相似，半侵入式攻击也需要对芯片进行逆向开封，以实现对内部裸芯（Die）的直接接触，之后采用非侵入式攻击的相关方法，如对芯片进行激光、电磁等故障注入，从而实现攻击。

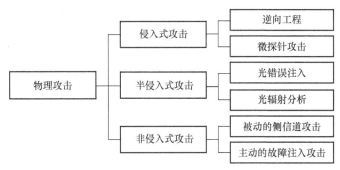

图 1-4　物理攻击的分类

　　针对上述介绍的芯片攻击与防护技术，本书将在第 2 章和第 3 章中分别对侧信道攻击与防护和故障攻击与防护进行介绍，对于侵入式攻击和非侵入式攻击将在第 4 章进行介绍。第 5 章主要针对硬件木马的攻击与防护检测进行介绍。在芯片安全防护设计中，物理不可克隆函数作为一种典型的安全原语，发挥着不可替代的作用，本书将在第 6 章对其进行介绍。之后，本书将围绕 IP 核、处理器、存储器三类典型芯片类型，分别在第 7 章、第 8 章和第 9 章介绍相关的攻击与防护技术。最后一章介绍芯片测试与安全防护。

1.3　典型密码算法简介

　　在芯片的安全防护中，经常会采用密码算法作为重要的防护措施，同时密码芯片作为一类重要的安全芯片，也是本书关注的重点，而针对密码芯片的攻击与防护必须依赖密码算法开展。因此，本节将对典型的 DES、AES 算法进行介绍，重点讲解加/解密运算流程（关于轮密钥生成等请参考密码学相关书籍），这两种算法也会在本书后续章节中经常用到。

1.3.1　DES 算法

　　数据加密标准（DES，Data Encryption Standard）算法是 1971 年美国学者塔奇曼

（Tuchman）等提出的，DES 算法是一种迭代的分组密码算法，使用 Feistel 网络结构，明文、密文和密钥的分组长度都是 64 位。对于 DES 算法而言，其加密和解密的过程是完全相同的，只是子密钥的使用顺序有所区别。图 1-5 所示为 DES 加/解密运算的基本实现过程。

（1）64 位密钥经子密钥生成算法产生 16 个子密钥：$K_1, K_2, \cdots, K_{16}$，每个子密钥为 48 位，分别供第 1 轮、第 2 轮、…、第 16 轮加密使用。

（2）待处理的 64 位数据（明文/密文）经过初始置换（IP，Initial Permutation），将数据打乱重新排列并分为左右两半部分，各 32 位，其中左半部分记为 $L(0)$，右半部分记为 $R(0)$。

（3）由加密函数 f 实现子密钥 K_1 对 $R(0)$ 的加密，结果为 32 位的数据组 $f(R(0), K_1)$。$f(R(0), K_1)$ 再与 $L(0)$ 进行异或运算，得到一个 32 位的数据组 $L(0) \oplus f(R(0), K_1)$。以 $L(0) \oplus f(R(0), K_1)$ 作为第 2 轮加密迭代的 $R(1)$，以 $R(0)$ 作为第 2 轮加密迭代的 $L(1)$。至此，第 1 轮加密迭代结束。

（4）第 2 轮加密迭代至第 16 轮加密迭代分别用子密钥 $K_2, \cdots, K_{16}$ 进行，其过程与第一轮加密迭代完全相同。

（5）至第 16 轮加密迭代结束后，产生一个 64 位的数据组。以其左边 32 位作为 $R(16)$，右边 32 位作为 $L(16)$。两者合并后再经过逆初始置换 IP^{-1}，将数据重新排列，即可得到 64 位密文，至此加密过程结束。

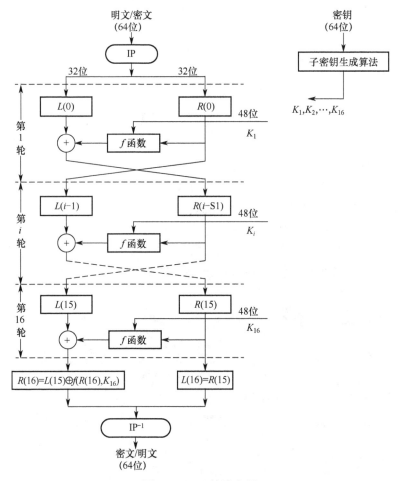

图 1-5　DES 算法流程

综上所述，DES 算法的加密过程可以用式（1-1）表示

$$\begin{cases} L(i) = R(i-1) \\ R(i) = L(i-1) \oplus f(R(i-1), K_i) \end{cases} (i = 1, 2, \cdots, 16) \tag{1-1}$$

下面对 DES 算法的具体实现细节进行介绍。

1. 初始置换 IP 和逆初始置换 IP^{-1}

初始置换 IP 和逆初始置换 IP^{-1} 分别位于 DES 算法的第一步和最后一步，其目的是将数据的顺序打乱然后重排，本质均为实现 64 位数据的换位操作，即 64-64 的比特置换，初始置换 IP 表和逆初始置换 IP^{-1} 表如图 1-6 所示。

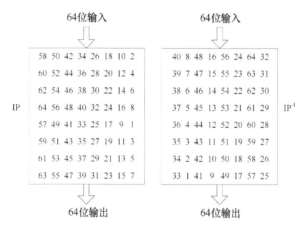

图 1-6　DES 算法中的初始置换 IP 表和逆初始置换 IP^{-1} 表

2. f 函数

f 函数是 DES 算法轮变换的核心，其框图结构如图 1-7 所示。在第 i 轮加密迭代过程中，扩展变换 E 对 32 位 R(i) 的各位进行选择和排列，产生一个 48 位的输出。此输出与子密钥 K_i 进行异或运算，然后送入代替函数组 S。代替函数组由 8 个代替函数（也称 S 盒）组成，每个 S 盒都有 6 位输入，并产生 4 位输出。对 8 个 S 盒的输出进行合并，即得到一个 32 位的输出数据。此数据再经过置换 P，将其各位打乱然后重排，最终形成 32 位输出。

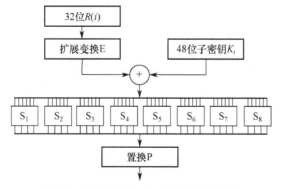

图 1-7　DES 算法中的 f 函数的框图结构

在 f 函数中，扩展变换 E 将输入的 32 位数据扩展成 48 位，置换 P 实现 32 位数据之间的换位操作，它们的作用是增加算法的扩散效果，扩展变换 E 和置换 P 的置换表如图 1-8 所示。

图 1-8　DES 算法中的扩展变换 E 和置换 P 的置换表

S 盒是 DES 算法保密性的关键所在，也是算法中唯一的非线性运算环节，S 盒变换规则如表 1-1 所示。对于每个 S 盒，6 位输入的左右两位（第 1 位和第 6 位）选择相应的行，中间 4 位（第 2、3、4、5 位）选择相应的列，所得行、列交叉处的数据（十进制表示）即为该 S 盒的输出。因此，也可以将每个 S 盒的操作视为一个 6 输入、4 输出的逻辑函数。

表 1-1　DES 算法中的 S 盒变换规则

		0	1	2	3	4	5	6	7	8	9	10	11	12	13	14	15
S_1	0	14	04	13	01	02	15	11	08	03	10	06	12	05	09	00	07
	1	0	15	07	04	14	02	13	01	10	06	12	11	09	05	03	08
	2	04	01	14	08	13	06	02	11	15	12	09	07	03	10	05	00
	3	15	12	08	02	04	09	01	07	05	11	03	14	10	00	06	13
S_2	0	15	01	08	14	06	11	03	04	09	07	02	13	12	00	05	10
	1	03	13	04	07	15	02	08	14	12	00	01	10	06	09	11	05
	2	00	14	07	11	10	04	13	01	05	08	12	06	09	03	02	15
	3	13	08	10	01	03	15	04	02	11	06	07	12	00	05	14	09
S_3	0	10	00	09	14	06	03	15	05	01	13	12	07	11	04	02	08
	1	13	07	00	09	03	04	06	10	02	08	05	14	12	11	15	01
	2	13	06	04	09	08	15	03	00	11	01	02	12	05	10	14	07
	3	01	10	13	00	06	09	08	07	04	15	14	03	11	05	02	12
S_4	0	07	13	14	03	00	06	09	10	01	02	08	05	11	12	04	15
	1	13	08	11	05	06	15	00	03	04	07	02	12	01	10	14	09
	2	10	06	09	00	12	11	07	13	15	01	03	14	05	02	08	04
	3	03	15	00	06	10	01	13	08	09	04	05	11	12	07	02	14

续表

		0	1	2	3	4	5	6	7	8	9	10	11	12	13	14	15
S_5	0	02	12	04	01	07	10	11	06	08	05	03	15	13	00	14	09
	1	14	11	02	12	04	07	13	01	05	00	15	10	03	09	08	06
	2	04	02	01	11	10	13	07	08	15	09	12	05	06	03	00	14
	3	11	08	12	07	01	14	02	13	06	15	00	09	10	04	05	03
S_6	0	12	01	10	15	09	02	06	08	00	13	03	04	14	07	05	11
	1	10	15	04	02	07	12	09	05	06	01	13	14	00	11	03	08
	2	09	14	15	05	02	08	12	03	07	00	04	10	01	13	11	06
	3	04	03	02	12	09	05	15	10	11	14	01	07	06	00	08	13
S_7	0	04	11	02	14	15	00	08	13	03	12	09	07	05	10	06	01
	1	13	00	11	07	04	09	01	10	14	03	05	12	02	15	08	06
	2	01	04	11	13	12	03	07	14	10	15	06	08	00	05	09	02
	3	06	11	13	08	01	04	10	07	09	05	00	15	14	02	03	12
S_8	0	13	02	08	04	06	15	11	01	10	09	03	14	05	00	12	07
	1	01	15	13	08	10	03	07	04	12	05	06	11	00	14	09	02
	2	07	11	04	01	09	12	14	02	00	06	10	13	15	03	05	08
	3	02	01	14	07	04	10	08	13	15	12	09	00	03	05	06	11

1.3.2 AES 算法

高级加密标准（AES，Advanced Encryption Standard）算法是由比利时密码学家 Joan Daemen 和 Vincent Rijmen 所设计的，并被美国 NIST 采用，因此该算法也被称为 Rijndael 算法。AES 算法也是一种基于迭代的分组密码算法，使用代替/置换网络结构（SP 结构）。算法的分组长度为 128 位，根据加密强度的不同，密钥长度可以为 128 位、192 位、256 位，密钥长度越大，安全性越高，本书均以密钥长度为 128 位的 AES 作为示例，记为 AES-128。对于 AES 算法，其加密和解密过程也完全相同，只是子密钥的使用顺序相反。

在 AES 的计算过程中，每一步均会产生 128 位的计算结果，称为状态（State），它是一个 4 行 4 列的字节数组，如表 1-2 所示，每个 $S_{i,j}$ 都为一个 8 位的字节。在加密过程中，该字节数组的初始状态就是输入的明文，所有变换都是针对这个字节数组进行的，直至得到最终的密文。

表 1-2 AES-128 的状态

S_{00}	S_{01}	S_{02}	S_{03}
S_{10}	S_{11}	S_{12}	S_{13}
S_{20}	S_{21}	S_{22}	S_{23}
S_{30}	S_{31}	S_{32}	S_{33}

图 1-9 所示为 AES 算法的加/解密运算流程。在加密时，首先进行一次轮密钥加，即将 128 位的密钥与明文状态进行逐位异或运算。之后进入轮运算过程，其中第 1 轮到第 9 轮的运算是完全一样的，均包括 4 个操作：字节代替（ByteSub）、行移位（ShiftRow）、列混合（MixColumn）和轮密钥加（AddRoundKey）。在第 10 轮中，不执行列混合操作，只进行字节代替、行移位和轮密钥加，最终输出密文。下面对 AES 算法中的 4 个基本操作进行具体介绍。

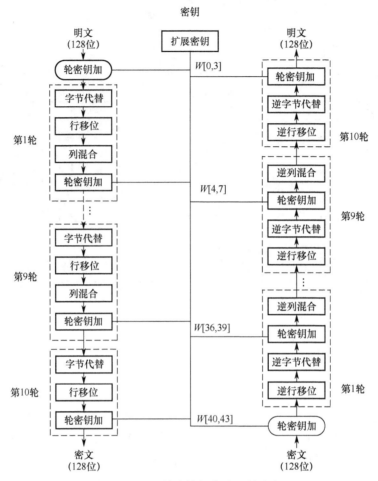

图 1-9   AES 算法的加/解密运算流程

1. 字节代替

字节代替是针对状态字节数组中每个元素的非线性替换。在 AES 算法中，字节代替共由 16 个 S 盒组成，每个 S 盒都实现 8 位输入、8 位输出的非线性变换，如图 1-10 所示。关于 AES 算法中的 S 盒，输入 8 位的高 4 位作为行值、低 4 位作为列值，然后取出 S 盒中对应行和列的元素作为输出。篇幅原因，本书不再列出 AES 算法的 S 盒变换表。

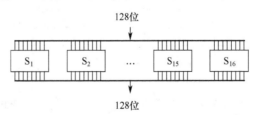

图 1-10   AES 算法的字节代替

2. 行移位

行移位是一个线性过程，负责将状态数组的第 i（$i=0,1,2,3$）行循环左移 i 位，具体变

换如下

$$\begin{bmatrix} S_{00} & S_{01} & S_{02} & S_{03} \\ S_{10} & S_{11} & S_{12} & S_{13} \\ S_{20} & S_{21} & S_{22} & S_{23} \\ S_{30} & S_{31} & S_{32} & S_{33} \end{bmatrix} \xrightarrow{\text{行移位}} \begin{bmatrix} S_{00} & S_{01} & S_{02} & S_{03} \\ S_{11} & S_{12} & S_{13} & S_{10} \\ S_{22} & S_{23} & S_{20} & S_{21} \\ S_{33} & S_{30} & S_{31} & S_{32} \end{bmatrix} \tag{1-2}$$

3．列混合

列混合也是一种线性过程，负责将一个数组逐列进行转换，具体过程如下

$$\begin{bmatrix} S_{00} & S_{01} & S_{02} & S_{03} \\ S_{10} & S_{11} & S_{12} & S_{13} \\ S_{20} & S_{21} & S_{22} & S_{23} \\ S_{30} & S_{31} & S_{32} & S_{33} \end{bmatrix} \xrightarrow{\text{列混合}} \begin{bmatrix} S'_{00} & S'_{01} & S'_{02} & S'_{03} \\ S'_{10} & S'_{11} & S'_{12} & S'_{13} \\ S'_{20} & S'_{21} & S'_{22} & S'_{23} \\ S'_{30} & S'_{31} & S'_{32} & S'_{33} \end{bmatrix} \tag{1-3}$$

其中，S_{ij} 和 S'_{ij} 的关系为

$$\begin{bmatrix} S'_{0j} \\ S'_{1j} \\ S'_{2j} \\ S'_{3j} \end{bmatrix} = \begin{bmatrix} 02 & 03 & 01 & 01 \\ 01 & 02 & 03 & 01 \\ 01 & 01 & 02 & 03 \\ 03 & 01 & 01 & 02 \end{bmatrix} \begin{bmatrix} S_{0j} \\ S_{1j} \\ S_{2j} \\ S_{3j} \end{bmatrix} \tag{1-4}$$

4．轮密钥加

轮密钥加即将列混合后的结果与子密钥进行异或运算。

1.4 芯片安全防护的发展趋势

随着晶体管尺寸逐渐接近物理极限，量子效应和寄生效应引起的功耗密度不断增大，导致晶体管尺寸等比例微缩的研发难度和制造成本不断上升，摩尔定律面临的困难越来越突出。目前的半导体技术快速进入"后摩尔时代"，人们对芯片的关注由"尺寸"转向"能力"，而且更加侧重芯片的计算处理效率。在芯片发展面临问题的解决思路上，其也从以往单纯强调制程工艺，逐渐向统筹运用材料、器件、工艺、架构和范式创新等多重手段方面转变。

在此背景下，各国都在不断强化对芯片领域的研究和探索。以美国政府为例，2017 年由美国国防部高级研究计划局（DARPA，Defense Advanced Research Projects Agency）牵头启动"电子复兴计划"（ERI，Electronics Resurgence Initiative），ERI 通过重点开发全新微系统材料、电子器件集成架构、软/硬件创新设计等技术，来实现电子器件性能的持续提升。2020 年 DARPA 对 ERI 计划进行了更新，更加聚焦 4 个关键领域：三维异构集成、新材料和器件、专用功能、设计和安全，芯片的安全设计及供应链安全等问题已经成为 DARPA 的重点关注对象。目前，DARPA 已经支持的与芯片安全性相关的项目包括硬件固件整合系统安全（SSITH，System Security Integrated Through Hardware and Firmware）、安全硅的自动实施（AISS，Automatic Implementation of Secure Silicon）、针对硬件隐藏效应和异常木马

的防护措施（SHEATH，Safeguards against Hidden Effects and Anomalous Trojans in Hardware）、物理安全保障架构（GAPS，Guaranteed Architectures for Physical Security）及高端开源硬件（POSH，Posh Open Source Hardware）等。

本节首先围绕芯粒（Chiplet）技术、新型器件发展对芯片安全防护的影响进行介绍，之后以 DARPA 的 SSITH 项目和 AISS 项目为例，介绍芯片安全防护的未来发展趋势。

1.4.1　基于 Chiplet 的芯片安全防护技术

基于芯粒（Chiplet）的集成技术将传统的系统级芯片划分为多个单功能或多功能组合的芯粒，然后利用先进封装技术，在封装层级完成一个复杂完整功能芯片的构建。可以说，Chiplet 技术带来的是对传统片上系统（SoC，System on Chip）集成模式的革新。如图 1-11 所示，传统的 SoC 将各个 IP 核在单个裸芯上进行集成，然而随着技术的发展和芯片规模的增大，SoC 面临的成本急剧增加和良率不断下降等问题越来越突出。Chiplet 的思想是将复杂的 SoC 拆分为多个 Chiplet，然后在封装层面进行集成，从某种意义上来说，Chiplet 可以看成一种硬核形式的 IP，但它是以裸芯的形式进行提供的。采用 Chiplet 以后，对于某些 IP 不再需要自己设计和生产，只需采购对应的 Chiplet，然后在封装层面集成，形成一个系统级封装（SiP，System in Package）。

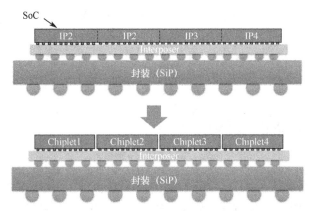

图 1-11　Chiplet 集成示意图

目前，Chiplet 技术具有以下几个主要优势：（1）对于数字逻辑、存储器、模拟、射频和硅光等不同工艺的芯片，它们的工艺尺寸缩小速度也存在差异，Chiplet 集成技术可以满足这些器件的异质或异构集成需求；（2）在基于 Chiplet 的芯片设计方法中，单个芯粒因为面积减小，良率可以得到提升，从而降低了整个芯片的制造成本；（3）Chiplet 可以在不同产品中实现重用，降低产品的上市时间。Chiplet 作为一种新兴的芯片集成技术，对芯片产业的商业模式也产生了巨大影响。目前，英特尔、AMD、台积电和 Xilinx 等公司都已经发布了基于 Chiplet 集成技术的产品，未来 CPU、GPU、FPGA、ADC/DAC、高速 I/O 及电源管理等各种芯粒有望采用 Chiplet 技术进行快速集成，在持续提升芯片整体性能的同时，大幅提高芯片设计的灵活性、缩短芯片的上市时间。

从安全角度来看，基于 Chiplet 集成技术构建的芯片仍然会面临硬件木马、物理攻击及复制伪造等各类安全性问题，而且由于 Chiplet 将 SoC 分解成多个小芯粒，因此其所受的攻击面也进一步增大，但是 Chiplet 技术全新的架构体系也为芯片的安全防护设计提供了一些新的思路。

1. 基于转接板的芯片安全可信架构体系

在 Chiplet 集成技术中，多个 Chiplet 通过基板进行互连并构成一个芯片系统，常用的基板包括硅基板和有机基板等，其中硅基板因为能够提供更高的互连密度、更快的通信速率，所以是未来发展的主流趋势。硅基板一般也称硅转接板（Silicon Interposer），在硅转接板上能够采用硅基加工工艺制作高密度的互连布线和穿硅通孔（TSV，Through Silicon Vias）。在硅转接板上进行 Chiplet 设计集成时，由于这些 Chiplet 大多为外购的，是不可信的，而硅转接板的加工通常不需要先进的工艺，因此可以在受信的设计生产单位进行制造，同时在设计过程中也可以对硅转接板进行特殊的安全设计，包括在其内部设计一些有源器件和电路，从而形成有源转接板。如图 1-12 所示，各个 Chiplet 在有源转接板上进行通信互连，有源转接板内部包含电路，能够实时监控各 Chiplet 的状态，发现安全隐患以便及时处理。

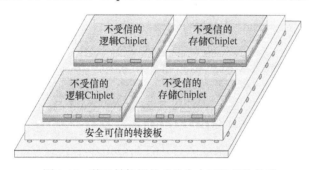

图 1-12 基于转接板的芯片安全可信架构体系

2. 基于 3D 的芯片安全防护技术

为了防止芯片遭受侵入式攻击和半侵入式攻击等安全威胁，常用的方法是在芯片内部设计立体的金属防护布线网，当发生攻击行为时，不可避免地会对芯片内部的金属防护布线网造成损伤，从而实现对攻击行为的检测。

在传统的芯片集成技术中，只能从某个方向进行金属防护布线网的设计，很难实现全 3D 的防护。在基于 Chiplet 的集成技术中，由于各个 Chiplet 可以通过 TSV 进行垂直堆叠，这也为 3D 立体防护提供了新的方向，如图 1-13 所示，通过构建上、下两个转接板，各个 Chiplet 分别置于两个转接板中，在转接板上通过设计顶层布线、底层布线及防护 TSV，能够从各个角度实现入侵的检测与防护。本书将在第 4 章对此类安全封装集成技术进行详细介绍。

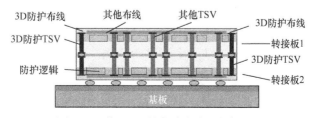

图 1-13 基于 3D 的芯片安全防护技术

1.4.2　基于新型器件的芯片安全防护技术

随着摩尔定律的发展，传统 CMOS 场效应器件面临的问题越来越多，进一步微缩的难度不断增大。与之相应的各类新型器件不断涌现，这些器件统称后 CMOS（Post-CMOS）器件。目前，后 CMOS 器件主要包括隧穿场效应管（TFET，Tunneling FET）、混合相变场效应管（Hyper FET，Hybrid-phase-transition FET）、碳纳米管场效应管（CNFET，Carbon Nanotube FET）、硅纳米线场效应管（SiNWFET，Silicon Nano-Wire FET）、对称隧道场效应管（SymFET，Symmetrical-tunneling FET）、相变存储器（PCM，Phase Change Memory）、自旋转移扭矩磁隧道结（STT-MTJ，Spin-Transfer Torque Magnetic Tunnel Junction）及阻变随机存储器（RRAM，Resistive Random Access Memory）等。虽然这些器件因一些固有的特性，在技术方面不如传统 CMOS 器件成熟，所以在逻辑电路和存储器中还未开始广泛应用。但是，针对这类器件的安全特性研究已经开始，目前的主要研究方向包括：（1）基于后 CMOS 器件构建芯片中的安全原语，如真随机数发生器（TRNG，True Random Number Generator）及物理不可克隆函数（PUF，Physical Unclonable Functions）等；（2）后 CMOS 器件抗侧信道攻击能力评估；（3）基于后 CMOS 器件的硬件混淆技术等。

本节主要针对后 CMOS 器件抗侧信道攻击的能力进行简要介绍，其中以侧信道攻击中的差分能量攻击（DPA，Differential Power Attack）为例。图 1-14 列出了部分新型器件的特性，通过这些特性能够抵御 DPA。其中，RRAM 的数据写入时间是可变的，同时在读/写过程中具有超低的能量消耗，因此增加了 DPA 的难度。对于 STT-MTJ，由于具有非对称的电阻特性和开关行为特性，并且器件的面积和功耗都非常小，因此基于这种器件能够构建抗 DPA 的密码电路。对于 CNTFET，其作为替代传统 CMOS 器件的主要候选对象，在漏电流等特性方面有着显著优势，基于 CNTFET 构建的密码芯片抗侧信道攻击的能力也得到显著提升。对于 HyperFET 和 TFET，由于器件具有固有特性，因此通过适当的设计，都可以呈现出较强的抵御 DPA 攻击的能力，在此不再赘述。

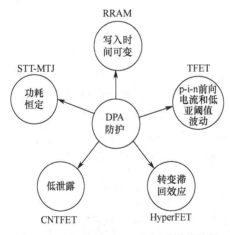

图 1-14　用于抵御 DPA 的新型器件特性

1.4.3　硬件固件整合系统安全

对于现代的电子系统而言，软件和硬件都变得越来越复杂，而复杂性也带来了脆弱性。

在针对电子系统的攻击中，基于软件和硬件的融合型攻击越来越多。在这类攻击过程中，都是首先发现硬件上存在一些安全漏洞，之后借助软件对硬件漏洞进行利用，从而实现攻击，较为典型的如幽灵/熔断（Meltdown/Spectre）攻击等。针对这类攻击，直接更换硬件并不现实，因此通常采用软件打补丁的方式进行防护。但是软件打补丁只解决了软件层面的问题，并未真正解决硬件层面的问题，这就为新漏洞的产生制造了空间。

DARPA 开展硬件固件整合系统安全项目，其目的是通过开发硬件安全架构来打破从软件层面进行硬件漏洞的循环利用，力图从根本上解决硬件安全问题，避免进入"攻击—打补丁"的循环。SSITH 项目主要用于防护通用漏洞枚举（CWE，Common Weakness Enumeration）列表中的缓冲区错误、权限升级、资源管理攻击、信息泄露攻击、数字错误、代码注入及加密攻击这 7 类问题。

SSITH 项目的研究领域主要分为两个技术领域（TA，Technical Area）和一个业务领域。其中，TA-1 是进行新型硬件安全架构和设计工具开发（Novel Hardware Security Architecture and Design Tool Development），TA-2 是进行安全评估方法和指标（Security Evaluation Methodologies and Metrics）研究，而业务领域则是将 TA-1 设计的安全体系结构纳入一个完整的 SoC 设计，并利用 TA-2 为制造的 SoC 提交安全评估报告，如图 1-15 所示。

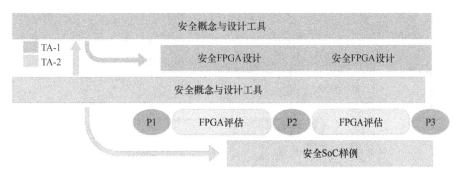

图 1-15 SSITH 项目研究内容及其之间的关系

TA-1 的研究重点包括三个方面：一是安全体系结构，通过开发一个或多个安全体系结构，保护系统免受利用硬件漏洞实现的软件攻击；二是设计工具的开发，开发在任意芯片中实现所选安全体系结构所需的设计工具（主要是 EDA 工具），以使其他芯片设计团队能够快速应用安全体系结构来保障所设计芯片的安全性。

TA-2 的研究重点是开发一种安全评估方法和度量标准，能够综合评估芯片的性能、功耗、电路面积及安全性等各类指标，并能够测量安全体系结构的实施对原有芯片关键电路指标的影响。

1.4.4　安全硅的自动实施

随着芯片复杂度的不断提升及针对芯片攻击手段的不断发展，虽然人们逐渐意识到芯片的安全性非常重要，但是设计一个具有一定安全防护能力芯片的难度非常大，需要芯片设计、芯片制造、信息安全、密码学及计算机等多个领域人员的协同配合。另外，目前在芯片级的安全防护设计中并没有通用的工具、方法或解决方案，也就是说，将安全性整合到芯片中是一项手动、昂贵且烦琐的任务，需要大量的时间和一定水平的专业知识。尤其是芯片安全性的实现，通常会对芯片的性能、面积及功耗等造成影响，如何在设计初期对所有因素进行综合考虑、评估和平衡更是一项具有挑战性的任务。依据 DARPA 发布的报告，目前设计一个通用常规芯片可能需要 6～9 个月的时间，而如果想让该芯片具有一定的安全防护能力，则至少需要花两倍以上的时间。正是这个原因，因此目前只有部分大型半导体公司有能力将安全性整合到它们的芯片设计中，而对于中小型公司因缺乏资源及出于研发成本和研发周期的考虑，芯片内部基本没有特定的安全机制。

　　DARPA 推动安全硅的自动实施项目，其目的是研究将安全功能自动导入芯片设计流程的方法，让芯片架构师能够提前对芯片的功能性能、安全性及成本等指标进行综合评估，并且在芯片的设计流程中，利用相关工具自动地对芯片进行安全性强化，确保设计出的芯片在安全性方面能够满足相关指标，实现芯片全生命周期的安全。AISS 项目于 2019 年 4月启动，主要分为两个阶段。第一个阶段是开发"安全引擎"方案，芯片内部通过集成该引擎，能够有效地解决所面临的侧信道攻击、逆向工程及供应链攻击等安全问题。如图 1-16所示，针对芯片面临的秘密信息提取、硬件木马、克隆伪造及内部结构提取等攻击，AISS将相应的防护技术划分为内圈和外圈两层，其中外圈主要采用 IP 溯源和水印、片外追踪及片外密钥管理等方式进行防护，内圈则通过安全引擎，实现侧信道信号的衰减、实时检测和防护、认证计量及逻辑加密和混淆等防护技术，也就是说，AISS 项目主要通过设计安全引擎来实现内圈的防护。

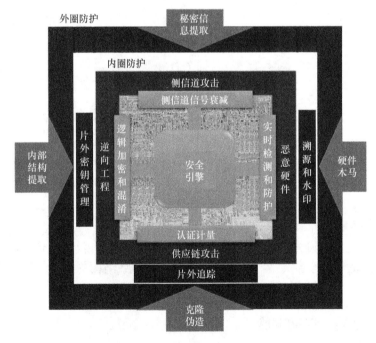

图 1-16　芯片安全防护体系

　　第二个阶段是开发具有"安全意识"的 EDA 工具，使开发人员能够利用这些 EDA 工具将设计的"安全引擎"自动导入设计的芯片。芯片设计工程师通过设定芯片在功耗、面积、速度和安全性等方面的关键约束条件，使 EDA 工具根据应用目标自动生成优化后的电路芯片。

1.5 本章小结

在现代信息社会中，围绕芯片攻击与安全防护的问题层出不穷，本章主要对芯片面临的安全威胁和相应的防护技术进行了概述，同时对常用的 DES 算法和 AES 算法进行了分析，最后结合国内外的技术发展趋势，介绍了 Chiplet 和新型器件对芯片安全防护的影响，同时重点对 DARPA 正在开展的 SSITH 及 AISS 等芯片安全防护项目进行了介绍。目前，为了提高芯片的安全性，人们已经认识到必须在设计阶段就要充分考虑芯片面临的安全风险及需要具备的安全防护能力，而不是在芯片设计完成后再检测是否存在安全性问题。未来，随着信息技术的进一步发展及芯片的广泛应用，芯片的安全防护设计必将成为芯片设计中的一个重要环节。

参 考 文 献

[1] Tkacik, Thomas, Bhunia, et al. Security assurance for system-on-chip designs with untrusted IPs[J]. IEEE Transactions. Information Forensics and Security, 2017, 12(7): 1515-1528. DOI: 10.1109/TIFS.2017.2658544.

[2] Nagata M, Miki T, Miura N. Physical attack protection techniques for IC chip level hardware security[J]. IEEE Transactions on Very Large Scale Integration Systems, 2022, 30(1): 5-14. DOI: 10.1109/TVLSI.2021.3073946.

[3] 张焕国，唐明. 密码学引论[M]. 3 版. 武汉：武汉大学出版社，2015.

[4] 蒋剑飞，王琴，贺光辉，等. Chiplet 技术研究与展望[J]. 微电子学与计算机，2022，39（1）：1-6. DOI:10.19304/j.issn1000-7180.2021.1180.

[5] 王丽，于杰平，刘细文. 美国电子复兴计划进展分析与启示[J]. 世界科技研究与发展，2021, 43（1）：54-63. DOI:10.16507/j.issn.1006-6055.2020.12.023.

[6] 陈桂林，王观武，胡健，等. Chiplet 封装结构与通信结构综述[J]. 计算机研究与发展，2022，59（1）：22-30.

[7] Japa A, Majumder M K, Sahoo S K, et al. Hardware security exploiting post-CMOS devices: fundamental device characteristics, state-of-the-art countermeasures, challenges and roadmap[J]. IEEE Circuits and Systems Magazine, 2021, 21(3). DOI: 10.1109/MCAS.2021.3092532.

[8] Uddin M, Majumder B, Rose G S. Nanoelectronic security designs for resource-constrained internet of things devices: finding security solutions with nanoelectronic hardwares[J]. IEEE Consumer Electronics Magazine, 2018, 7(6): 15-22. DOI: 10.1109/MCE.2018.2851721.

[9] Rahman F, Shakya B, Xu X, et al. Security beyond CMOS: fundamentals, applications, and roadmap[J]. IEEE Transactions on Very Large Scale Integration Systems, 2017, 25(12): 3420-3433. DOI: 10.1109/ TVLSI.2017.2742943.

[10] 黄静静，许萌. 美军硬件固件整合系统安全项目概述[J]. 保密科学技术，2021（11）：20-24.

[11] 朱晶. 集成电路前沿技术趋势研判及对北京的启示[J]. 电子技术应用，2021，47（12）：51-56，63. DOI:10.16157/j.issn.0258-7998.211777.

第 2 章　侧信道攻击与防护

芯片在正常工作过程中，会不可避免地对外产生能量消耗、电磁辐射和时间消耗等信息泄露，而攻击者可以利用这些泄露的信息恢复芯片内部的一些核心关键数据，这种攻击方法一般称为侧信道攻击（SCA，Side Channel Attacks）。以密码芯片为例，攻击者能够通过侧信道攻击得到加/解密所需的密钥等信息；对于人工智能芯片而言，攻击者也能够通过这种方式恢复神经网络模型的核心参数。侧信道攻击作为一种典型的非侵入式攻击方法，在攻击过程中不会对芯片造成物理性破坏，且攻击之后不会留下任何痕迹，是芯片面临的重要安全威胁。本章将从侧信道攻击的基本理论出发，详细介绍侧信道攻击的具体方法及相关的防护技术。

2.1　侧信道攻击

本节主要对侧信道攻击的原理、分类及新型侧信道攻击进行介绍。

2.1.1　侧信道攻击的原理

侧信道攻击的发展最早可以追溯至 1943 年，贝尔电话公司的一名工程师在对加密电传终端进行调试时，发现电传终端每加密一个字母，旁边的示波器就会对应出现一次峰值波动，通过采集到的峰值波动信息，即可将加密电传终端处理的信息破译。自此，各国军事情报部门开始广泛研究侧信道相关的攻击破译技术。1996 年，美国 Cryptography Research 公司的 Kocher 等发现密码芯片中算法运行的时间存在差异，通过分析这个差异可以实现密钥破解。1998 年，Kocher 等进一步发现智能卡上的密码算法运行过程中产生的功耗信息泄露可用于密钥破解，并成功破解了 DES 算法的加密密钥。之后，侧信道攻击技术在学术界蓬勃发展，人们围绕侧信道攻击、评估、防御及应用等方面开展了大量的研究工作。

侧信道攻击的基本思想可以参考老式保险箱的密码破译，如图 2-1 所示。其中图 2-1（a）采用暴力方式进行破解，整个过程采用穷举的方法，逐个尝试可能的密码，这种方法耗时费力。为了提高破解效率，可以通过非常规的渠道获得额外信息，如图 2-1（b）所示，可以借助听诊器，在破解过程中不断采集和分析密码锁转动过程发出的声音，进而找出规律，降低破解难度。在这个过程中，可以认为声音就是密码锁的侧信道信息，通过采集和分析额外的侧信道信息能够大幅提升攻击的效率。从上面的描述可以看出，侧信道攻击也可以认为是通过"旁门左道"的方式来窃取信息的，故侧信道攻击也常称为旁路攻击。

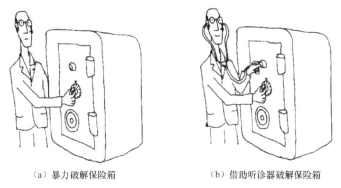

（a）暴力破解保险箱　　　　　　　　（b）借助听诊器破解保险箱

图 2-1　保险箱的密码破译

目前，侧信道攻击主要应用于密码芯片的攻击，用于破解加/解密算法中用到的密钥等信息。对于密码算法而言，我们认为其在数学理论上拥有很强的安全性，因此，在侧信道攻击中，我们并不关注密码算法的数学弱点和统计学特征，而是聚焦于算法实现的具体目标设备上（如密码芯片）。如图 2-2 所示，密码芯片在对输入明文完成加密并输出密文的过程中，不可避免地会发生能量消耗、电磁辐射、时间和温度消耗等物理信息泄露，这些信息统称为侧信道信息。而芯片泄露的侧信道信息通常会与其内部的操作码或操作数相关，从而直接反映了密码算法运算过程的中间值变化，并与输入的明文和密钥等内容产生联系。因此，通过大量采集芯片正常运行过程的侧信道信息，并结合相关的统计学分析方法，即可获取密钥等核心关键信息，进而达到攻击的目的。

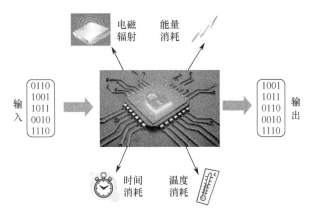

图 2-2　密码芯片运行过程中的侧信道信息泄露

一般地，侧信道攻击实施过程可以分为以下两个阶段。一是泄露信息的采集阶段，即采集芯片运行过程中的侧信道泄露信息，信息的泄露可以是芯片工作时的被动泄露，也可以是外界主动诱导芯片产生的，采集的精度与测试仪器或测试方法密切相关；二是泄露分析阶段，利用采集获取的侧信道信息，使用一定的统计学分析方法，结合密码算法的输入、输出和设计细节恢复密钥等敏感信息。

2.1.2　侧信道攻击的分类

为了对侧信道攻击有更加深入的了解，首先需要对其进行分类。目前，针对侧信道攻击的分类方法有很多，最为常用的是根据侧信道信息泄露的采集模式不同，分为被动攻击和主动攻击两大类，如图 2-3 所示。

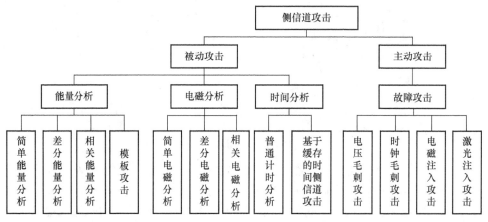

图 2-3　侧信道攻击分类

被动攻击是指攻击者使用专用设备被动观察芯片正常运行过程中的侧信道信息泄露，从而实现攻击的方法。根据侧信道泄露信息类型的不同，被动攻击分为能量分析（PA，Power Analysis）、电磁分析（EMA，Electro-Magnetic Analysis）和时间分析等攻击技术。其中，能量分析是指通过采集芯片运行时的功耗信息泄露来实现攻击的技术，在采集到功耗信息之后，需要采用数学统计的分析方法（也称区分器）找出密码芯片功耗消耗与所执行算法中间值数据的关联性，进而进行密钥破解。目前，根据所用统计分析方法的不同，能量分析又可进一步分为简单能量分析（SPA，Simple Power Analysis）、差分能量分析（DPA，Differential Power Analysis）、相关能量分析（CPA，Correlation Power Analysis）及模板攻击（TA，Template Attack）等。

电磁分析是指通过采集芯片运行时的对外电磁辐射信息实现攻击的技术，与能量分析类似，其也可以进一步分为简单电磁分析（SEMA，Simple Electro-Magnetic Analysis）、差分电磁分析（DEMA，Differential Electro-Magnetic Analysis）、相关电磁分析（CEMA，Correlation Electro-Magnetic Analysis）等，其中最常用的是简单电磁分析和差分电磁分析。

时间分析通过分析不同设置和输入模式下每个操作的执行时间来提取被攻击芯片的关键信息。在时间分析发展的最初阶段，其重点关注的是 CPU 中不同指令或同一指令下不同数据执行的时间差别，从而实现攻击。在这个阶段，时间分析常常与简单能量分析技术相结合，共同完成整个分析攻击过程，因此，也常将这类时间攻击方法称为普通计时分析。后来，随着技术的发展，逐渐出现了基于缓存的时间侧信道攻击技术，主要包括访问驱动缓存攻击和踪迹驱动缓存攻击等。其中，访问驱动缓存攻击是利用 CPU 中的多进程共享缓存资源的特性，借助间谍进程来读取私有数据的攻击方法，利用该方法可以在目标进程执行前清空缓存，然后在目标进程执行后启动恶意进程，观察私有数据被替换的情况，从而实现攻击。踪迹驱动缓存攻击需要精确采集一次密码加密操作中所有待查表的缓存命中和失效序列，并在此基础上结合特定算法进行密钥分析。本章主要介绍普通计时分析技术，基于缓存的时间侧信道攻击技术将在第 8 章进行介绍。

主动攻击是指攻击者采用专用的设备主动干扰密码芯片的正常运行、篡改芯片内部的运算数据或者主动读取芯片运行中间状态比特的攻击技术，主动攻击中最常见的是故障攻击。在故障攻击中，攻击者一般通过干扰芯片的时钟、电压，或者采用电磁脉冲、激光对芯片的特定部位进行干扰，使芯片内部发生运算错误，进而获取敏感信息的攻击方法。故障攻击可以分为电压毛刺攻击、时钟毛刺攻击、电磁注入攻击和激光注入攻击等。

关于故障攻击将在第 3 章中进行详细分析，本章主要对被动攻击进行介绍。

2.1.3　新型侧信道攻击

自侧信道攻击技术被提出以来，其攻击手段和攻击形式不断多样化，攻击能力不断提升，针对各类芯片的成功案例越来越多，下面将结合近年来出现的新型侧信道攻击实例来介绍侧信道攻击发展的新方向。

1. 基于声音的侧信道攻击

在 2014 年的 CRYPTO 会议上，以色列特拉维夫大学的 Tromer 团队提出了一种基于声音的侧信道攻击方法，其攻击目标是便携式计算机上运行的 RSA-2048 密码算法的密钥。攻击场景如图 2-4 所示，在距离便携式计算机 4m 的地方通过抛面麦克风采集便携式计算机发出的声音，能够实现密钥破解。在实验中，该声音来源于计算机主板上为 CPU 供电的电源线上并联的电容，CPU 的功耗变化会引起该电容的充/放电，而电容的充/放电会引发特定频段的声音信号。因此，通过麦克风侦听该频段的声音信号，进而采用低通或者高通滤波的方式对采集到的信号进行处理，即可得到 CPU 加/解密数据时所发出的声音。在此基础上，利用侧信道攻击的相关方法，即可获取密钥。

同时，为了进一步提升攻击的隐蔽性，该团队用智能手机的麦克风复现了上述实验，但由于手机的声音收集能力有限，因此攻击的有效距离缩短为 30cm。

图 2-4　基于声音的侧信道攻击场景

2018 年，以色列本·古里安大学的 Guri 等进一步采用人耳听不到的超声波，在同一房间中对没有麦克风的两台计算机进行声音数据的传输，从而实现攻击，其有效距离可达 9m。如图 2-5 所示，其中没有麦克风的计算机是借助音箱、耳机等音频输出设备来实现声音信号接收的，音箱和耳机可以视为反向工作的麦克风，由于它们都使用膜片进行声、电信号的相互转换，因此理论上它们都是可以接收声音的。基于该原理，攻击者可以利用恶意软件为物理隔离的计算机配置"虚拟麦克风"，使其具有接收声音信息的能力。

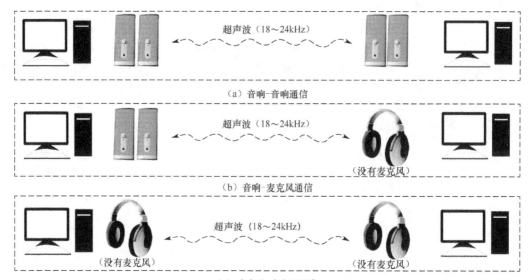

（a）音响-音响通信

（b）音响-麦克风通信

（c）麦克风-麦克风通信

图 2-5 基于超声波的隐秘传输

2. 基于智能设备的侧信道攻击

借助人类广泛应用的智能手机、智能手表等设备中的传感器，也可以获得侧信道信息，从而实现攻击。例如，在 MobiCom 2015 会议上，伊利诺伊大学厄巴纳-香槟分校的 He Wang 等借助智能手表的陀螺仪获得戴手表的手前后左右移动的距离，从而恢复了键盘输入的口令，如图 2-6 所示。在 CCS 2016 会议上，上海交通大学的 Li Mengyuan 等借助 Wi-Fi 信号中的信道状态信息对用户的手势进行建模，成功恢复了 75cm 外用户在智能手机上输入的电子支付口令，如图 2-7 所示。

图 2-6 利用智能手表中的陀螺仪获取键盘敲击位置信息

图 2-7 利用 Wi-Fi 信号恢复电子支付口令的场景

与此类似的技术还有 2020 年以色列本·古里安大学和魏茨曼科学研究所的研究人员发明的"灯泡电话"（Lamphone）的远程窃听技术，如图 2-8 所示，该技术通过远程观察声音在屋内灯泡玻璃表面导致的微小震动信号 opt(t)，利用特定算法，即可监听到 100m 以外的房间里发出的声音信号 snd(t)，而且声音很清晰，足以辨别谈话内容，甚至识别一段音乐。

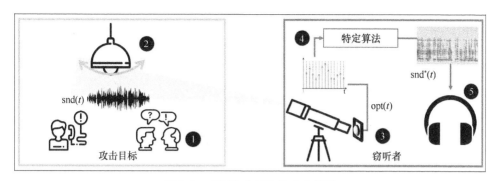

图 2-8　"灯泡电话"的攻击模型

3．针对 3G/4G SIM 卡的侧信道攻击

3G/4G SIM 卡采用了双向认证算法（MILENAGE 算法）协议，这是基于 AES-128 密码算法的在 UMTS/LTE 网络中进行身份认证和密钥协商的密码算法协议，该算法虽然在数学上被认为是安全的，然而从实现角度，协议中的核心算法 AES 仍采用了无防护措施的方式，加之各个 SIM 卡制造商对原始协议的定制化修改，从而为针对 SIM 卡的侧信道攻击提供了可能。

2016 年，上海交通大学的郁昱教授团队对来自 8 家厂商的 SIM 卡进行破解，实现对 SIM 卡的复制，并且可以通过复制得到的 SIM 卡变更支付宝密码。在整个攻击过程中，使用的设备包括用于跟踪能量变化的示波器、用于监控流量数据的 MP300-SC2 协议分析仪、自制 SIM 卡读卡器及个人计算机，使用的方法为典型的差分能量分析。从实验结果能够看出，尽管侧信道分析技术早已成为学术领域的研究热点，但其在实际的芯片制造商特别是低成本芯片的研制厂商中仍然未引起足够的重视。

4．基于人工智能技术的侧信道攻击

目前，随着技术的发展，侧信道攻击已正式进入智能化时代。以较为典型的机器学习为例，其与能量分析攻击在统计学方法上极其相似，能量分析本质上是建立一个分类器，这个分类器输入的是明文、能量迹等信息，输出的是加密所用的密钥。在能量分析中，基于建模的分析方法通过输入明文、能量迹等信息建立对应的模板，这个过程相当于有监督机器学习。对于非建模的分析方法而言，攻击者需要构建一个不依赖密码信息的分类器以实现对密钥的攻击，相当于无监督机器学习中的聚类任务。因此从理论层面上看，基于机器学习的能量分析攻击是切实可行的。近年来的大量研究也表明，基于机器学习等人工智能算法的侧信道攻击技术，由于在处理复杂高维数据和特征提取等方面具有明显的优越性，因此能克服传统攻击方法存在的一些局限性，显著提升攻击效率。

基于机器学习的侧信道攻击通常分为训练和攻击两个阶段。训练的目标是建立一个预测模型，该模型可以很好地对未知标签的输入值进行预测，并输出每个分类的概率，这些分类的概率与假设的密钥字节相关联，可以分析出最大可能性的正确密钥值。在训练过程中，根据输入的能量迹对标签进行预测，如果结果与预期的标签不匹配，则对模型参数进行校正（主要对模型各个参数的权重进行调整和优化），通过多次优化得到最优预测模型。在攻击过程中，将已知明文对应的能量迹输入训练好的模型中进行预测，通过对测试结果

进行分析从而恢复密钥。

2.2　能量/电磁分析技术

　　能量分析和电磁分析是侧信道攻击中研究最广泛的方法，也是目前针对密码芯片的主要攻击方法。对于能量分析和电磁分析而言，二者泄露信息的产生机制密切相关，分析方法基本相同，只是信息泄露采集方式存在差异，因此本节将能量分析和电磁分析技术放在一起进行介绍，重点围绕能量分析和电磁分析技术的基本原理、攻击方法及芯片防护技术等方面展开论述。

2.2.1　信息泄露机制与采集

1. 能量泄露机制

　　目前，数字集成电路芯片大多是基于静态 CMOS 逻辑进行设计的，芯片在执行不同操作时所消耗的能量有所不同。下面以典型的 CMOS 反相器为例，简要分析静态 CMOS 逻辑的功耗特征。如图 2-9 所示，CMOS 反相器由 PMOS 和 NMOS 串联组成，其中输出负载等效为 C_L。

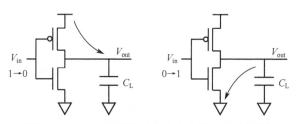

图 2-9　CMOS 反相器对负载电容的充/放电过程

　　在 CMOS 反相器的工作过程中，当输入由"1"变为"0"时，PMOS 导通、NMOS 截止，电源通过 PMOS 对负载电容 C_L 进行充电，输出逐渐变为"1"；当输入由"0"变为"1"时，PMOS 截止、NMOS 导通，C_L 通过 NMOS 进行放电，输出变为"0"。从物理角度来看，芯片能量消耗是每个 CMOS 元件能量消耗的叠加，而 CMOS 元件的输入发生变化所引发的充/放电现象，导致了芯片出现明显的能量消耗。对于芯片内部常见的触发器、寄存器等逻辑元件，0-1 翻转（0→1 或 1→0）会导致明显的能量消耗；对于总线，0-1（高低电平）驱动总线电容进行充/放电，也会使能量变化更加显著。

　　由于芯片的能量消耗与内部电路的翻转密切相关，因此其也与芯片内部执行的操作和处理的数据相关。一般地，可以将芯片总的能量消耗 P_{total} 分为 4 部分，如下

$$P_{total} = P_{op} + P_{data} + P_{el.noise} + P_{const} \tag{2-1}$$

式中，P_{op} 为操作依赖分量，是指由特定操作引发的能量消耗，如 mov 指令、跳转指令等；P_{data} 为数据依赖分量，是指由操作数引发的能量消耗，如操作数"0"和"1"会引发不同的能量消耗；$P_{el.noise}$ 为电子噪声分量，指的是在采集芯片能量消耗时电路中引入的电子噪声；P_{const} 为常量分量，是指由漏电流及与操作和数据无关的晶体管转换活动造成的能量消耗。

2. 能量泄露模型

为了能够实现能量分析攻击，通常需要对芯片实际消耗的能量进行模拟（也称刻画），刻画精度越高，成功获取芯片敏感参数的概率越大。目前，常见的能量刻画模型包括单比特模型、多比特模型、汉明距离（HD, Hamming Distance）模型和汉明重量（HW, Hamming Weight）模型、零值模型及随机模型等。其中应用最为广泛的是汉明距离模型和汉明重量模型。

汉明距离模型的基本思想是计算目标逻辑元件在某个特定时间段内所处理的中间值（比特串）中"0→1"和"1→0"变换的总数，并以此作为目标逻辑元件能量消耗的指标。汉明距离模型认为芯片的功耗泄露与电路节点前后两个状态之间的变化密切相关，例如，电路节点 t_1 时刻的状态为 1101，t_2 时刻的状态变换为 1010，汉明距离模型认为电路能量消耗与 HD(t_1, t_2)=1101 ⊕ 1010=3 呈线性关系。一般地，汉明距离模型适用于对芯片内部有一定了解、知道目标中间值在相邻两个状态的变化情况。由于 CMOS 电路的功耗强烈依赖于"电路中是否发生了翻转"这样一个事实，因此采用汉明距离模型描述电路功耗泄漏要比汉明重量模型更加精确。

汉明重量模型的基本思想是计算目标逻辑元件在某个特定时间段内所处理的中间值（比特串）中"1"的数量，并以此作为目标逻辑元件能量消耗的指标。汉明重量模型认为芯片的功耗泄漏只与当前时刻电路节点中"1"的数量有关，而不关心电路节点的原始值和后续结果。若电路 t_1 时刻处理的数据为 1001，则汉明重量模型认为电路能量消耗与 HW(t_1)=2 呈线性关系。例如，当能量分析攻击点是一个寄存器，并且该寄存器在存储每个有效中间值之前都要重复地把寄存器置为"0"时，可以用汉明重量模型进行建模。

除上述两类应用最为广泛的能量消耗模型外，其他模型大多是通过对这两类模型进行扩展得到的，或者是对芯片内部结构有更加深入的了解，而提出了刻画特定逻辑电路元件的新模型。例如，可以在汉明距离模型中给不同比特赋予不同的权重（如赋予中间值最高有效比特位权重是其他比特位权重的 2 倍等），或者给不同类型的操作数赋予不同的权重。如对于乘法电路，当操作数为"0"时，其能量消耗远小于其他情况，因此可以采用零值模型对能量泄露进行刻画，即操作数为"0"时，能量消耗为 0，其他操作数则对应的能量消耗为 1。

3. 电磁泄露机制

电磁泄露的原理与能量泄露的原理基本一致，根据电磁学的相关理论，大量带电粒子定向移动形成电流，电流周围产生磁场，随时间变化的电流会产生变化的磁场。芯片对外产生的电磁辐射与芯片内部电流状态变化是密切相关的，而电流变化又与芯片内部电路翻转及执行的运算相关，因此芯片对外辐射的电磁信号能够反映芯片内部处理的数据信息，也可以用来实现攻击。

芯片内部电流形成的电磁辐射模型可以用图 2-10 进行描述，由毕奥-萨伐尔定律可知，给定电流元 $I\mathbf{d}\mathbf{l}$ 在空间一点 P 产生的磁感应强度 $\mathbf{d}\mathbf{B}$ 如下

$$d\mathbf{B} = \frac{\mu_0}{4\pi} \frac{I\mathbf{d}\mathbf{l} \times \mathbf{e}_r}{r^2} \tag{2-2}$$

式中，$\mathrm{d}\boldsymbol{l}$ 为长度为 $\mathrm{d}l$ 的通电导线，导线方向为电流 I 的方向；$\boldsymbol{r}$ 为电流元到 P 点的径矢；μ_0 为真空磁导率；$\mathrm{d}\boldsymbol{B}$ 的方向垂直于电流元和径矢构成的平面。虽然式（2-2）无法完全描述集成电路芯片电磁辐射的确切行为，但可以看出芯片产生的电磁辐射和内部电流是相关的，而电流又与内部运行状态和数据具有相关性，因此电路中辐射的电磁信息也与处理数据存在相关性，这构成了电磁分析攻击的物理基础。

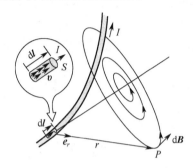

图 2-10　电流元产生的磁场

4．信息采集

在能量分析中，信息采集装置如图 2-11 所示，在密码芯片的供电电源端串联固定阻值的小电阻（通常为 1～50Ω），通过示波器探头采集电阻两端瞬时电压的波形（也称为能量迹），同时密码芯片要为示波器提供必要的触发信号。整个攻击过程如下：

（1）启动密码芯片，执行密码运算；

（2）触发启动示波器，示波器开始采集电阻两端瞬时电压的波形并存储；

（3）反复执行以上过程，采集并存储大量的能量迹；

（4）采用一定的分析方法，配合软件对能量迹进行分析，恢复密钥。

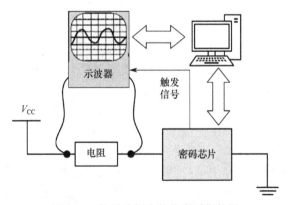

图 2-11　能量分析中的信息采集装置

对于电磁分析，其采集过程与能量分析的采集过程类似，只是将串联电阻取消，直接用电磁探头在芯片表面附近进行电磁信息的采集，并传输给示波器，如图 2-12 所示。从本质上来说，电磁分析和能量分析的原理是一致的，因此电磁分析的流程也和能量分析的流程基本一致。需要指出的是，在电磁分析中重要的工具是电磁探头，电磁探头的性能决定了电磁攻击能够采样的最小精度，采样精度越大的电磁探头，越能将攻击锁定到更小的范围。根据电磁探头和芯片之间的相对位置，可以将电磁探头分为水平探头和垂直探头，水平探头平行于芯片表面放置，其主要采集垂直于芯片方向的电磁信息；垂直探头垂直于芯片表面放置，其主要采集平行于芯片表面方向的电磁信息。对于复杂 SoC 芯片而言，由于可以采用高分辨率的近场探头对其中的密码运算单元进行精确定位，因此能够有针对性地只采集密码运算单元的电磁辐射信息，相较于能量分析（通常要采集整个 SoC 芯片的能量消耗），攻击更具针对性，而且攻击效率更高。

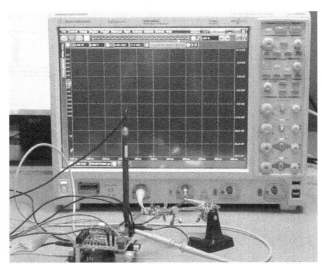

图 2-12　电磁侧信道攻击

2.2.2　能量迹的预处理

在侧信道攻击中，由于采集触发器信号的不稳定、芯片时钟的抖动、周围环境因素干扰及密码芯片为了对抗攻击随机加入了空周期等，因此采集得到的能量迹在时间轴上存在一定的偏差。同时，在采集得到的能量迹中也会存在大量噪声，降低了数据分析的准确性。可以将能量迹视为多维随机变量，在实施具体攻击之前，需要对能量迹进行预处理，以达到降低数据维数、提高信噪比和提取特征的目的。目前，常用的预处理方法包括滤波、对齐、降维等。其中，滤波的思想和实现方式较为简单，由式（2-1）可知，采集得到的能量迹会包含大量噪声，因此可以根据噪声特点采用滤波器对噪声进行滤除，从而提升能量迹的信噪比。下面主要对预处理中的对齐和降维方法进行介绍。

1. 对齐

以密码芯片为例，在侧信道攻击中，能量迹是通过采集大量明文加密过程的能量消耗而得到的。在采集完成后，需要对每次加密的能量迹进行时间维度的对齐，保证所有能量迹在同一时刻的能量消耗属于同一个运算操作，即采样点要在同一时刻完全对齐，否则不同采样点相互交错后会产生误差，减小分析的成功率。然而在实际工作中，受信号采集触发机制不固定、密码芯片时钟频率不稳定、高级程序语言编译得到的代码运行时间不确定、采用插入伪指令或随机延时防护对策及环境噪声等因素的影响，执行同一个密码运算泄露的功耗信息很难在时域上完全对齐。因此，在实施分析攻击前需要采用特定的技术对能量迹进行对齐操作，以最大限度地减小能量迹失调对攻击的影响。目前，常用的能量迹对齐方法包括基于模式匹配的方法和基于频域的分析方法。

（1）基于模式匹配的方法。

该方法首先选择任意功耗曲线中的一部分作为模式保存下来，然后在剩余的功耗曲线中寻找该模式。攻击者需要在每条功耗曲线中确定与已选模式匹配的最佳位置，根据确定的最佳位置平移功耗曲线，使已选模式在所有功耗曲线的同一个位置出现。在匹配过程中，通常用到的算法包括相关系数分析法和欧式距离分析法等。

模式选择在理论上并不存在通用的准则，更多的是依据密码算法的具体实现，结合功耗曲线的视觉检测进行选择确定的。选择模式的时候需要考虑多种因素，如模式的独特性、数据依赖程度、模式长度等。在选定模式之前，一般需要花费大量的时间做实验，直到找到一种合适的模式，功耗曲线越均匀，就越难找到合适的模式。在极端情况下，若功耗曲线包含过多的噪声，则可能找不到任何可以使用的模式。

（2）基于频域的分析方法。

虽然时域上的能量迹对于相同操作的时间点对齐难度较大，但能量迹满足能量守恒定律，因此可以将采集的包含密钥的时域信息转换到频域中进行处理。首先利用傅里叶变换将时域上的功耗信息变换成频域信息，然后依据相位上的相关性计算其相位函数，将其尖峰值作为不同功耗曲线之间相似性的度量，最大相似性对应的功耗曲线即可认为是对齐后的功耗曲线。然而，傅里叶变换是一种复杂的过程，当采样率较高时，能量迹的样本点比较多，分析时间也会比较长。同时，这种方法也容易受到频谱泄露和噪声频谱特征的影响。

2. 降维

尽管攻击中采集得到的原始数据包含丰富的信息，可以完整地表达样本的内在属性，然而，实际的能量迹规模特别庞大，一条完整的能量迹可能包含上万个采样点，而一次成功攻击可能需要数十万条这样的能量迹。如果将每个样本点都看成一个维度上的数据，那么原始的能量迹数据维度巨大，直接将能量迹应用于分析算法，往往会超出算法可以承受的计算复杂度，尤其是在基于机器学习的侧信道攻击中，直接使用原始能量迹很容易发生训练模型的过拟合或者因维度过高而造成模型难以收敛。因此，通常需要采用降维算法对能量迹进行预处理，在可以容忍的信息损失前提下，将能量迹的维度降至可以被分析算法处理的数量级。

降维是指通过某种变换将数据从高维空间变换到低维空间，在这个过程中，数据的噪声和不重要的特征会被去除，而其中差异性最为显著的特征会被保留。降维是机器学习中避免维度灾难的主要手段，它的实现方法主要包括特征选择和特征提取。特征选择一般是通过某些方法，从特征集中筛选出特征子集，在这个过程中特征值并没有发生变化；而特征提取则不同，在变换过程中特征值会发生相应的变化。本节主要对降维中最常用的主成分分析法（PCA，Principal Component Analysis）进行介绍。

PCA 是一种典型的特征提取方法，其基本思想是将一组可能存在相关性的特征变换为一组不相关的特征，变换后的特征叫作主成分，也就是将特征向量沿最大方向进行投影，使得投影后的数据方差最大。假设用 $T_i(i=1,2,\cdots,N)$ 表示 i 条能量迹集合（$i=1,2,\cdots,N$），用

$T_{i,j}$（j=1,2,…,M）表示 T_i 条能量迹上的第 j 个采样点（也可以认为是第 j 个维度），则 PCA 实现的具体步骤如下。

（1）计算能量迹数据集的均值向量 M_j，其中

$$M_j = \frac{\sum\limits_{i=1}^{N} T_{i,j}}{N} \tag{2-3}$$

对所有能量迹进行中心化计算，即 $T_{i,j}' = T_{i,j} - M_j$，将中心化后的能量迹数据集 $T_{i,j}'$ 表示为矩阵，其维度为 $N \times M$，然后计算该矩阵的协方差矩阵 COV。

（2）对协方差矩阵 COV 进行特征值分解，并计算 COV 的特征值及其对应的特征向量。

（3）从大到小排列步骤（2）中计算得到的特征值，并选择 K 个最大的特征值，然后将对应的特征向量进行标准化，构造特征向量矩阵 W。

（4）将能量迹数据集 $T_{i,j}'$ 投射到选取的特征向量上，即可得到降维后的新能量迹数据集 $W^{\mathrm{T}} T'$。

在上述过程中，降维之后的空间维数 K 通常是用户事先指定的。在这里通过一个实际例子来看一下 PCA 的具体效果，假设采集的原始数据中每条能量迹都有 6000 个点，降维后的 K 设置为 650。如图 2-13 所示，在 PCA 降维之前，能量迹中的特征区分度较小；而在 PCA 降维之后，特征数量在减少的同时，特征之间的区分度也大大提高了。

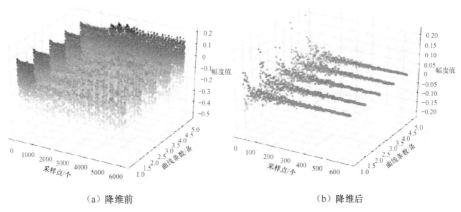

（a）降维前　　　　　　　　　　　　（b）降维后

图 2-13　PCA 降维示意图

2.2.3　简单能量分析

简单能量分析是指利用密码芯片加/解密运算过程中采集到的能量迹曲线，通过观察与数理统计的方法，来完成能量分析的攻击技术。如果一个密码芯片在执行不同的操作时会产生不同的能量消耗，或者在同一种操作下，执行不同操作数会产生不同的能量消耗，那么该密码芯片容易受到简单能量分析的攻击。

简单能量分析攻击模型较为简单，其攻击效果也较为有限。对于使用对称密码算法的芯片，很难通过简单能量分析直接得到算法使用的密钥信息，简单能量分析通常作为差分能量分析或者计时分析的辅助措施。例如，在利用差分能量分析攻击破解 DES 算法的密钥时，需要对 DES 算法的第一轮（或最后一轮）加密操作的能量迹进行统计分析，此时可以

首先采用简单能量分析判断出第一轮（或最后一轮）加密操作的起始位置。图 2-14 所示为 DES 算法芯片执行一个分组数据加密操作时采集到的能量迹，从图中可以很明显地区分出 16 轮操作的起始时间。而且在实际应用中，简单能量分析通常会与计时分析一起使用，在 2.4 节将进一步结合计时分析实例对简单能量分析进行介绍。

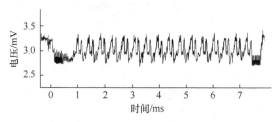

图 2-14　DES 算法芯片的能量迹

2.2.4　差分能量分析

差分能量分析主要利用密码芯片能量消耗的数据依赖性，通过采集大量的功耗曲线来分析固定时刻芯片的能量消耗，从而将需要的功耗差异放大，实现攻击。假设要攻击获取芯片中某个运算状态字节的值（该值实际为 01101001），在能量消耗方面，如果状态字节中的某位为 "1"，则该位的能量消耗为 $P+a$；如果位为 "0"，则能量消耗为 P。攻击过程如图 2-15 所示，如果猜测值为 10001011，可以根据猜测值对实际采集到的功耗进行分组，则猜测值为 1 分别对应功耗的第 1、5、7、8 行，实际功耗分别为 P、$P+a$、P、$P+a$；猜测值为 0 分别对应功耗的第 2、3、4、6 行，实际功耗分别为 $P+a$、$P+a$、P、P，之后分别对两组功耗值求平均，结果均为 $P+a/2$，没有差异，说明密钥猜测错误。如果猜测值为 01101001，运用同样的方法进行分组后，猜测值为 1 的平均功耗为 $P+a/2$，为 0 的平均功耗为 P，二者差异为 $a/2$，可以再迭代进行其他猜测值的尝试（最多有 28 种可能），结果猜测值为 01101001 时的功耗差异是最大的，也就是说，正确猜测值的差分功耗值是最大的。

猜测值错误时差分攻击结果　　　　　　　　　　　猜测值正确时差分攻击结果

芯片中实际运行值	芯片的实际功耗	攻击猜测值	根据猜测值对实际功耗进行分组	芯片的实际功耗	各组功耗平均值
0	P	1		P	
1	$P+a$	0	猜测为1	$P+a$	$P+a/2$
1	$P+a$	0		P	
0	P	0		$P+a$	
1	$P+a$	1		$P+a$	两组之间的差分功耗为0
0	P	0	猜测为0	$P+a$	$P+a/2$
0	P	1		P	
1	$P+a$	1		P	

芯片中实际运行值	芯片的实际功耗	攻击猜测值	根据猜测值对实际功耗进行分组	芯片的实际功耗	各组功耗平均值
0	P	0		$P+a$	
1	$P+a$	1	猜测为1	$P+a$	$P+a/2$
1	$P+a$	1		$P+a$	
0	P	0		$P+a$	
1	$P+a$	1		P	两组之间的差分功耗为a/2
0	P	0	猜测为0	P	P
0	P	0		P	
1	$P+a$	1		$P+a$	

图 2-15　差分能量分析的基本思想

在具体的攻击过程中，通常会采用"分而治之"的思想将待攻击的信息分为若干段，以 DES 算法为例，可以将待攻击的长度为 N 的轮密钥分为若干段，每段的长度为 n，设 $b \in \{1, 2, \cdots, N/n\}$ 表示轮密钥的第 b 段。假设以第一轮 S 盒的输出作为攻击位置，由于 DES 算法中的 S 盒可以被视为一个 6 输入、4 输出的逻辑函数，如图 2-16 所示。因此，可以将待攻击的轮密钥 $K(k_1 k_2 \cdots k_{48})$ 分为 8 段，每段的长度为 6 位。在每段的攻击过程中采用穷举的方法，共有 2^6 种可能，全部恢复 8 段密钥需要 $8×2^6$ 次，远小于暴力破解的 2^{48}。

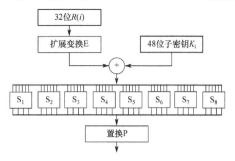

图 2-16　DES 算法的 S 盒

差分能量分析的具体过程可以简单地描述为"采样功耗曲线—构造区分函数—假设密钥值—平均求差"，下面仍以 DES 算法为例进行具体描述。

（1）对 M 个随机明文 $P_i(i \in \{1,2,\cdots,M\})$ 进行加密操作，每次加密所用的密钥均相同，采集记录每次加密过程得到的功耗曲线 $T_i[t](i \in \{1,2,\cdots,M\})$，其中 t 表示一次加密过程中的第 t 个采样点。

（2）根据实际情况选择明文攻击或密文攻击（这里假设是明文攻击），并构造区分函数 $D(P,b,K_s)$，其中 P 表示明文，b 表示待攻击轮密钥的第 b 段，K_s 表示轮密钥第 b 段的猜测值，由于每段轮密钥都包含 n 位，因此 $K_s \in \{0,1,\cdots,2^n-1\}$。区分函数 $D(P,b,K_s)$ 的取值只能为 0 和 1。

（3）遍历 $K_s \in \{0,1,\cdots,2^n-1\}$ 的值，对于一个确定的 K_s 值，可以将功耗曲线 $T_i[t]$ 分为两组

$$
\begin{aligned}
G_0 &= \{T_i[t] \mid D(P,b,K_s)=0\} \\
G_1 &= \{T_i[t] \mid D(P,b,K_s)=1\}
\end{aligned}
\tag{2-4}
$$

（4）分别计算两组数据在每个采样点的平均功耗值，并对计算结果进行求差，式（2-5）所示，即可得出功耗曲线的差值

$$
\begin{aligned}
\Delta D[b,K_s,t] &= \frac{\sum_{i=1}^{m} D(P_i,b,K_s)T_i[t]}{\sum_{i=1}^{m} D(P_i,b,K_s)} - \frac{\sum_{i=1}^{m}\left(1-D(P_i,b,K_s)\right)T_i[t]}{\sum_{i=1}^{m}\left(1-D(P_i,b,K_s)\right)} \\
&\approx 2\left(\frac{\sum_{i=1}^{m} D(P_i,b,K_s)T_i[t]}{\sum_{i=1}^{m} D(P_i,b,K_s)} - \frac{\sum_{i=1}^{m} T_i[t]}{m}\right)
\end{aligned}
\tag{2-5}
$$

如果使用的样本数量足够大，子密钥值 K_s 猜测正确，则根据 $D(P,b,K_s)$ 对功耗数据所做的分组能够将两组数据的差异放大，在差分功耗曲线 $\Delta D(b,K_s,t)$ 中会有尖峰存在；假设子密钥值 K_s 猜测错误，则区分函数 D 对功耗数据所做的分组与正确的子密钥 K_s 无关，差分功耗曲线 $\Delta D(b,K_s,t)$ 的形状会较为平坦。

改变 b 的取值，重复上述第（3）和第（4）步，即可获得所有的正确子密钥值，进而可以推出密码算法的原始密钥。

图 2-17 所示为针对 DES 算法的差分能量分析攻击结果，图中包括 4 条曲线，最上方的曲线是功耗的平均值，在这里作为差分功耗曲线的参考，第二条曲线表示 K_s 猜测正确时的差分功耗，剩余两条曲线表示 K_s 猜测错误时的情况。

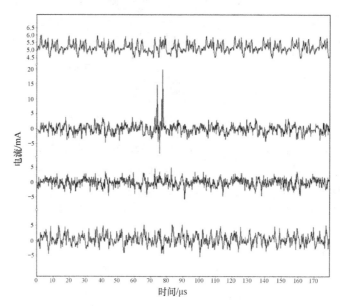

图 2-17　针对 DES 算法的差分能量分析攻击结果

2.2.5　相关能量分析

相关能量分析的主要思想是通过分析假设功耗模型与实际功耗曲线之间的相关系数，完成对敏感信息的获取。相关能量分析也可以被视为差分能量分析的一种扩展，因此有部分文献将二者统称为差分能量分析。在假设明文已知的情况下，如图 2-18 所示，相关能量分析一般按照以下 5 个步骤进行。

（1）选择所执行算法的某个中间值。这个中间值必须是与明文及密钥密切相关的一个函数 $f(d, k)$，其中 d 是加密算法的明文，k 是密钥的一小部分，k 的可能取值有 K 种（$K=2^k$）。

（2）测量芯片加密 D 个不同明文分组时的功耗，产生一个 $D \times T$ 的功耗曲线矩阵 T，其中，T 为功耗曲线上采样点的个数。

（3）对每个假设的 k 值计算对应的假设中间值，对所有 D 次加密和所有 K 个密钥假设，可以得到一个 $D \times K$ 的矩阵 V，V 中的每个元素 $v_{ij}=f(d_i, k_j)$。

（4）根据掌握的芯片特性，利用相应的能量泄露模型（如汉明重量模型或汉明距离模型），将中间值映射为假设功耗曲线矩阵 H。

（5）对假设功耗值和实际能量值进行相关系数分析。计算 H 矩阵的每列 $h_{*,i}$ 和 T 矩阵的每列 $t_{*,j}$ 的相关系数 $r_{i,j}$，得到一个 $K \times T$ 的矩阵 R，其中 r_{ij} 的计算方法如下

$$r_{i,j} = \frac{\sum_{d=1}^{D}(h_{d,i} - \overline{h_i}) \times (t_{d,j} - \overline{t_j})}{\sqrt{\sum_{d=1}^{D}(h_{d,i} - \overline{h_i})^2 \times \sum_{d=1}^{D}(t_{d,j} - \overline{t_j})^2}} \tag{2-6}$$

在矩阵 R 中，$r_{i,j}$ 的值越大，表明列 h_i 与 t_j 的匹配度越高，该最大值对应的密钥假设值就是攻击所得到的密钥。

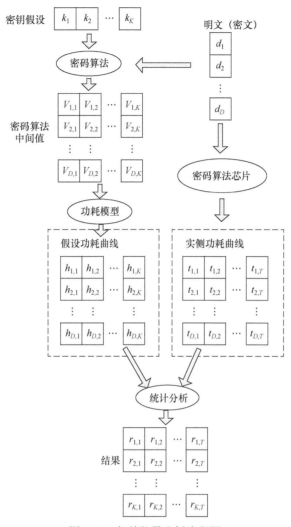

图 2-18　相关能量分析流程图

以 AES 算法的相关能量分析为例，常选用算法中第一轮的 S 盒输出作为中间值，该中间值是明文第一字节和密钥第一字节的函数，每次只对一个 S 盒进行攻击，一个 S 盒的密钥假设有 256 种，即 k 可以取 0～255 中所有可能的值。在攻击中对 5000 个不同明文分别进行加密并采集能量迹，按照上述流程计算得到相关系数矩阵 R。其中，当 $k=42$、43、44、45（分别对应矩阵 R 的第 43、44、45、46 行）时的结果如图 2-19 所示，可以明显地看出，密钥假设值 43 对应的结果中出现了明显的尖峰，相关系数达到 0.7063，其他密钥假设计算出来的相关系数均很小，由此可判断正确密钥为 43，即 00101011。

在上述的 CPA 中只利用了一个中间值，因此也称一阶 CPA。如果表达密钥假设的过程中使用了多个中间值，则称相应的 CPA 为高阶 CPA。高阶 CPA 利用了某种联合泄露，该联合泄露基于出现在密码芯片中的多个中间值。同样对于 DPA 而言，也存在高阶 DPA，高阶攻击主要应用于有掩码防护措施的场景，在 2.3.1 节中将进一步结合防护技术进行介绍。

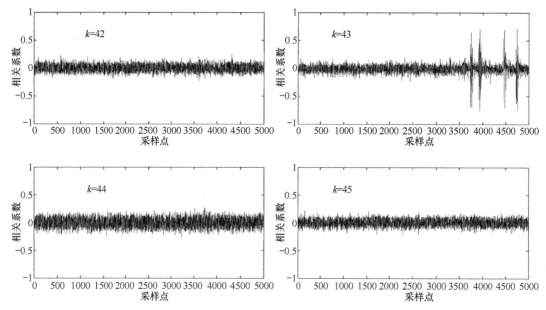

图 2-19   针对 AES 算法的相关能量分析攻击结果

2.2.6   模板攻击

前面介绍的差分能量分析、相关能量分析等攻击技术，其成功率与采样的能量迹数目直接相关，然而在很多攻击条件下，很难获取足够多的采集样本，进而使攻击难以实现。针对该问题，2002 年 IBM 的 Suresh Chari 等提出了模板攻击的方法，为在有限泄露信息的情况下进行攻击提供了可能。在模板攻击中，要求攻击者能够获得一个与目标芯片相同且可控的芯片，从而实现对目标芯片泄露信息的精准刻画，之后通过采集密码芯片工作中的侧信道信息，分析其数据相关性与操作相关性，从而实现攻击。

模板攻击通常分为两个阶段：第一个阶段对侧信道信息数据进行刻画（又称模板构建）；第二个阶段利用第一个阶段得到的特征实施攻击（又称模板匹配）。下面分别对这两个阶段进行介绍。

1. 模板构建

在对密码芯片攻击前，需要为每个猜测密钥都构建一个模板。这里的模板由一个均值向量 M 和一个协方差矩阵 COV 构成。假设所攻击的密码芯片使用的密钥长度为 n 位，则该算法所有可能的密钥个数是 2^n 个，所需构建的模板总数也是 2^n 个。每个模板的具体构建方法如下。

（1）求取均值向量 M。

针对每个猜测密钥，采集密码芯片使用该密钥进行运算时的侧信道信息。为确保所构建模板的精确性，需要进行多次测量。记测量次数为 m，采样点个数为 l，那么采集得到的侧信道信息对应的曲线有 m 条，每条曲线都包含 l 个点，这样就得到一个 $m \times l$ 的矩阵。其中，第 i 条曲线可表示为 $\{t_{i1}, t_{i2}, \cdots, t_{il}(1 \leqslant i \leqslant m)\}$。然后，对所有 m 次测量结果求取平均值，将第 j 个采样点的平均值记为 M_j（$1 \leqslant j \leqslant 1$），计算公式如下

$$M_j = \frac{\sum_{i=1}^{m} t_{ij}}{m} \tag{2-7}$$

计算所有采样点的均值，组成均值向量 $\boldsymbol{M}$，即

$$\boldsymbol{M} = (M_1, M_2, \cdots, M_l) \tag{2-8}$$

（2）求取噪声矩阵 $\boldsymbol{N}$。

在求取均值矩阵的过程中，每次测量的噪声都受到了抑制。由于所采集的泄露信息都是密码芯片处理相同数据产生的，因此，泄露信息中的随机噪声可以通过使用每次采集的曲线与均值矩阵做差的方法得到，第 i 条样本曲线的噪声向量为

$$\boldsymbol{N}_i = ((t_{i1} - M_1), (t_{i2} - M_2), \cdots, (t_{il} - M_l)) \tag{2-9}$$

所有样本曲线的噪声向量可构成噪声矩阵 $\boldsymbol{N}$

$$\boldsymbol{N} = (\boldsymbol{N}_1, \boldsymbol{N}_2, \cdots, \boldsymbol{N}_l)^{\mathrm{T}} = \begin{pmatrix} t_{11} - M_1 & t_{12} - M_2 & \cdots & t_{1l} - M_l \\ t_{21} - M_1 & t_{22} - M_2 & \cdots & t_{2l} - M_l \\ \vdots & \vdots & & \vdots \\ t_{m1} - M_1 & t_{m2} - M_2 & \cdots & t_{ml} - M_l \end{pmatrix} \tag{2-10}$$

其中，行向量代表一条样本曲线的噪声向量，列向量代表该列所对应采样点上的噪声随机变量。

（3）求取协方差矩阵 $\boldsymbol{COV}$。

由于协方差可以用来描述两个随机变量的线性相关性，因此可以用噪声矩阵 $\boldsymbol{N}$ 中的任意两个随机变量 $\boldsymbol{N}_u$ 和 $\boldsymbol{N}_v$ 之间的协方差来表示二者之间的相关性。根据协方差的定义，噪声矩阵中任意两个噪声向量的协方差可表示为

$$\mathbf{Cov}(N_u, N_v) = \frac{1}{m-1} \sum_{i=1}^{m} (N_{iu} - M_u)(N_{iv} - M_v) \tag{2-11}$$

式中，N_{iu} 和 N_{iv} 分别为 $\boldsymbol{N}_u$ 和 $\boldsymbol{N}_v$ 中的第 i 个数值。计算噪声矩阵 $\boldsymbol{N}$ 中所有噪声随机向量中两两之间的协方差，建立如下的协方差矩阵 $\boldsymbol{COV}$

$$\mathbf{COV} = \begin{pmatrix} \mathbf{Cov}(N_1, N_1) & \mathbf{Cov}(N_1, N_2) & \cdots & \mathbf{Cov}(N_1, N_l) \\ \mathbf{Cov}(N_2, N_1) & \mathbf{Cov}(N_2, N_2) & \cdots & \mathbf{Cov}(N_2, N_l) \\ \vdots & \vdots & & \vdots \\ \mathbf{Cov}(N_l, N_1) & \mathbf{Cov}(N_l, N_2) & \cdots & \mathbf{Cov}(N_l, N_l) \end{pmatrix} \tag{2-12}$$

可以看出上述协方差矩阵是一个 $l \times l$ 的对称阵。通过以上步骤，就可以提取出使用相同猜测密钥采集到的泄露信息矩阵的特征，它由均值矩阵 $\boldsymbol{M}$ 和协方差矩阵 $\boldsymbol{COV}$ 构成，记为模板 T

$$T = <\boldsymbol{M}, \mathbf{COV}> \tag{2-13}$$

至此，经过以上 3 个步骤，就为一个猜测密钥构建了一个模板 T。然后重复上述步骤，直到为所有的猜测密钥都构建对应的模板。在完成所有模板构建后，攻击者将转向目标设备，进入模板匹配阶段。

2. 模板匹配

在模板攻击中，一般采用贝叶斯判别匹配模板。贝叶斯判别的思想是假定攻击者对研究对象已经有一定的认识，这种认识常用先验概率描述，在取得一个样本后，就可以用样本修正已有的先验概率分布，得出后验概率分布，再通过后验概率分布进行各种统计推断。

设有 k 个总体 $G_1, G_2, \cdots, G_k$，其概率密度函数分别为 $f_1(x), f_2(x), \cdots, f_k(x)$。假设样本 x 来自总体 G_i 的先验概率为 p_i（$i=1,2,\cdots,k$），则有

$$p_1 + p_2 + \cdots + p_k = 1 \tag{2-14}$$

根据贝叶斯判别方法，样本 x 来自总体 G_i 的后验概率为

$$P(G_i \mid x) = \frac{p_i f_i(x)}{\sum\limits_{j=1}^{k} p_j f_j(x)} \qquad (i = 1,2,\cdots,k) \tag{2-15}$$

在不考虑误判代价的情况下，有以下判别规则

$$x \in G_i, \ \text{若} \ P(G_i \mid x) = \max_{1 \leqslant j \leqslant k} P(G_j \mid x) \tag{2-16}$$

在实际攻击中，模板构建完成后，采用与模板构建阶段相同的技术手段采集目标芯片工作时的侧信道信息，将采集到的信息与构建好的模板按照贝叶斯判别法进行比较。由最大似然估计法可知：匹配概率越大的模板，越可能对应正确的密钥。

在具体分析过程中，记采集到的曲线为 t，其与对应的第 s 个（$1 \leqslant s \leqslant 2^n$）猜测密钥的模板 $<M,COV>_s$ 的匹配概率为 p，计算公式如下

$$p(t;<M,COV>_s) = \frac{\exp\left(-\dfrac{1}{2} \times (t-M)^{\mathrm{T}} COV^{-1} (t-M)\right)}{\sqrt{(2\pi)^m \det(COV)}} \tag{2-17}$$

同理，使用这种方式对所测得的曲线 t 和每个模板都进行计算，这样就可以得到一组概率值

$$p(t;<M,COV>_1),\cdots,p(t;<M,COV>_{2^n}) \tag{2-18}$$

概率值的大小反映了模板与给定侧信道信息的匹配程度，概率值最大的为正确模板，该模板对应的密钥为攻击得到的密钥。

上述为模板攻击的基本过程。在实际攻击中，仍需注意以下几个问题。

（1）构建模板的数量问题。

在模板构建阶段，密码算法所采用的密钥一般都比较长，例如，分组密码算法 DES，它的密钥长度为 56 位。如果对每个猜测密钥都构建模板，则最少需要构建 2^{56} 个模板，这样就提高了计算和分析的难度。

在模板攻击中也会采用"分而治之"的思想，通过采用分段式处理的方法，选择密码算法中某些适当的函数作为关键单元进行模板构建，来降低计算和分析的难度。如果被攻击目标所使用的密钥长度为 n 位，那么猜测密钥的个数为 2^n 个，所需构建模板的数量也为 2^n 个。如采用分段式处理方法，将密钥划分成长度相等的若干段，段长为 m，共可分成 n/m 段。针对每个段，所需构建模板的数量为 2^m 个。对于整体来说，所需构建模板的数量为 $2^m \times (n/m)$ 个。当密码算法中密钥的规模较大时，使用分段式处理的方法可以显著减少所需

模板的数量。

以 DES 算法为例，经常会选择 S 盒作为攻击位置，并以此对密钥进行划分，每次只猜测一个 S 盒的密钥，获取 8 个 S 盒对应的子密钥搜索空间只需 $2^6 \times (48/6) = 2^9$ 个。

（2）协方差矩阵规模较大的问题。

在实际的模板攻击中，模板匹配阶段也会遇到很多困难，这些困难主要与协方差矩阵有关。首先，协方差矩阵的大小取决于特征点的数量，因此，特征点的数量必须慎重选取；其次，协方差矩阵可能是"病态"的，这意味着对协方差矩阵求逆时会遇到数值计算问题，而求逆运算是式（2-17）所必需的；最后，在式（2-17）中指数运算的指数往往很小，这常常会导致更多的数值计算问题。

一般地，为了避免指数运算，可以对式（2-17）两边取对数。这样，概率对数的绝对值最小的模板就对应正确的密钥。为了避免在协方差矩阵求逆时遇到数值问题，可以用单位矩阵取代协方差矩阵，称为简化模板。从本质上而言，这意味着无须考虑各点之间的协方差，准确性就会有所下降。

（3）样本容量较大的问题。

所构建模板的准确性与样本容量密切相关，样本容量越大，模板就会越准确。因此，为了准确地对一个密钥创建模板，需要采集尽可能多的侧信道泄露信息。这也是模板攻击的前提，是要求攻击者完全掌握一个与目标芯片相同或者相近的芯片的原因。

大量的样本曲线采集和密集的采样点数目又会带来计算量的迅速增加。在实际的测量过程中，如果每条曲线的采样点个数过多，那么会包含大量的冗余信息，因此需要对采集到的侧信道信息进行预处理，剔除与攻击无关的信息，保留曲线的关键特征，之后使用经过预处理的侧信道信息进行模板攻击。

2.3　能量分析的防护技术

在前面已经指出，芯片的能量消耗 P_{total} 由 4 部分构成，其中操作依赖分量 P_{op} 和数据依赖分量 P_{data} 对攻击者来说是有用的，将二者之和记为 P_{sw}，其余和数据操作无关的功耗统一记为 P_{noise}。将一次测量中有用信号分量 P_{sw} 与噪声信号分量 P_{noise} 的方差的比称为信噪比（SNR，Signal-to-Noise Ratio），由式（2-19）表示

$$SNR = \frac{Var(P_{sw})}{Var(P_{noise})} \qquad (2\text{-}19)$$

式中，Var 为方差。SNR 量化了密码芯片泄露信息量的大小，SNR 的值越大，功耗泄露与处理数据之间的相关性就越大，越容易实现攻击。而防护技术的设计思想就是通过一系列软/硬件措施降低 SNR，尽可能地消除或者降低功耗泄露与处理数据之间的相关性，增大攻击难度。在具体的实现过程中，能量分析防护技术主要基于隐藏和掩盖两种思路进行。其中，隐藏通过改变电路本身的功耗特征，破坏功耗与数据或操作的依赖性；而掩盖则通过引入其他随机变量值对密码芯片所处理的密码算法中间值（也是真实值）进行掩盖，导致电路实际消耗的能量不仅与真值相关，而且受随机变量值的影响，增加攻击难度。结合芯片的设计流程，根据这两种思想在具体实现时的抽象级别，可以将防护措施分为算法级防护、电路级防护和系统级防护。本节将围绕这 3 个层级对防护技术进行介绍。

2.3.1　算法级防护

算法级防护涵盖的范围比较广泛，该方法并不侧重于电路本身的功耗特性，而侧重于在较高层次打破功耗和数据的相关性，从而实现防护。其基本思想是通过改变密码芯片电路中的数据流动，从而改变密码算法运行过程中产生的功耗泄露与处理数据之间的相关性。算法级的防护技术包括动态重构技术、Shuffling 技术及掩码技术，其中，掩码技术是研究最广泛且被认为是最有效的防护措施之一，因此本节主要对掩码技术进行介绍。

传统掩码方案是一种（2, 2）秘密分享技术，在这种掩码实现方案中，原始密码算法的每个真实的中间值 v 都由一个二元变量（v_m, m_v）来表示，其中 m_v 为随机值，且 $v=v_m \oplus m_v$。为了保证最终加密结果的正确性，必须对原有密码算法进行修正。掩码防护的基本过程如图 2-20 所示，和常规密码算法实现过程相比，掩码过程的每步都需要随机数的参与，在加密结束时，为了恢复正确的加密结果，还需要消除掩码。掩码调度和跟踪模块主要用于向掩码运算过程提供随机掩码值并跟踪运算过程，以便最终能够正确消除掩码。

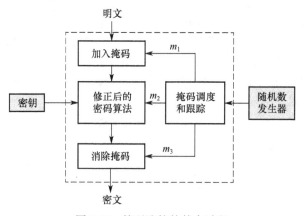

图 2-20　掩码防护的基本过程

由于密码算法通常包括线性函数和非线性函数，对基于异或等操作的线性函数 f，有 $f(v_m \oplus m_v)=f(v_m) \oplus f(m_v)$ 成立，而对于密码算法中的非线性函数（如 S 盒），一般情况下 $S(v_m \oplus m_v) \neq f(v_m) \oplus f(m_v)$。因此在掩码方案中，线性函数是很容易实现的，而非线性函数的实现难度和复杂度较大，这也是研究的重点。

早期掩码方案主要包括随机值掩码方案和固定值掩码方案。在随机值掩码方案中，针对 S 盒的掩码实现一般采用预计算的处理方式，即针对每个掩码都要重新计算一个新的 S 盒查找表，而且由于加密过程中每轮都要进行掩码，因此这种处理方式会大幅提高计算复杂度并占用较大的动态存储空间。固定值掩码方案利用随机数 r 在 q 个固定值掩码中随机选择一组对密码算法的中间变量进行掩盖，而这 q 个固定值掩码对应的 S 盒查找表已经提前计算出来并存储于外部 ROM 中，由于不必进行掩码值的计算和 S 盒的动态更新，因此固定值掩码方案降低了计算复杂度，并且能够在一定程度上节省存储空间。

然而，无论是随机值掩码方案还是固定值掩码方案，在实现过程中都需要对修正后的 S 盒进行存储，对于某些算法和应用场景并不适用。例如，AES 算法和我国商用密码算法 SM4 中均是 8×8 的 S 盒，此时 S 盒查找表将会消耗较大的存储空间。为了解决 AES 算法的 S 盒存储问题，Akkar 等于 2001 年提出了乘法掩码方案。从密码运算的角度分析，AES 算法中的 S 盒包括乘法逆和仿射变换两个步骤，其中，仿射变换是一种线性变换，容易实施掩码操作，而乘法的掩码方案主要利用 $(X \otimes Y)^{-1} = X^{-1} \otimes Y^{-1}$（$\otimes$ 代表模乘）思想实现，图 2-21 所示为乘法掩码方案中 $GF(2^8)$ 的乘法逆的实施过程，图中 Y_{ij} 代表新引入的一个不为 0 的随机值。该乘法掩码方案虽然提高了计算效率，但也存在一定的缺陷，容易遭受零值攻击（Zero-value Attack），即利用乘法操作数为零时功耗最小来实现攻击，因此乘法掩码方案在现实过程中要充分考虑理论上的可证明安全性。

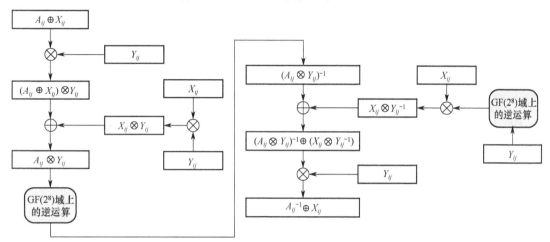

图 2-21　乘法掩码方案中 $GF(2^8)$ 的乘法逆的实施过程

　　另外，在上述介绍的传统掩码方案中，为了保证掩码方案的实现安全性，引入了一个新的掩码值，甚至要求加密过程中每个轮变换都要更新掩码，其对随机数的需求也非常大。为了优化与降低实现过程对随机值数量的需求，2006 年 Nikova 等基于多方计算协议提出一种新型的门限（TI，Threshold Implementations）掩码方案，基本思想是将原先的单数据通路拆分成 s 条数据通路以形成 (s, s) 分享，任何一条数据通路都只携带经过随机掩码后 s 分之一的信息，如攻击者缺少其中任何一路数据，都无法准确得到秘密信息。

　　上面介绍的掩码技术只能用于保护密码算法不受一阶能量分析的威胁（也就是 2.2.4 节介绍的差分能量分析攻击），而高阶攻击通过合并一条功耗曲线上的多个样本（同时包含掩码变量和掩码后变量对应的功耗数据），依然有可能成功恢复被保护的变量信息，并且从目前的高阶攻击效果来看，具有相当高的成功率。因此，为了对抗高阶攻击，掩码方案中需要增加额外的一个或多个随机掩码变量，并在掩码变量参与运算后，对方案进行严格的安全性论证以保证防护的有效性，这就是高阶掩码方案。通常来说，一种 d 阶掩码方案可以保护密码算法不受 d 阶（或更低阶）能量分析的攻击，但会受到 $d+1$ 阶（或更高阶）能量分析的攻击。

　　下面以 DES 算法为例，对简单的固定值掩码的具体实现过程进行介绍。

　　图 2-22 所示为具有掩码防护结构的 DES 算法处理过程，加掩码后每轮的中间状态记为 $L_M(i)$、$R_M(i)$，对比图 1-5 中 DES 的正常加密过程，每轮中间状态为 $L(i)$、$R(i)$。在掩码实现过程中，64 位的明文 P 进入算法执行之前，首先生成一个 64 位的随机数 M，M 与明文 P 进行异或运算得到 $P \oplus M$，进入 DES 算法主体，由此确保算法整体都被随机数保护。

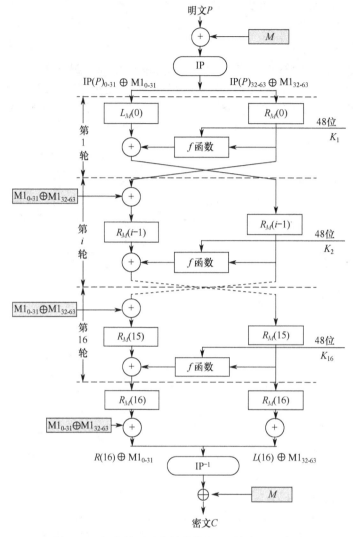

图 2-22　具有掩码防护结构的 DES 算法处理过程

经过 IP 变换后，得到第 1 轮中的 $L_M(0)$ 和 $R_M(0)$ 分别为 IP$(P)_{0\text{-}31}\oplus$M1$_{0\text{-}31}$ 和 IP$(P)_{32\text{-}63}\oplus$M1$_{32\text{-}63}$，其中 M1=IP(M)。与正常未加掩码的过程对比，$L_M(0)$ 和 $R_M(0)$ 也可记为

$$L_M(0)=L(0)\oplus\text{M1}_{0\text{-}31}$$

$$R_M(0)=R(0)\oplus\text{M1}_{32\text{-}63}$$

即算法原始中间值 $L(0)$ 和 $R(0)$ 被掩盖保护了。之后 $R_M(0)$ 和第一轮子密钥 K_1 共同输入到 f 函数进行计算。如图 2-23 所示，首先 $R(0)\oplus$M1$_{32\text{-}63}$ 经过 E 变换，得到 $E(R(0))\oplus$M2，其中 M2 为 M1$_{32\text{-}63}$ 经 E 变换后的结果。进一步与 K_1 异或得到 $E(R(0))\oplus$M2$\oplus K_1$ 作为 S 盒的输入。到此为止，上述过程均为线性运算，由于 S 盒是非线性运算，因此在掩码处理过程中需要对 DES 算法的 S 盒进行修改以保证最后加密结果的正确性，修改后的 S 盒（$S_{\text{M-Box}}$）与原 S 盒（S_{Box}）应满足如下关系

$$S_{\text{M-Box}}(x)=S_{\text{Box}}(x\oplus\text{M2})\oplus P^{-1}(\text{M1}_{0\text{-}31}\oplus\text{M1}_{32\text{-}63})$$

式中，x 为任意输入值。因此，$E(R(0)) \oplus M2 \oplus K_1$ 经 $S_{\text{M-Box}}$ 后，输出变为

$$S_{\text{Box}}(E(R(0)) \oplus K_1) \oplus P^{-1}(\text{M1}_{0\text{-}31} \oplus \text{M1}_{32\text{-}63})$$

再经过 P 置换后，输出为

$$P(S_{\text{Box}}(E(R(0)) \oplus K_1)) \oplus (\text{M1}_{0\text{-}31} \oplus \text{M1}_{32\text{-}63})$$

上述结果与 $L_M(0)$ 异或后得到 $R_M(1)$

$$R_M(1) = P(S_{\text{Box}}(E(R(0)) \oplus K_1)) \oplus (\text{M1}_{0\text{-}31} \oplus \text{M1}_{32\text{-}63}) \oplus L(0) \oplus \text{M1}_{0\text{-}31}$$
$$= P(S_{\text{Box}}(E(R(0)) \oplus K_1)) \oplus L(0) \oplus \text{M1}_{32\text{-}63}$$
$$= R(1) \oplus \text{M1}_{32\text{-}63}$$

即用掩码值 $\text{M1}_{32\text{-}63}$ 对原始中间值 $R(1)$ 进行了防护。同时对于 $L_M(1)$，其值为

$$L_M(1) = R_M(0) \oplus \text{M1}_{0\text{-}31} \oplus \text{M1}_{32\text{-}63} = R(0) \oplus \text{M1}_{0\text{-}31}$$

即用掩码值 $\text{M1}_{0\text{-}31}$ 对原始中间值 $L(1)$ 进行了防护。以此类推，在之后的轮运算中，掩码值 $\text{M1}_{0\text{-}31}$ 始终对 $L(i)$ 进行防护，$\text{M1}_{32\text{-}63}$ 始终对 $R(i)$ 进行防护。

在完成第 16 轮计算后，分别得到 $R_M(16) = R(16) \oplus \text{M1}_{32\text{-}63}$，$L_M(16) = L(16) \oplus \text{M1}_{32\text{-}63}$。之后对掩码进行调整，将 $R_M(16)$ 和 $\text{M1}_{0\text{-}31} \oplus \text{M1}_{32\text{-}63}$ 进行一次异或运算，得到 $R(16) \oplus \text{M1}_{0\text{-}31}$。再经过 IP^{-1} 变换后，结果为

$$\text{IP}^{-1}(R(16) - L(16)) \oplus \text{IP}^{-1}(\text{M1})$$

由于 $\text{M1} = \text{IP}(M)$，因此 IP^{-1} 变换后结果可化简为

$$\text{IP}^{-1}(L(16) - R(16)) \oplus M$$

将上述结果与掩码 M 再进行一次异或运算，即可得到正确的密文 C。

在上述整个 DES 算法流程中，所有中间值均与掩码 M 或者 M 的衍生运算结果进行异或，攻击者无法获取真正的中间结果，从而实现侧信道防护。

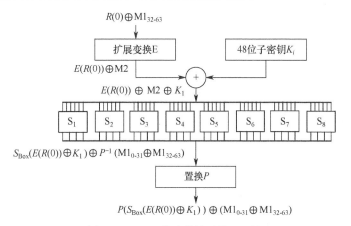

图 2-23　DES 算法带掩码的 f 函数

2.3.2　电路级防护

电路级防护技术从底层单元电路的设计角度出发，增强密码芯片的安全性，具体实施过程是首先设计新的标准单元逻辑，再基于这些单元逻辑构建安全的芯片。比较常见的有双轨预充电逻辑、电流模逻辑等，下面重点对双轨预充电逻辑进行介绍。

双轨预充电逻辑（DRPL，Dual-Rail Pre-charge Logic）又称为动态差分逻辑（DDL，

Dynamic Differential Logic），是一种功耗恒定的逻辑电路结构，具有以下两个特点。

（1）单元中所有输入和输出信号的逻辑值都用互补的双轨信号来表征，比如，用（1,0）来表征逻辑"1"，而用（0,1）来表征逻辑"0"。

（2）逻辑单元采用动态门的工作模式，每个时钟周期分为预充电和求值两个阶段。如图 2-24 所示，在预充电阶段，互补的双轨信号被充电（或放电）到相同的电平；而在求值阶段，双轨输出端根据输入信号的逻辑值跳变为互补电平。

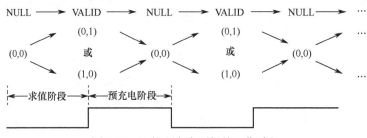

图 2-24　双轨预充电逻辑的工作过程

在满足以上两个条件的情况下，双轨预充电逻辑单元在每个时钟周期中无论输出信号的逻辑值如何变化，其双轨输出信号都有且仅有一个信号会发生跳变，如果两个输出信号跳变时所消耗的功耗相同，则单元就具有了与信号逻辑值变化无关的、恒定的功耗特征。

在双轨预充电逻辑具体的电路实现过程中，较为典型的有敏感放大器逻辑电路（SABL，Sense Amplifier Based Logic）和行波动态差分逻辑电路（WDDL，Wave Dynamic Differential Logic）。

其中，SABL 从底层对门电路进行全新设计，分为 N 型和 P 型两种，其都采用标准动态门的原理，组合电路中所有的 SABL 单元由统一的时钟信号 clk 控制，如图 2-25 所示。以 N 型 SABL 电路为例，当 clk 为低电平时，电路中 Z 点断开，所有 PMOS 导通，电源对整个电路进行预充电，各个 SABL 单元的输出被同时预充为"0"；当 clk 为高电平时，Z 点导通，电路处于求值阶段，此时，SABL 单元中由 NMOS 管构成的差分下拉网络（DPDN，Differential Pull Down Network）根据单元输入信号进行求值，输出 OUT 和 $\overline{\text{OUT}}$ 为互补值（0,1）或（1,0），并以多米诺级联形式在电路中传播。在 N 型 SABL 电路中，晶体管 M_1 处于常通状态，用于对 DPDN 的外部节点 X 和 Y 进行放电。在求值过程中，无论 DPDN 中的哪个分支处于开启状态，由于通过 M_1 连接，因此都会被一起放电。SABL 单元电路在每个时钟周期都有且仅有一个输出信号发生跳变，电路的功耗泄露与运行数据之间是相互独立的。在 SABL 单元设计中，如果负载电容也完全相同，那么在理论上几乎可以实现完全恒定的功率消耗。图 2-26 所示为具体的基于 SABL 结构设计的 AND-NAND 单元门电路结构。

WDDL 采用传统的标准单元进行电路构建，将动态差分结构与标准单元设计流程进行了折中，可以最大限度地兼容现有的 EDA 工具，降低设计的复杂度。在目前提出的所有抗能量攻击的逻辑中，WDDL 是对传统集成电路设计流程改动最小、防护性能较好的一种动态差分结构。在 WDDL 结构中，每个逻辑单元都包含一对 AND-OR 逻辑，AND 和 OR 逻辑分别接收输入信号的正、负逻辑，并产生两个互补的逻辑输出。图 2-27 所示为 WDDL "与"逻辑单元的示意图，可以看出，在 WDDL "与"逻辑单元中采用了一个标准的与门和一个标准的或门实现差分输出的互补逻辑，其中与门接收上级逻辑的正信号，或门接收上级逻辑的负信号。同时，单元输出连接了两个与门作为逻辑单元的预充电路，当预充电信号 pre 为 "0" 时，根据与门的功能特性，两个互补的差分输出被同时放电到 "0"（Y、$\overline{Y}$ 均被置为 "0"）。当预充电信号 pre 跳变为 "1" 时，两个与门的输出值由另一个输入信号决定。这时，上一级的与门和或门的输出被传输到电路的差分输出端。由于这两个信号是互补的，因此必定有一个信号将会根据求值逻辑的结果被上拉到 "1"，进而完成动态差分电路的逻辑功能。

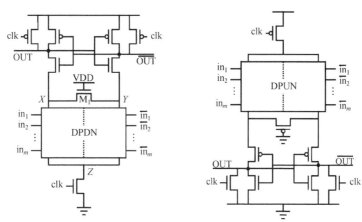

图 2-25　SABL 单元结构，N 型（左）和 P 型（右）

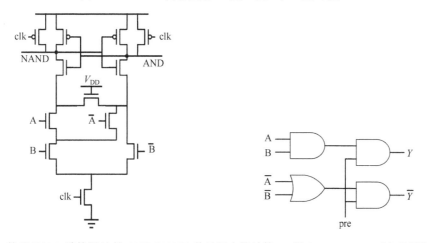

图 2-26　基于 SABL 结构设计的 AND-NAND 单元门电路结构　图 2-27　WDDL "与" 逻辑单元

2.3.3　系统级防护

系统级防护一般不改变芯片电路的原有结构，通过在时间维度或幅度维度削弱芯片功耗特征，达到降低数据与功耗相关性的目的，属于一种隐藏技术。目前，常用的系统级防护包括电容隔离技术、电流平整技术和噪声引擎技术等，下面分别进行介绍。

1. 电容隔离技术

电容隔离技术在供电端插入隔离电容，通过使电容在每个周期都具有相同的电流特征来隐藏侧信道信息，在早期的方案中由于电容面积较大因此难于集成到芯片内部。针对这个问题，后来逐渐设计了很多新型电路，如基于电荷泵思想设计的开关电容电流均衡器电路，如图 2-28 所示，该电路包括三个开关电容模块，分别为电源开关模块（Supply）、逻辑开关模块（Logic）和关联开关模块（Shunt），三个模块相互配合，共同实现对 AES 运算电路的供电。三个开关电容模块的工作状态是互斥的，整个电路有三种工作状态，其中 S1 是通过电源对电容进行充电，S2 是电容对 AES 电路供电，S3 是将电容内部电荷泄放到固定值，芯片工作过程中三种状态按照预定的交错模式进行切换。在使用本方案时，需要在电路性能与电荷泵切换周期上做折中处理，增大切换周期可以提升电路性能，但是需要更大的电容，因此面积也相应地增大。另外，电路中的控制逻辑也较为复杂，输出电源电压受负载电流的影响较大，驱动能力受限。

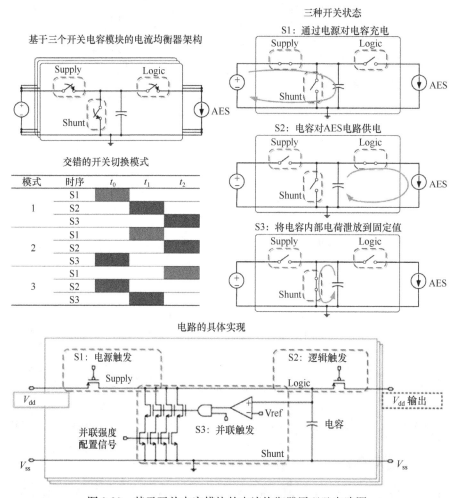

图 2-28　基于开关电容模块的电流均衡器原理及电路图

2. 电流平整技术

电流平整技术通过抑制或削平电源电流变化，使密码芯片的供电电源引脚处的电流值始终保持为一个恒定值，隐藏芯片的能量消耗信息，削减芯片功耗与芯片内部数据的相关性，从而达到防护目的。电流平整技术最初由加拿大滑铁卢大学的 Muresan 等提出，并设计了基于有源电路的实时电流平整技术，该技术主要利用有源电路检测加密模块的电流变化，通过负反馈补偿电流，从而达到抑制总电流变化的效果，具体电路如图 2-29 所示。电阻 R_1 能够探测到消耗电流 I_{DD} 的变化，R_1 两端的微小电压变化通过源极跟随器 M_3 最终驱动 M_2，即流过 M_2 的电流 I'_{DD} 能够实时感知 I_{DD} 的变化。I'_{DD} 与 I'_R 在 B 点进行比较后，差值经跨导放大器 M_5 反馈到 C 点，即 $V_C \propto R(I'_{DD} - I'_R)$。$C$ 点的电压变化经过 M_6 产生反馈电流 I_F。

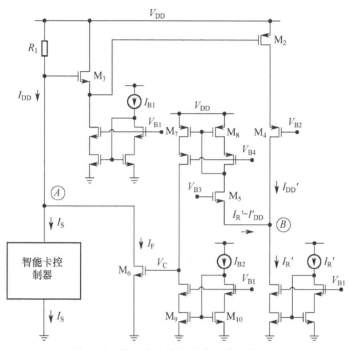

图 2-29　基于负反馈补偿的电流平整电路

目前，随着芯片低功耗技术的发展，也可以借助芯片内部专用的集成稳压器（IVR，Integrated Voltage Regulator）进行功耗调节，如图 2-30 所示，将 IVR 串联在外部电源与密码引擎之间，使芯片整体功耗曲线的形状趋于平缓，降低功耗与所处理数据的依赖关系。

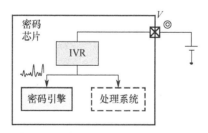

图 2-30　集成稳压器防护示意图

3. 噪声引擎技术

上述的系统级防护技术都从衰减信号角度降低功耗与数据或操作的相关度，而噪声引擎技术是通过增加噪声的方式达到同样的防护效果的。图 2-31 所示为一种随机数控制的环形振荡器噪声引擎电路，该电路借助环形振荡器引起的噪声电流掩盖 AES 密码核心电路的电流方差，在不影响原有芯片的数据吞吐量的同时，能够取得较好的防护效果。电路内部结构包括 AES 算法引擎、伪随机数发生器、数字环形振荡器阵列三个主要模块，数字环形振荡器阵列由 16 个相同的子电路组成，每个子电路都由 12 个数字环形振荡器组成，每个子电路的工作状态由真随机数发生器生成的随机数控制，从而环形振荡器阵列对外呈现的功耗噪声是随机分布的。

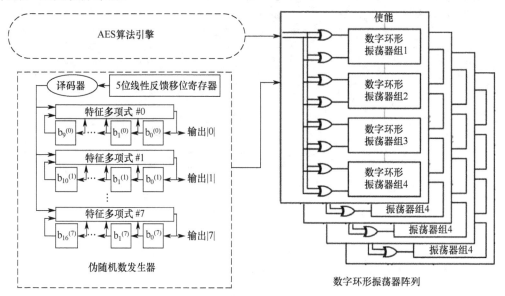

图 2-31　随机数控制的环形振荡器噪声引擎电路

2.4　计时攻击与防护

计时攻击是指利用密码算法的加/解密或数据访问时间进行分析的侧信道攻击方法。根据时间产生来源的不同，计时攻击可分为普通计时攻击和 Cache 攻击。普通计时攻击主要利用密码运算中间值输入比特位和密码运算时间的相关性恢复密钥等信息，Cache 攻击则利用 CPU 中 Cache 机制的时间特性恢复密钥信息，主要应用于基于微处理器指令编程的密码实现方式。本节主要阐述普通计时攻击及相关的防护技术。

2.4.1　普通计时攻击

一般地，计时攻击需要与简单能量分析相结合，从而完成整个攻击过程。下面以 RSA 算法为例对计时攻击过程进行介绍，在 RSA 算法中，对明文 M 和密文 C 的加密和解密过程如下

$$C = M^e \bmod n$$
$$M = C^d \bmod n = M^{ed} \bmod n$$

显然，RSA 算法的核心运算是模幂运算，实现模幂运算的基本途径是"平方–乘法"算法，表 2-1 所示为采用 LR 算法实现模幂运算的算法代码，其核心运算为大数的"平方"与"乘积"运算。

表 2-1　采用 LR 算法实现模幂运算的算法代码

大数模幂 LR 算法	
加密过程：	解密过程：
C=1	M=1
for i=s−1 to 0	for i=s−1 to 0
$\quad$ C=(C × C) mod N	$\quad$ M=(M × M) mod N
$\quad$ if　e_i=1　　　then	$\quad$ if　d_i=1　　　then
$\quad$ C=(C × M) mod N	$\quad$ M=(M × C) mod N
return C	return M

在解密过程中，需要执行 $M=C^d \bmod N$ 运算，即 d 为 $d_{s-1}d_{s-2}\cdots d_0$，其计算过程为从 $i=0$ 开始逐位扫描指数 d_i，若 d_i=0，则只进行平方操作，若 d_i=1，需要执行平方操作和乘法操作，通过观察能量迹会发现芯片消耗的能量与密钥的数值存在明显的依赖关系。图 2-32 所示为某 RSA 算法芯片的一条能量迹，图中一簇波谷代表一次平方操作，一簇波峰代表一次乘法操作。如果一次平方操作后紧跟一次乘法操作，代表此时操作的二进制密钥 d_i 为 1，否则 d_i 为 0。因此，只需通过观察划分出各操作所占用的时间，即可恢复 RSA 的密钥 d。

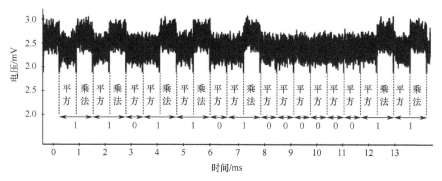

图 2-32　基于 LR 算法的 RSA 芯片的计时攻击

总体来说，计时攻击往往需要结合能量分析攻击技术，其计算量少、模型简单、需要的功耗轨迹数量少，但需要详细了解加/解密的实现过程，同时要求设备具有明显的功耗特征。

2.4.2　计时攻击的防护技术

由于在计时攻击中，需要对密码算法各个环节的实现时间进行精确采集，依据不同操作在能量空间维度上存在的差异，从时间维度对各个操作进行区分，进而实现攻击，因此，防护技术也是从时间维度和空间维度进行设计的。

1．时间维度防护

在时间维度进行防护，就是对密码算法的执行序列采取随机处理，改变每一次密码算法执行过程中操作的执行时间，使芯片的能量消耗对于攻击者来说具有随机性。算法执行的随机性越强，对芯片的攻击越困难。在随机化密码算法执行序列的技术中，使用较广泛的是随机插入伪操作和乱序操作。

（1）随机插入伪操作。

该技术的基本思想是在密码算法执行前后及执行中随机插入伪操作。每次执行密码算法时，均需生成随机数，并根据这些随机数确定在不同位置插入伪操作的数量。需要注意的是，每次算法执行中插入伪操作的数量应该相同，这样攻击者便无法通过测量算法的执行时间推断插入伪操作的数量。

（2）乱序操作。

不同于随机插入伪操作，乱序操作的基本思想是在某些密码算法中，特定操作的执行顺序是可以改变的，因而通过改变这些操作的执行顺序来引入随机性。例如，AES 算法每轮都执行 16 次 S 盒查表操作，查表操作相互独立，可以随意改变这些操作的执行顺序。打乱这些操作顺序意味着在每次 AES 执行中，需要生成随机数来确定 16 个 S 盒查表操作的执行顺序。

乱序操作的缺点是只能针对特定的操作执行。在密码算法中，可以被任意改变执行顺序的操作有限，这取决于算法及算法芯片实现的体系结构。在实际应用中，经常组合使用乱序操作与随机插入伪操作两种方法。

2. 空间维度防护

在空间维度上改变能量消耗特征，即直接改变密码芯片所执行操作的能量消耗特征，使每条指令的能量消耗变得没有规律，从而实现防护。具体来说，可以通过增加噪声、降低有用信号等方式实现。

（1）增加噪声。

增加噪声最简单的一种方法是并行执行多个无关操作。密码芯片的数据通路越宽，其抵抗计时分析攻击的能力越强。例如，同样攻击 AES 实现中的 1 位数据，针对 128 位体系结构的攻击比针对 32 位体系结构的攻击难度更大。

（2）降低有用信号。

在降低有用信号方面，第一种实现策略是在密码芯片的元件中采用专用逻辑结构。密码芯片的能量消耗是所有元件能量消耗的和。如果各个元件的能量消耗均恒定，则设备的能量消耗也是恒定的。第二种实现策略是对密码芯片的能量消耗进行滤波，其基本原理是通过滤波器过滤能量消耗中所有依赖操作种类或操作数的信号分量。

2.5 侧信道安全性评估

随着侧信道攻击技术的不断发展，芯片在实际使用中面临的安全威胁愈加严峻，尤其是密码芯片，其必须具有一定的抗侧信道攻击防护能力。因此，密码芯片一般都需要通过信息安全测评机构的评估和认证，才能上市销售。本节将从安全性检测评估标准及基于泄露的安全性评估技术两个方面进行介绍。

2.5.1 安全性检测评估标准

目前，国内外都根据芯片的不同类型与应用场景制定了相关的安全性检测评估标准。

1. 国标系列

针对密码等安全芯片，其相关的安全性检测评估国家标准主要有：GB/T 37092—2018《信息安全技术密码模块安全要求》，该要求将密码模块安全等级分为 4 级，具体的检测措施由 GB/T 38625—2020《信息安全技术密码模块安全检测要求》进行详细规定；GB/T 22186 为《信息安全技术——具有中央处理器的 IC 卡芯片安全技术要求》，规定了对具有中央处理器的集 IC 卡芯片达到 EAL4+、EAL5+、EAL6+所要求的安全功能要求及安全保障要求，涵盖了安全问题定义、安全目的、安全要求、基本原理等内容。相关的行业标准有 GM/T 0008—2012《安全芯片密码检测准则》、GM/T 0083—2020《密码模块非入侵式攻击缓解技术指南》等，其对密码芯片及模块的能量分析攻击和电磁攻击分析防护检测进行了详细规定。

2. 国际标准

国际上采用的标准有美国国家标准与技术研究院（NIST）发布的密码模块安全标准 FIPS140-3（ISO/IEC19790），以及欧洲的《信息技术安全性评估通用准则》（《*Common Criteria for Information Technology Security Evaluation*》ISO/IEC15408，以下简称 CC 标准）、ISO/IEC20085、ISO/IEC17825 和 ISO/IEC18367 等。其中，CC 标准的目的是建立一个各国都能接受的通用的信息安全产品和系统的安全性检测评估标准。CC 标准中的 EAL（Evaluation Assurance Level）是目前国际上对芯片进行安全性检测评估使用较多的标准，EAL 根据安全要求将评估等级划分为 EAL1～EAL7 共 7 个等级，每个等级均需对 7 大类功能进行评估，包括配置管理、分发和操作、开发过程、指导文献、生命期的技术支持、测试和脆弱性评估。

2.5.2　基于泄露的安全性评估技术

从技术角度来看，现有的评估标准多采用"攻击导向的"评估方法，即利用已有的侧信道攻击方法，按照固定流程对密码芯片及产品进行攻击，如果能在指定范围内攻击成功，则说明密码产品没有达到安全要求。在基于"攻击导向的"评估方法中，由于通常需要知道密码算法及芯片内部细节，由相关专业人员设计各种攻击方案，并进行操作检测，因此对评估人员的要求极高、通用性差。随着侧信道攻击方法的不断发展，需要测试的项目不断增多，实现代价也越来越大。因此，对侧信道泄露评估一直是国内外学术界和工业界研究的重要内容。

近年来，基于测试向量泄露评估（TVLA，Test Vector Leakage Assessment）的侧信道泄露评估技术得到了快速发展，该类评估技术不关注具体的攻击方法，而是判断密码实现是否存在某种秘密信息泄露。如果存在泄露，则密码实现被认为是不安全的。由于具有高效、通用、易实现等优点，因此其已经被 ISO/IEC 17825、GM/T 0083—2020 采用，并作为主要的评估方法。

TVLA 作为侧信道泄露评估的一种标准方法，于 2013 年由 CRI 公司（Cryptography Research Inc.）提出，其采用统计学的方法评估密码芯片加密过程中消耗能量的数据依赖性、操作依赖性。由于侧信道攻击都是通过利用算法中间值泄露的敏感信息进行攻击的，因此任何可能造成统计特性上的侧信道信息泄露的中间值计算都可能是潜在的攻击脆弱点。TVLA 技术又可以分为非特异性 TVLA 技术（non-specific TVLA）和特异性 TVLA 技术

（specific TVLA），其中非特异性 TVLA 技术使用固定和随机两组明文，而特异性 TVLA 技术则根据评估的运算部件专门设计明文。非特异性 TVLA 技术因简单高效、通用性强得到了更为广泛的应用。

非特异性 TVLA 技术的评估流程如图 2-33 所示，使用待测芯片分别对固定明文组、随机明文组进行加密操作，采集和记录整个过程中的能量迹曲线，分别形成固定明文组功耗集和随机明文组功耗集。之后采用假设检验的方法判断两组功耗是否存在显著性差异，如果存在，则密码芯片很可能存在数据依赖性或操作依赖性，此时证明存在侧信道安全性隐患。

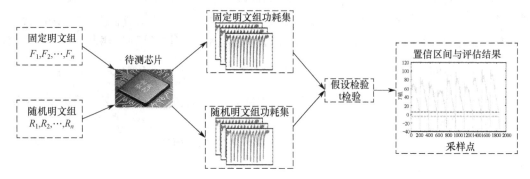

图 2-33　非特异性 TVLA 技术的评估流程

在现有的假设检验方法中，最常用的是 t 检验。其以统计学中的 t 分布为理论基础。普通的 t 检验适用于 2 个待检验总体的方差未知但样本量相等的情况，在 2 个待检验总体的样本量和方差都不相等的情况下，可以使用 Welch t 检验，其统计量计算如下

$$t = \frac{X_{\mathrm{A}} - X_{\mathrm{B}}}{\sqrt{\dfrac{S_{\mathrm{A}}^2}{N_{\mathrm{A}}} + \dfrac{S_{\mathrm{B}}^2}{N_{\mathrm{B}}}}} \tag{2-20}$$

式中，X_{A} 和 X_{B} 分别为 A 和 B 两个功耗集合的均值；S_{A}^2、S_{B}^2 分别为 A 和 B 两个功耗集合的方差；N_{A} 和 N_{B} 分别为 A 和 B 两个集合的样本总数。在 Welch t 检验中，原假设和备选假设为

$$H_0 : \mu_{\mathrm{A}} = \mu_{\mathrm{B}} , \quad H_1 : \mu_{\mathrm{A}} \neq \mu_{\mathrm{B}}$$

式中，μ_{A} 和 μ_{B} 分别为 A 集合和 B 集合的期望，需要根据显著性水平 α 和自由度 v 计算临界值 C，从而确定拒绝域。当 $|t| \geq C$ 时，判定拒绝 H_0，否则判定接受 H_0。自由度的计算如下

$$v = \frac{\left(\dfrac{S_{\mathrm{A}}^2}{N_{\mathrm{A}}} + \dfrac{S_{\mathrm{B}}^2}{N_{\mathrm{B}}} \right)}{\dfrac{\left(\dfrac{S_{\mathrm{A}}^2}{N_{\mathrm{A}}} \right)^2}{N_{\mathrm{A}} - 1} + \dfrac{\left(\dfrac{S_{\mathrm{B}}^2}{N_{\mathrm{B}}} \right)^2}{N_{\mathrm{B}} - 1}} \tag{2-21}$$

2.6　本章小结

本章以密码芯片为例，对侧信道攻击的基本原理、分类及具体的攻击实现和防护技术

进行了介绍。侧信道攻击作为密码芯片面临的主要安全威胁，新型的攻击方法仍层出不穷，针对侧信道防护技术的研究正处于快速发展的阶段，并且受到了人们越来越广泛的关注。在进行芯片侧信道防护设计时，通常只有从系统架构层级进行统筹设计才能取得较好的防护效果。

参 考 文 献

[1] 王安，葛婧，商宁，等. 侧信道分析实用案例概述[J]. 密码学报，2018，5（4）：383-398. DOI:10.13868/j.cnki.jcr.000249.

[2] Genkin D, Shamir A, Tromer E. RSA key extraction via low-bandwidth acoustic cryptanalysis[C]// Advances in Cryptology - CRYPTO 2014. Heidelberg, Berlin: Springer, 2014(8616)：444-461. DOI: 10.1007/978-3-662-44371-2_25.

[3] Genkin D, Pipman I, Tromer E. Get your hands off my laptop: physical side-channel key-extraction attacks on PCs[J]. Journal of Cryptographic Engineering, 2015, 5: 95-112. DOI: 10.1007/s13389-015-0100-7.

[4] Guri M, Solewicz Y, Elovici Y. MOSQUITO: covert ultrasonic transmissions between two air-gapped computers using speaker-to-speaker communication[C]//IEEE Conference on Dependable and Secure Computing. Kaohsiung, Taiwan: IEEE, 2018: 1-8. DOI: 10.1109/DESEC.2018.8625124.

[5] WANG H, Ted Tsung-Te Lai, Romit Roy Choudhury. MoLe: motion leaks through smartwatch sensors[C]// Proceedings of the 21st Annual International Conference on Mobile Computing and Networking. New York, USA: Association for Computing Machinery, 2015: 155-166. DOI: 10.1145/2789168.2790121.

[6] LIU J, Yu Y, GUO Z, et al. Small tweaks do not help: differential power analysis of MILENAGE implementations in 3G/4G USIM cards[C]// European Symposium on Research in Computer Security. Cham, Switzerland: Springer, 2015(9326): 468-480. DOI: 10.1007/978-3-319-24174-6_24.

[7] 王崇，魏帅，张帆，等. 缓存侧信道防御研究综述[J]. 计算机研究与发展，2021，58（4）：794-810.

[8] 谷大武，张驰，陆相君. 密码系统的侧信道分析：进展与问题[J]. 西安电子科技大学学报，2021，48（1）：14-21, 49. DOI:10.19665/j.issn1001-2400.2021.01.003.

[9] 葛景全，屠晨阳，高能. 侧信道分析技术概览与实例[J]. 信息安全研究，2019，5（1）：75-87.

[10] Chari S, Rao J R, Rohatgi P. Template attacks[C]// International Workshop on Cryptographic Hardware and Embedded Systems. Heidelberg, Berlin: Springer, 2002(2523): 13-28. DOI: 10.1007/3-540-36400-5_3.

[11] Akkar M L, Giraud C. An implementation of DES and AES, secure against some attacks[C]// International Workshop on Cryptographic Hardware and Embedded Systems. Heidelberg, Berlin: Springer, 2001(2162): 309-318. DOI: 10.1007/3-540-44709-1_26.

[12] Kocher P, Horn J, Fogh A, et al. Spectre attacks: exploiting speculative execution [C]// IEEE Symposium on Security and Privacy, San Francisco, CA, USA: IEEE, 2019: 1-19. DOI: 10.1109/SP.2019.00002.

[13] Tiri K, Akmal M, Verbauwhede I. A dynamic and differential CMOS logic with signal independent power consumption to withstand differential power analysis on smart cards[C]// Proceedings of the 28th European Solid-State Circuits Conference. Florence, Italy: IEEE, 2002: 403-406.

[14] Tokunaga C, Blaauw D. Securing encryption systems with a switched capacitor current equalizer[J]. IEEE Journal of Solid-State Circuits, 2010, 45(1): 23-31. DOI: 10.1109/JSSC.2009.2034081.

[15] Muresan R, Gregori S. Protection circuit against differential power analysis attacks for smart cards[J]. IEEE Transactions on Computers, 2008, 57(11): 1540-1549. DOI: 10.1109/TC.2008.107.

第3章 故障攻击与防护

故障攻击是通过建立故障模型，并在芯片运行过程中采用特定策略或人为方式主动引入故障，使芯片内部发生运算错误，并在此基础上收集和分析故障数据，实现攻击的一类技术。故障攻击具有针对性强、破坏性强及攻击效率高等特点。本章主要对故障攻击原理、故障模型、故障注入技术及故障分析技术进行介绍。

3.1 故障攻击原理

对于芯片而言，最早的故障错误研究可以追溯至 20 世纪 60 年代，当时应用于空间探测及核试验中的芯片，由于受到带电粒子（如 α 粒子或宇宙射线）辐射效应的影响，内部会发生随机错误，这种效应也称为单粒子效应（SEE，Single Event Effect）。为了提高芯片的可靠性，在设计评估阶段，人们开始主动引入粒子辐射效应，通过人为地在芯片内部注入故障，提前评估芯片在辐射环境中的可靠性。1997 年，贝尔实验室的 Boneh D 等将故障注入技术应用到集成电路的攻击中，成功破译芯片中 RSA 公钥密码算法的密钥。1998 年，以色列理工学院的 Biham E 等将故障注入攻击应用到分组密码上，提出了差分故障分析的方法，并且给出了针对分组密码算法 DES 的故障攻击流程。自此以后，故障攻击得到广泛研究，针对各类算法芯片的故障攻击方案不断被提出，攻击手段也逐渐多样化。

从原理上说，故障攻击利用芯片中出现错误时暴露出来的信息对其进行攻击。作为一种主动型攻击，故障攻击通常可以分为两个阶段：在第一个阶段，攻击者会主动对芯片进行干扰使其出错，这一阶段通常称作故障注入阶段；在第二个阶段，攻击者会利用芯片出错后泄露的信息对其进行攻击，这一阶段通常称作故障分析阶段。

在故障注入阶段，攻击者需要诱导芯片出错并产生一些额外的信息。为了实现故障注入，攻击者往往需要芯片在异常的工作环境下工作，如让芯片处于超高温/超低温或将芯片置于强电磁场中。然而，这类故障注入方式往往是不可控的，从而为后续分析带来极大的困难。因此，目前常用的故障注入都采用更加精准的方式进行，如在某个时刻改变芯片的电源或时钟输入，或者在芯片某个位置注入电磁脉冲或激光脉冲等。

在故障分析阶段，攻击者需要利用故障带来的额外信息提取芯片中的密钥等敏感信息。值得注意的是，这里的额外信息并不一定是芯片输出的错误结果，芯片在整个错误运行阶段的所有信息都有可能被利用。实际上，故障分析是一个非常复杂的问题，攻击者需要对实际的故障情况进行建模，并根据抽象的故障模型恢复敏感信息。故障分析方法中最为典型的一种方法为差分故障分析，这种分析方法需要攻击者同时收集同一组明文在正确及故障情况下对应的密文，并利用这种差分结果进行分析。

下面以 RSA 密码算法的故障攻击为例，简要说明故障攻击的实现原理。RSA 是基于整数分解困难问题的公钥密码算法，RSA 算法的实现流程如图 3-1 所示，其公钥包括模数

n 和公钥指数 e，其中 $n=pq$，为了保证安全性，要求 p 和 q 为 512 位以上长度的素数。从图 3-1 中可以看出，加/解密过程主要进行模幂运算，为了提高加/解密速度，一般会选择比较短的公钥指数 e（如 $e=65537$）。为了提高 RSA 的计算速度，可以采用中国剩余定理（CRT，Chinese Remainder Theorem）进行 RSA 的实现，这种实现方式为 CRT-RSA。在 CRT-RSA 的具体实现过程中，假设 $p^{-1} \bmod q$、$q^{-1} \bmod p$、e_1、e_2 都是事先计算好的，由于计算中模数变小，因此计算速度得以加快，理论上 CRT-RSA 的计算时间可以缩短至原有算法的 1/4。

RSA算法密钥生成	RSA算法加密过程	CRT-RSA算法加密过程
1.选取两个大素数 p 和 q，其中 $p \neq q$ 2.计算 $n=pq$ 3.计算 $\phi(n)=(p-1)(q-1)$ 4.随机选择 e：$1<e<\phi(n), \gcd(e,\phi(n))=1$ 5.计算 d：$ed \equiv 1 (\bmod \phi(n))$ 6.公钥为：$PU=\{e,n\}$ 7.私钥为：$PR=\{d,n\}$	1.明文：选取任意明文 $M \in Z_n=\{0,1,\cdots,n-1\}$ 2.密文：$C=M^e (\bmod n)$ **RSA算法解密过程** 1.密文：$C \in Z_n$ 2.明文：$M=C^d (\bmod n)$	1. $e_1=e (\bmod p)$ 2. $e_2=e (\bmod q)$ 3. $c_p=M^{e_1} (\bmod p)$ 4. $c_q=M^{e_2} (\bmod q)$ 5. $C=CRT(c_q,c_p)$ $\quad =[c_p(q^{-1} \bmod p)q+c_q(p^{-1} \bmod q)p](\bmod n)$

图 3-1　RSA 算法的实现流程

当使用中国剩余定理加速计算 RSA 算法时，如果密码芯片在执行加密过程中出现了一定的故障，并且满足可以获得已知的密文和加密后的密文，那么就可以使参数 n 被分解，即在 RSA 加密时，密码芯片在计算 C_p（或 C_q 但不能同时出错）过程中发生了错误，得到 C_p'，且 $C_p \neq C_p'$，进而通过错误的 C_p' 和正确的 C_q 可以计算出一个错误的密文 $C'=CRT(C_p',C_q)$，图 3-2 所示为故障攻击模型，可以计算出

$$q = \gcd(((C')^e - M)(\bmod n), n)$$

或者是已知正确的密文输出，可以计算出

$$q = \gcd((C - C'), n)$$

所以这样的故障可以使系数 n 被分解，使 RSA 算法被破译。

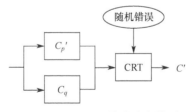

图 3-2　CRT-RSA 故障攻击模型

3.2　故障注入技术

故障注入是通过外部硬件手段直接作用于目标芯片，从而诱发芯片故障的技术。故障注入技术根据是否与目标芯片接触可以分为接触式故障注入和非接触式故障注入。其中，接触式故障注入需要通过芯片引脚接口注入故障，较为常用的是毛刺注入，包括时钟毛刺和电压毛刺。时钟毛刺是通过在芯片时钟引脚产生短尖峰脉冲实现故障注入的，这种故障在芯片内部的传播取决于芯片的时钟网络及芯片内部对时序的要求。电源毛刺是通过产生电源电压的短尖峰脉冲来实现故障注入的，这种故障注入方法会同时影响芯片内部的多个节点，可能导致多种瞬时故障，而故障效果与电压脉冲宽度、幅度及目标芯片的制造工艺

等因素密切相关。一般地，毛刺注入发生的位置、类型及导致的故障表现可能会难以预料，从而增加后期故障分析的难度。

非接触式故障注入无须与芯片引脚接触，常见的故障注入方式包括温度注入、辐射源注入、电磁注入和激光注入等。温度注入主要用于评估芯片在实际应用中对环境温度的容错能力，高温和低温注入可以分别通过加热片和液氮实现，如图 3-3 所示。辐射源注入主要用于评估芯片在辐射环境（如航天、核电站应用等）中的抗辐射能力，根据具体的辐射环境，采用相应种类和能量的辐射粒子（如 X 射线、中子、重离子等）进行注入。电磁注入主要采用电磁探头或静电发生器将电磁波或放电脉冲注入芯片，用于实现芯片对电磁环境抗干扰能力的评估或攻击实现。激光注入是对芯片进行开封解剖后，将激光束注入芯片内部，通过光电作用产生额外的载流子导致芯片存储信息或运行状态发生改变，从而实现攻击的方式。对于非接触式故障注入，一方面，其可用于评估芯片对注入故障的容错能力和可靠性；另一方面，其可作为攻击手段实现故障攻击。

本节将重点对常用的毛刺注入、激光注入及电磁注入进行介绍。

高温注入　　　　　　　　　　　　　　　低温注入

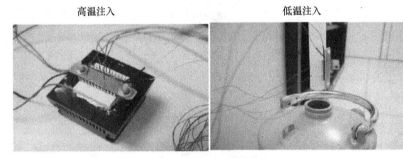

图 3-3　温度注入

3.2.1　毛刺注入

毛刺注入包括时钟毛刺注入和电源毛刺注入，分别通过对时钟线或电源线进行篡改，从而达到故障注入的目的。毛刺注入一般不会对芯片造成损伤，攻击之后不会留下攻击痕迹。从原理上来说，时钟毛刺注入缩短了芯片中单个时钟周期的长度，电源毛刺注入会使组合逻辑延时增加，两种方法都会造成芯片内部时序违例，从而使芯片内部发生错误。

1. 时钟毛刺注入

时钟毛刺注入是通过篡改正常时钟信号为带毛刺的时钟信号，使电路的建立时间和保持时间发生违例，从而向电路中注入故障。在典型同步时序逻辑电路中，如图 3-4 所示，触发器 A 的输出经组合逻辑传播后到达触发器 B 的输入 D_{in}。D_{in} 在触发器 B 的时钟采样沿被捕捉。假设用 T_{cycle} 表示时钟 CLK 的周期，T_{CO} 表示触发器的输出响应时间，T_{delay} 表示组合逻辑的传播延时，T_{setup} 表示触发器 B 的建立时间，T_{clk1} 表示时钟信号从时钟源到达触发器 A 时钟端的时钟传播延时，T_{clk2} 表示时钟信号从时钟源到达触发器 B 的时钟端的时钟传播延时。为了保证触发器能够正确地采样到数据，电路的时钟周期应满足

$$T_{cycle} > T_{CO} + T_{delay} + T_{setup} - (T_{clk2} - T_{clk1}) \tag{3-1}$$

当时钟信号无法满足上述的建立时间约束时，电路会处于亚稳态（Metastability）。对

处于亚稳态的寄存器来说，其输出不稳定，是一个介于高电平和低电平之间的值。寄存器由亚稳态恢复到稳定状态需要一定时间（大于 T_{CO}），同时，恢复的稳定状态值可能是高电平，也可能是低电平，与输入数据 D_{in} 无关。因此，当亚稳态发生时，寄存器的值有可能会发生错误。

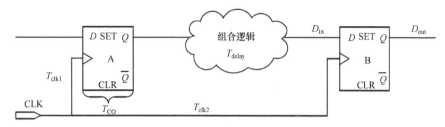

图 3-4　典型同步时序逻辑电路

图 3-5 展示了在正常时钟信号和带毛刺的时钟信号下逻辑电路的时序图。在正常时钟下，时钟信号的时钟周期 T_{cycle} 满足式（3-1），D_{in} 在稳定之后被采样，触发器输出正确值。在带毛刺的时钟信号下，第 $n-1$ 个周期被缩短而不满足式（3-1），因此，在第 n 个周期的采样沿到达时，D_{in} 是不稳定的，触发器 B 可能输出错误数据。因此，在第 n 个周期，故障被注入触发器 B 的输出。

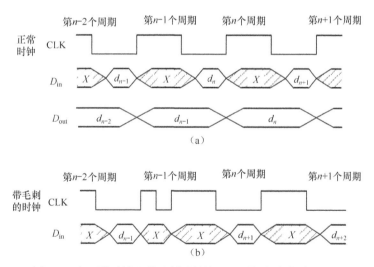

图 3-5　在正常时钟和带毛刺时钟信号下逻辑电路的时序图

在电路实际运行中，内部的关键路径依赖电路的输入数据。因此，在同样的时钟毛刺下，不同的输入会造成不同的故障，而且时钟毛刺的脉冲宽度也会对产生的故障有所影响。当时钟毛刺的频率比较高时，可能会同时对多条时序路径产生影响，因而多比特故障会比较多，反之，则单比特故障会比较多。

总体来说，时钟脉冲故障注入所需的故障注入设备比较简单，注入比较方便。但是，由于时钟毛刺注入技术依赖电路的关键路径，因此无法精确控制注入故障的位置。

2. 电源毛刺注入

电源毛刺注入技术是一种通过调整集成电路运行时的供电电源进行故障注入的方法，

其故障注入机制与时钟毛刺类似，都通过破坏电路的时序约束产生故障，不同之处在于电源毛刺注入是通过降低电源电压，使电路的速度变慢，组合逻辑延时增大，从而引起时序违例的。电源毛刺注入技术所需的设备同样比较简单，注入比较方便，但是，该方法最大的缺点是无法对故障注入的时间和位置进行有效的控制。

3.2.2　激光注入

激光注入是将激光束注入芯片内部，通过光电作用产生额外的载流子导致芯片存储信息或运行状态发生改变。激光注入最初用于模拟辐射效应（如单粒子效应）对芯片造成的影响，之后激光注入的应用逐渐丰富起来，并广泛应用于故障攻击和缺陷检测中。随着现代激光技术的快速发展，通过激光可以在纳秒级的时间窗口内实现故障注入，并且能够精确定位芯片内部单比特位或若干比特位状态的改变。

激光注入的基本原理是光电效应，即当光子照射到半导体材料上时，如果光子的能量超过了半导体材料的禁带宽度，那么材料将吸收光子，产生电子空穴对，这些电子空穴对会被芯片有源区中寄生的 PN 结等结构收集，并使其状态发生变化。对于现在主流的集成电路芯片中最常用的硅材料来说，其禁带宽度为 1.12eV，对应的本征吸收波长约为 1100nm，即要在硅衬底中激发出电子空穴对，外加光子波长应小于硅的本征吸收波长。在实际注入过程中，为了使激发的电子空穴对能够对目标器件产生影响，激发过程应该发生在芯片内部的晶体管层。如果激光在到达晶体管层之前被衬底吸收，那么故障将不会出现。对于半导体材料而言，对光子的吸收率会随着光子波长的减小而增大。因此，在激光波长选择方面，应该尽可能接近硅的本征吸收波长，在保证电子空穴对能被激发的同时，衬底对其的吸收也应保持在较低水平。

激光注入可以从芯片的正面或背面两个方向进行。如果从背面注入，必须考虑硅衬底的吸收作用，目前实验中常用的激光波长为 1064nm。如果从正面进行注入，激光只有穿过金属层才能到达晶体管层，在这个过程中会有一部分光被散射，但是金属层对激光的吸收较少，因此，在正面注入时可以采用波长较小的激光，此时产生的最小激光光斑尺寸也会比较小，更容易绕过金属线。目前，正面注入常用的激光波长为 808nm。

在激光注入过程中，激光光斑的大小决定了注入位置的精度，而激光光斑的尺寸则由激光波长和光学系统确定，具体如下

$$D = \frac{\lambda}{2\,\text{NA}} \tag{3-2}$$

式中，D 为光斑直径；λ 为激光波长；NA 为整个光学系统的数值孔径（Numerical Aperture）。以常用的 Mitutoyo 公司的 50X Plan Apo NIR 镜头为例，其 NA 为 0.42，当采用 1064nm 的激光波长时，激光光斑理论上的最小直径为 1266nm。

以 CMOS 反相器为例进一步说明激光注入对整个电路的影响，如图 3-6 所示，反相器由 NMOS 和 PMOS 两个管子组成，V_{in} 接到两个管子的栅极，V_{out} 接到两个管子的漏极。对于图中的 MOS 管，考虑到寄生效应，会有 PN 结存在，而 PN 结的偏置状态由输入信号 V_{in} 决定。当被波长小于本征吸收波长的激光照射时，衬底硅中会激发产生电子空穴对，如果电子空穴对的产生发生在一个反向偏置的 PN 结中，则因电子和空穴的漂移作用 PN 结导通，从而使电路的原有状态发生变化。

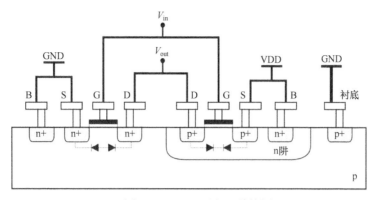

图 3-6　CMOS 反相器结构图

一个典型的激光故障注入装置如图 3-7 所示，主要包括脉冲激光器、光路系统、三维移动台、同步控制系统及计算机等。脉冲激光器能够产生 1064nm 的脉冲激光，脉冲宽度为 15ps，频率为单脉冲 10kHz；脉冲激光通过光路系统照射待攻击芯片，光路系统还可以用于观测芯片结构及光斑位置；三维移动台用于搭载待攻击芯片，可以实现分辨率为 0.1μm 的激光注入位置定位，通过设置起始点和终点可以完成自动扫描实验；同步控制系统接收计算机指令，实现对激光器和移动台的同步控制，完成目标区域在给定时刻的自动激光注入。

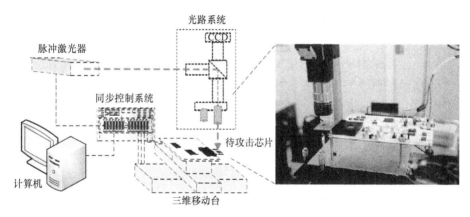

图 3-7　激光故障注入装置示意图

这里需要指出的是，由于芯片的封装结构会对激光进行遮挡，因此，在激光注入之前需要对芯片的封装结构进行去除，具体方法可以参见第 4 章的 4.2.1 节。

3.2.3　电磁注入

电磁注入是一种利用瞬态电磁场对芯片进行故障注入的技术，其基本实现方式是利用电磁探头，在芯片的某个位置产生一个附加的瞬态电磁场，在电磁感应效应的作用下，在电路中产生感应电动势，生成额外的脉冲电流，从而使芯片内部电压发生变化，引起电路故障。目前，随着芯片制程工艺的不断缩小，以及芯片工作的电源电压不断降低、频率不断提升，芯片的电磁抗扰度越来越低，对电磁注入越来越敏感。电磁注入在具体实现中可以分为电磁脉冲注入和电磁谐波注入两种，下面将分别进行介绍。

1. 电磁脉冲注入

电磁脉冲注入通过电磁感应探头在芯片特定位置施加一个瞬态的脉冲电磁场，从而在芯片内部引入瞬态的感应电压和电流毛刺，达到注入效果。图 3-8 所示为通过电磁探头在芯片内引入的瞬态感应电压波形。

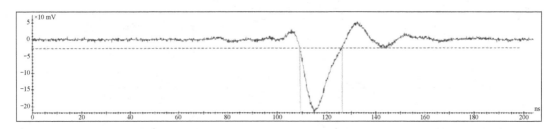

图 3-8　在芯片内引入的瞬态感应电压波形

在注入过程中，电磁脉冲会在探头下方任意闭合回路内部产生电压毛刺，而电压毛刺会改变晶体管的开关状态，这种状态的转换与电压毛刺的极性及 MOS 管的类型密切相关。对于由 PMOS 管和 NMOS 管构成的反相器而言，由于感应电压毛刺只会将其中一个管子的状态变为导通，因此不会使芯片内的电源线和地线发生短路。感应电压毛刺的大小由芯片内部闭合回路的面积及瞬态脉冲电磁场的变化速率决定，三者之间有如下关系

$$U \propto A \times \frac{\partial B}{\partial t} \tag{3-3}$$

式中，U 为感应电压；A 为芯片内部闭合回路面积；B 为注入的磁场；t 为时间。图 3-9 所示为 4 个 MOS 管的版图结构，设计将电磁探头置于晶体管 M2 的正上方，通过电磁脉冲注入分别对电路的两个闭合回路引入了感应电压毛刺，分别为虚线围成的回路（A 区域）和实线围成的回路（右侧 B 区域），由于 A 区的面积远大于 B 区的面积，因此在相同的外部激励下，A 区将获得较大的感应电压毛刺。

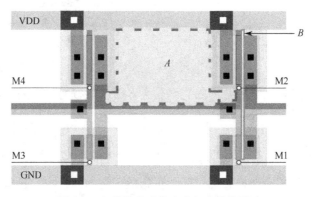

图 3-9　电磁脉冲对芯片内部电路的影响

常用的电磁脉冲注入实验平台如图 3-10 所示，平台由计算机、高压脉冲发生器、电磁探头、移动平台、示波器和待攻击芯片组成。待攻击芯片放置于移动平台上，通过计算机控制和操作实验平台中的各个设备，可以对执行敏感操作的加密芯片或处理单元注入瞬态故障。

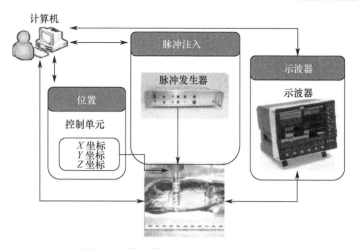

图 3-10 常用的电磁脉冲注入实验平台

2. 电磁谐波注入

电磁谐波注入通过射频发生器、功率放大器、电磁探头等设备产生频率、幅值可调的高频正弦信号，进而耦合到芯片内部的关键信号线上，并影响芯片的正常工作。这种注入方式很难被芯片内嵌的电压、时钟等防护措施检测到，攻击隐蔽性较好。

典型的电磁谐波注入实验平台如图 3-11 所示，主要包括控制部分、谐波功率注入部分和数据采集部分。与电磁脉冲注入实验平台不同，电磁谐波注入所采用的信号发生器不要求其能产生瞬态的高压脉冲信号，而是需要产生频率和幅值可调的高频正弦信号，产生的正弦信号需要经过功率放大器施加到电磁探头上。为了能对芯片进行有效的电磁谐波注入，要求电磁探头不能收集电磁辐射信息且攻击的区域越小越好。因此，与电磁脉冲注入所使用的线圈电磁探头不同，电磁谐波注入所采用的大多是单极微型电磁探头，图 3-12 所示为单极微型电磁探头，探头主体为一根 30mm 长的细钨杆，探头直径为 200μm，探头能产生较强的横向电场用来攻击芯片。

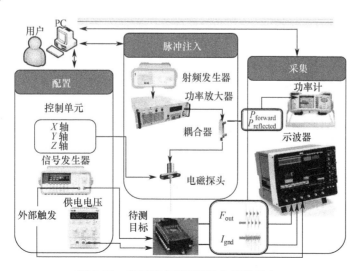

图 3-11 典型的电磁谐波注入实验平台

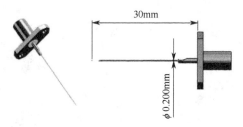

图 3-12　单极微型电磁探头

3.3　故障分析技术

故障分析技术是指采集芯片发生故障注入后的信息数据，结合特定的故障模型，从中分析得到关键信息的技术。对于密码芯片而言，故障分析技术就是指利用在特定的故障模型下得到的错误密文，分析破解密钥的技术。

目前，故障分析方法依据原理的不同，可以分为差分故障分析方法和非差分故障分析方法两大类。差分故障分析的基本方法是使用正确的密文和注入故障条件下错误的密文来破解密钥，假设攻击者能够同时获得正确的密文和注入故障条件下的密文，这就要求攻击者能够对加密过程进行控制，即至少能够对同一组明文和密钥执行两次加密过程。非差分故障分析方法则利用注入故障时系统所泄露的其他信息（如数据依赖等）来破解密钥。本节首先对故障模型进行简要分析，之后分别针对差分故障分析方法和非差分故障分析方法进行介绍。

3.3.1　故障模型

故障模型是对由故障注入造成的芯片故障的逻辑抽象。在攻击过程中，由于故障注入引起的故障种类非常多，因此需要根据故障属性进行分类，常用属性包括故障时间、故障长度、故障动作和故障持续度，由这 4 个属性参数即可构成一个故障模型。

（1）故障时间。

故障时间是指芯片运行过程中注入故障的时间，故障时间的精准程度需要结合具体的案例进行设计，对于一般的攻击，需要精准确定故障时间。但也有一些故障注入不需要过于精确，只需将其控制在算法运算的某一时间范围内即可。

（2）故障长度。

故障长度是指故障注入芯片后，数据中发生错误的位数。根据错误位数和类型可分为单比特故障、多比特故障、随机单比特故障和随机多比特故障。其中，单比特故障是指每次运算过程中固定的 1 位出现错误，多比特故障是指每次运算过程中固定的多位同时出现错误，随机单比特故障是指每次运算过程中随机的 1 位出现错误，随机多比特故障是指每次运算过程中随机的多位同时出现错误。由于故障长度描述了产生故障的整体特点，因此也称为故障的统计特性。

（3）故障动作。

故障动作是指发生故障时位的变化情况，可以分为固定故障、翻转故障和随机故障等。其中，固定故障是指将某一位固定为低电平或者高电平的故障，翻转故障是指将某位变为相反值,随机故障是指将某一位设定为一个随机数值。

（4）故障持续度。

故障持续度是指注入的故障对芯片影响时间的长短,可分为瞬时故障和永久故障。其中,瞬时故障是指故障的持续时间是有限的,在故障注入结束之后,电路恢复原来的功能;永久故障是指故障注入对芯片造成了永久性破坏,无法恢复。

3.3.2　差分故障分析

故障攻击方法提出以后,1997 年 Biham 和 Shamir 将这种攻击方法应用于对称密码体制,结合差分攻击,提出了差分故障分析（DFA,Differential Fault Analysis）的概念。经过多年的发展,差分故障分析方法可以进一步分为精确分析法和统计分析法两类。其中,精确分析法的特点是通过分析故障的传播路径并建立方程来缩小可能的密钥搜索空间。统计分析法的基本思路是向电路中注入带有一定统计特性的故障,然后对每个可能的密钥假设,计算其逆推得到的故障值,并进行故障模型检测,从而区分出正确的密钥。与精确分析法相比,统计分析法因避免了复杂的数学公式求解,能够在一定程度上减小计算复杂度,对故障模型的要求也比较低,但是其所需要的故障注入数相应增加,实际实现过程较为复杂。目前,主流的差分故障分析仍是基于精确分析的,本书也主要介绍该类差分故障分析方法。

精确分析法的基本思路是通过故障的传播过程建立约束方程,通过求解约束方程,来缩小密钥的搜索空间,从而破解密钥。针对不同的对称密码算法实现,其故障注入位置和故障模型也有所不同,一般选取数据加密过程或轮密钥的生成过程作为故障注入位置。差分故障分析的具体步骤如下。

（1）选择明文,结合主密钥进行加密,得到密文。

（2）在同一明文和密钥条件下,在加密过程中进行故障注入,获得该明文对应的故障密文。

（3）对获取的密文和故障密文进行分析,恢复全部（部分）轮密钥。

（4）使用恢复的轮密钥,根据密钥扩展算法对主密钥进行恢复。

下面以 AES 算法为例,介绍差分故障分析的实现。假设攻击者不知道加密密钥,但能够为密码芯片施加明文,并观测加密结果 C。同时,攻击者掌握了芯片上算法实现的细节信息。首先,在故障模型方面,选择将第 9 轮行移位（SR）之后的 S_0 引入故障（阴影格子）,故障传播过程如图 3-13 所示。

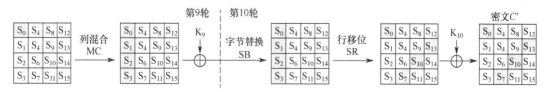

图 3-13　在第 9 轮 SR 之后的 S_0 引入故障的故障传播过程

经过第 9 轮列混合（MC）变换,故障传播至 $S_0 \sim S_3$ 这 4 字节;进一步地,经过第 9 轮的轮密钥加和第 10 轮的字节替换（SB）后,故障仍处于这 4 字节。之后经过第 10 轮 SR 变换,故障传播至 S_0、S_{13}、S_{10}、S_7 这 4 字节,在随后的变换过程中该 4 字节的位置将不再发生变化，也就是说，密文中也是 S_0、S_{13}、S_{10}、S_7 这 4 字节将含有故障。可以用式（3-4）表示第 9 轮行移位之后的结果 F_{SR9}

$$F_{SR9} = SR_9 \oplus \begin{bmatrix} \varepsilon & 0 & 0 & 0 \\ 0 & 0 & 0 & 0 \\ 0 & 0 & 0 & 0 \\ 0 & 0 & 0 & 0 \end{bmatrix} \tag{3-4}$$

式中，SR_9 为没有故障注入时第 9 轮 SR 后的正确结果；ε 为注入的故障。第 9 轮列混合和轮密钥加之后的结果变为 $F_{Addkey9}$

$$F_{Addkey9} = Addkey_9 \oplus \begin{bmatrix} 2\varepsilon & 0 & 0 & 0 \\ \varepsilon & 0 & 0 & 0 \\ \varepsilon & 0 & 0 & 0 \\ 3\varepsilon & 0 & 0 & 0 \end{bmatrix} \tag{3-5}$$

其中，$Addkey9$ 表示没有故障注入时第 9 轮轮密钥加之后的正确结果。进一步地，经过第 10 轮字节替换之后的结果变为

$$F_{SB10} = SB_{10} \oplus \begin{bmatrix} \varepsilon_0 & 0 & 0 & 0 \\ \varepsilon_1 & 0 & 0 & 0 \\ \varepsilon_2 & 0 & 0 & 0 \\ \varepsilon_3 & 0 & 0 & 0 \end{bmatrix} \tag{3-6}$$

式中，SB_{10} 为没有故障注入时第 10 轮字节替换后的正确结果。设 X_0、X_1、X_2、X_3 分别表示没有故障时第 10 轮 SB 之前的中间状态所对应 4 字节的值，则 ε 与 ε_0、ε_1、ε_2、ε_3 之间满足

$$\begin{aligned} S(X_0 + 2\varepsilon) &= S(X_0) + \varepsilon_0 \\ S(X_1 + \varepsilon) &= S(X_1) + \varepsilon_1 \\ S(X_2 + \varepsilon) &= S(X_2) + \varepsilon_2 \\ S(X_3 + 3\varepsilon) &= S(X_3) + \varepsilon_3 \end{aligned} \tag{3-7}$$

而加密结束之后的 C' 为

$$C' = C \oplus \begin{bmatrix} \varepsilon_0 & 0 & 0 & 0 \\ 0 & 0 & 0 & \varepsilon_1 \\ 0 & 0 & \varepsilon_2 & 0 \\ 0 & \varepsilon_3 & 0 & 0 \end{bmatrix} \tag{3-8}$$

式中，C 为没有故障注入时的正确加密结果。因此，ε_0、ε_1、ε_2、ε_3 的值可以通过对正确和错误密文进行异或操作得到。对于同一次故障注入，ε 的值是唯一的。故而对于式（3-7）中的 4 个等式，可以采用遍历的方法，得到满足要求的 (ε, X_0)、(ε, X_1)、(ε, X_2)、(ε, X_3)，进而得到中间状态 X_0、X_1、X_2、X_3 可能的取值。从而根据式（3-9）得到最后一轮轮密钥 $K_{10}(0)$、$K_{10}(13)$、$K_{10}(10)$、$K_{10}(7)$ 的可能取值。

$$\begin{aligned} S(X_0) \oplus K_{10}(0) &= C(0) \\ S(X_1) \oplus K_{10}(13) &= C(13) \\ S(X_2) \oplus K_{10}(10) &= C(10) \\ S(X_3) \oplus K_{10}(7) &= C(7) \end{aligned} \tag{3-9}$$

在此基础上，重复进行故障注入和上述整个过程，直到筛选出最终正确的轮密钥的 4 字节。

3.3.3　非差分故障分析

近年来，非差分故障分析方法被广泛研究。相比于差分故障分析方法，非差分故障分析方法不需要同时知道正确的密文和故障条件下的密文，因此其在某种程度上能够弥补差分分析方法的不足。其中较为典型的是故障灵敏度分析（FSA，Fault Sensitivity Analysis），该方法由日本电气通信大学的 Li Yang 于 2010 年提出，其核心思想是利用故障能够被检测到的临界条件与输入数据的依赖关系分析破解密钥。

故障灵敏度分析的首要步骤是收集故障灵敏度信息的泄露，如表 3-1 所示。首先定义故障灵敏度的参数 F，当 $F=0$ 时，代表没有故障注入。F 值的增大代表故障灵敏度的增大。可以通过改变电压值和缩小频率使 F 值逐渐增大。根据不同的明文输入（PT），当密文输出（CT）正确时，故障灵敏度 F 为 0。在增大故障灵敏度 F 的情况下，得到错误的 CT，使用错误恰好产生时的 F^C 值作为关键错误泄露信息。改变明文输入，收集不同的明文对应的故障灵敏度信息 F^C。

表 3-1　故障灵敏度信息收集流程

算法 3.1	故障灵敏度信息收集流程
输入	N 个不同明文
输出	密文：CT[i]，关键故障信息 $F^C[i]$
	for i=1 to N
	1. 选择随机明文 PT[i]设置故障强度 $F=0$
	计算密文 CT[i]←Enc(CT[i],F)。
	2. F 增加，重复步骤 1，直到产生错误 Enc(CT[i],F)≠CT[i]
	3. 输出 $F^C[i]$←F
	结束

收集完故障灵敏度信息 F^C 后，下一步是密钥的恢复过程，如表 3-2 所示。攻击者在恢复密钥的过程中运用了密文 CT[i]和密钥猜测值 K_g，推测出关键错误强度信息 F_g^C，其中推测函数 f 需要根据故障模型等进行确定。之后计算猜测关键错误强度信息 F_g^C 和第一步得到的 F^C 的相关性，最大相关性对应的密钥为猜测值。

表 3-2　故障灵敏度分析中的密钥恢复流程

算法 3.2	密钥恢复流程
输入	Key 的长度 t，密文 CT [i]，关键故障信息 $F^c[i]$
输出	正确密钥 Key
	for K_g =0 to 2^t-1 执行
	1. for i = 1 to N 执行
	$F_g^C[i]$ ← $f_{F_g}^C$ (CT[i],K_g)
	2. 计算 Cor[K_g]←$\rho(F^C,\ F_g^C)$
	3. Key←K_g 相关系数 Cor 最大时
	结束

总体来说，故障灵敏度分析的基础在于数据的关联性和错误产生的客观条件，相比于差分故障攻击，其具有攻击要求低、实现简单等优点。

在非差分故障分析中，除故障灵敏度分析外，还有其他方法，如北京理工大学的王安等提出的暂稳态效应分析（TSEA，Transient Steady Effect Attack）方法，其中暂稳态效应是指由于不同的输入路径延时，逻辑门的输出会有一个中间值的现象，而 TSEA 方法则利用电路内部因竞争而形成的暂稳态值进行密钥破解。TSEA 的主要思路如下：在第一个时钟周期中，使加密电路正常工作，而在第二个时钟周期，产生一个时钟毛刺，在第二个时钟周期采样时，较短路径的值为第二个时钟周期的正常值，而较长路径的值仍然为第一个时钟周期的值，从而使第二个时钟周期输出的值实质上是一个暂稳态值，将第一个周期的正确结果和第二个周期的错误结果结合求解，即可破解密钥。

差分故障分析和非差分故障分析各有其优缺点，差分故障分析的优点在于分析效率较高，能够以较少的故障数获取密钥，缺点在于依赖正确的密文和注入故障下期望的密文；而非差分故障分析利用注入故障时电路所呈现的某些特性（如与输入数据的依赖关系等）进行分析，其基本思路类似于侧信道攻击。从分析角度来说，差分故障分析方法是针对密码算法展开的，而非差分故障分析方法则更多地与电路具体实现有关。

3.4　故障攻击实例

本节以 MCU 运行的 AES 算法为例介绍激光故障攻击的具体实现。实验中 MCU 为 Atmel 公司的 ATMEGA163L 商用 MCU，其具有 1K 字节的内部 SRAM 数据存储器、16K 字节的 Flash 程序存储器及 4MHz 的最大工作频率。为方便实现对 MCU 的数据通信和功耗分析，基于 MCU 专门设计了智能卡形式的开发板，MCU 通过开发板进行供电、软件配置、加密传输和功耗分析。

对 MCU 配置 AES-128 加密程序，每轮加密中的子密钥和中间数据会存放在 MCU 的 SRAM 中，因此激光注入的目标就是 MCU 的 SRAM 区域。实验前对 MCU 背面进行去封装并利用红外 CCD 拍摄了版图，如图 3-14 所示，通过分析版图可以确定 MCU 中各功能单元的大致分布。作为存储单元，SRAM 和 Flash 通常都有规则的结构，另外，相比于 SRAM，Flash 通常具有更大面积的控制电路。

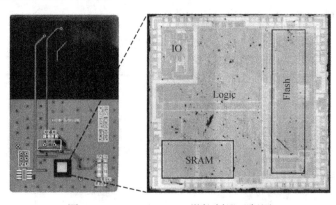

图 3-14　ATMEGA163L 微控制器及版图

故障攻击实现的关键在于对故障时间和故障位置的控制。MCU 的 SRAM 中存放的中间数据和子密钥数据随算法的执行而不断刷新，需要把握好时机将故障注入指定的操作，同时又不会影响加密程序的运行。故障注入的目标数据只有 16 字节，因而也需要提前确定 SRAM 中故障注入的位置。

1. 激光注入时序控制

测量 MCU 的实时功耗，利用侧信道攻击中的简单功耗分析，可以确定激光注入的时刻。图 3-15 是经过低通滤波后 AES 算法执行过程中的功耗图，从该图中可以识别出 AES 执行的 10 轮操作。前 9 轮操作包含三种特征功耗：第一种特征功耗包含轮密钥加、S 盒置换及行移位三种操作，第二种特征功耗对应列混合操作，第三种特征功耗为密钥扩展操作。第 10 轮操作的第二种特征功耗对应密钥扩展操作，第三种特征功耗则对应轮密钥加操作。计算故障注入时刻与加密指令的延时，将延时指令发送给激光器，即可实现指定加密操作的激光注入。激光注入信号和加密时序可通过示波器进行测量，图 3-15 中放大的方波为用于触发激光的使能信号。通过调整使能信号的延时，可将激光注入的时间调整到任意的操作中。

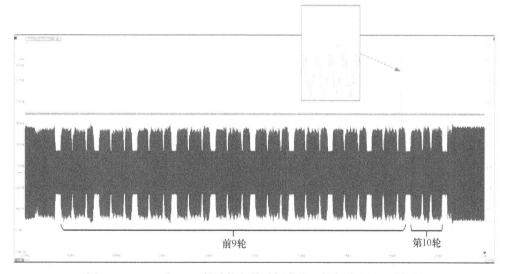

图 3-15　MCU 中 AES 算法执行的功耗曲线及触发激光的方波信号

2. 有效攻击区域定位和故障收集

利用三维移动台搭载待测 MCU 配合测试系统可以进行自动化的故障注入、故障识别和密文收集。如图 3-16 所示，MCU 背面开封后测得芯片的尺寸大约为 4500μm×4500μm，通过版图的比例可判断 SRAM 区域的尺寸大约为 900μm×1800μm。以芯片的右下角作为参考点，分别沿着图 3-16 所示的 X 轴和 Y 轴方向移动 300μm 和 2400μm 后作为移动台的起点 (0,0)，并设置终点为 (900,1800)，从而覆盖整个 SRAM。虚线为移动台的运动轨迹，对整个 SRAM 进行激光扫描注入，具体操作步骤如下。

（1）准备 1 个随机明文，利用 MCU 加密得到正确密文。

（2）设置移动台的位置节点和速度，其中位置节点为激光注入点，移动台在开始运动后，每移动到一个位置节点就发出加密指令信号，位置节点的设置与存储单元尺寸和期望的攻击效率有关，一般情况下应尽量覆盖每个存储单元，移动台速度与加密周期有关，应保证在两个位置节点之间完成一次加密运算。

（3）MCU 收到加密指令信号后，开始进行加密，同时根据提前设置的延时触发激光。

（4）MCU 执行完加密后，把密文返给上位机。

（5）上位机检查密文，如果密文出错的情况符合预期的故障特点，则标记该区域为有效故障注入区域。

（6）移动台自动扫描，依次对每个位置节点进行激光注入和判断，直到测试完整个区域。

图 3-16　MCU 中 SRAM 的扫描攻击区域

3. 差分故障攻击实验结果

设定激光触发时刻为第 8 轮和第 9 轮的列混合之间，将移动台的位置节点间距设置为 9μm，在该区域共产生了 101×201=20301 个攻击位置，每个位置耗时约 0.4s，完成全部位置的激光注入扫描大约用时 8000s。图 3-17 展示了 SRAM 中差分故障攻击的有效区域，该区域在不同加密时刻注入激光得到的故障密文符合差分故障攻击的密文特点，可以断定该区域存放了 16 字节的中间数据。

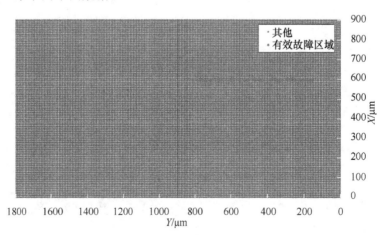

图 3-17　SRAM 中差分故障攻击的有效区域

表 3-3 展示了利用不同密文判断第 9 轮错误字节位置的方法，经过 3 对密文的筛选后，故障为第 0 个、第 5 个或第 15 字节时，候选值数目会降为 0，因此被注入的故障是在第 10 字节的位置。表 3-4 展示了对第 9 轮输入注入故障后最终恢复得到完整子密钥的攻击结果，通过 15 对差分密文将密钥候选值的数目降为 1。

表 3-3 选择不同错误字节对应的子密钥候选值

密文对	出错字节位置	候选值数目 K_0, K_7, K_{10}, K_{13}
EECE47B3FE7EC2518122708D18034839 CFCE47B3FE7EC2F28122E78D180D4839	0	0, 0, 1, 0
1684F320419DEBD7FB0950EA89B6DC56	5	1, 0, 2, 1
8484F320419DEB86FB099EEA89C1DC56	10	1, 1, 1, 1
83B12AD7AF3D07C4621B94D2DA7DC590 ADB12AD7AF3D075A621B7ED2DA69C590	15	0, 0, 0, 0

表 3-4 攻击第 9 轮输入的字节位置及恢复的密钥字节

输入错误字节位置	恢复子密钥字节	密文对数目	最终候选值(0x)
10	K_0, K_7, K_{10}, K_{13}	3	13, 17, A7, 2B
3	K_1, K_4, K_{11}, K_{14}	4	11, E3, 8B, 30
7	K_2, K_5, K_8, K_{15}	4	1D, 94, F3, C5
11	K_3, K_6, K_9, K_{12}	4	7F, 4A, 07, 4D

3.5 故障攻击防护技术

在故障攻击的防护技术中，依据防护原理的不同，防护方案可以分为以下 4 种：物理隔离、环境监测、故障检测和故障纠错，下面将分别对这 4 种方案进行简要介绍。

3.5.1 物理隔离

该方案的基本原理是通过切断攻击者对芯片的物理访问途径，来实现对芯片的保护。物理隔离的基本方式是将芯片隔离起来，避免攻击者对芯片进行访问。这种保护方式简单直接，是最传统的保护方式之一，一般用于比较大型和高端的电子设备中。除此之外，采用硬壳对电子设备进行封装、对集成电路进行抗电磁故障注入的金属屏蔽，都可以认为是采用物理手段对其进行安全防护。

3.5.2 环境监测

环境监测是指采用多种传感器对芯片的运行环境进行监测。当攻击者试图对芯片进行攻击时，根据故障注入技术的不同，会对集成电路的运行环境，如电源电压、温度、光照等产生影响。因此，设计者可以在芯片中添加不同的传感器以对故障攻击进行检测，如设计光电传感器检测激光注入攻击。如果检测到攻击行为，则可以触发芯片的防护机制，如可以通过触发警报、停止工作及清除数据等方式阻止攻击者获取关键信息。

本节以环形振荡器（RO，Ring Oscillator）检测电路为例介绍环境监测模块的设计思路，环形振荡器的电路结构如图 3-18 所示，一般由奇数个反相器组成，当使能有效时，电路能够在一个固定频率 f 上稳定工作，而 f 由电路的工艺、电压及温度等参数（PVT，Process Voltage Temperature）决定。因此当发生故障注入时，无论是激光注入还是电磁注入，都不可避免地会对注入区域附近的 PVT 参数造成影响，从而使电路输出的工作频率发生偏移，如图 3-19 所示。图 3-19（a）为电路正常工作时的频率输出，当发生激光注入时，输出频率的幅值和相位会发生变化；在激光注入停止后，电路输出频率会恢复到原有状态。

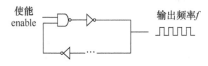

图 3-18　环形振荡器的电路结构

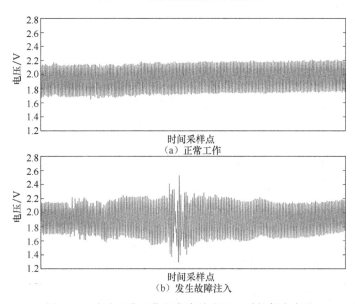

图 3-19　电路正常工作和发生故障注入时的频率变化

针对环形振荡器的频率变化，可以设计专用的频率检测电路，当发现频率发生变化时能给出报警信号。频率检测电路可以采用锁相环（PLL，Phase Locked Loop）电路进行实现，一个 PLL 通常由鉴频鉴相器（PFD，Phase-Frequency Detector）、低通滤波器（LPF，Low Pass Filter）和压控振荡器（VCO，Voltage-Controlled Oscillator）组成。如图 3-20 所示，在 PLL 工作中，输入和反馈时钟之间的差异由 PFD 单元进行测量，并转换为上升（Up）和下降（Down）脉冲，之后 LPF 单元将这些脉冲转换为电压控制信号（V_c）以驱动 VCO，实现相位和频率同步。

在图 3-20 中，环形振荡器被直接置于加密电路的内核（Crypto Core）中，如果发生激光或电磁注入使环形振荡器输出（包括频率、相位或幅度）发生突然变化，就会迫使 PLL 进入失锁状态，并发出报警指示。然后，该报警信号可用于触发应对策略，如内核关断等。

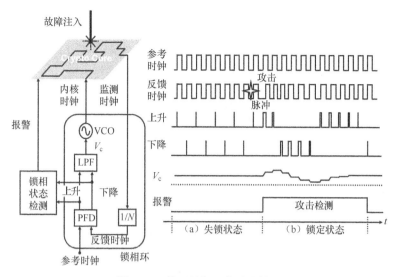

图 3-20　基于锁相环的攻击检测

3.5.3　故障检测

故障检测通过在芯片中附加检测电路来完成对电路的防护，检测电路主要的实现原理是冗余计算，依据其原理的不同，可以分为空间冗余、时间冗余和信息冗余三种。

空间冗余是指复制电路的运算单元，让多个运算单元并行执行，然后将两者得到的结果进行比较。如果两者的结果一样，那么认为其没有故障存在；如果两者得到的结果不一致，则说明两者之中有一个发生了错误。这种基于空间冗余的故障检测方式，前提是假设故障不会同时注入两个运算过程中。

时间冗余和空间冗余的不同之处在于，空间冗余是利用两个运算单元并行执行的，而时间冗余则通过一个运算单元在不同的时间点运行两次，然后将得到的两个结果进行比较。与空间冗余相比，时间冗余的故障检测实现方式不需要额外的运算资源，但是会显著降低电路的整体运算速度。基于时间冗余的故障检测技术，同样基于攻击者难以在两次运算过程中注入相同故障这一前提。如果攻击者对注入的故障有足够精确的控制，那么时间冗余的故障检测方案都会失效。

信息冗余采用错误检测码（EDC，Error Detection Code）进行故障检测。错误检测码主要用于通信系统中，用于抵御信道噪声的干扰。其基本原理是发送方在原始数据信息中加入一些冗余的信息，接收方在接收信号之后，利用冗余信息对数据进行校验。如果校验结果一致，则接收到的数据是正确的；否则，接收到的数据有误。错误检测码应用在芯片故障检测中，也是同样的原理。其基本思路是首先根据输入数据生成校验位，然后对于数据经过的每个运算，预测在该操作之后应该得到的校验位的值。在需要检测的点，由数据计算得到实际的校验位，将预测的校验位值与实际的校验位值进行比较，如果结果不一致，则电路中存在故障。常见的用于故障检测的错误校验码有奇偶校验码（Parity Bits）、循环校验码（Cyclic Redundancy Checks）等，图 3-21 所示为基于奇偶校验码的故障检测结构示意图。检测点的设置可以根据需要设置为不同的粒度，可以设置在每次运算之后，或者所有运算结束之后。检测点设置的运算单元越大，故障检测防护方法的故障覆盖率越高，防护效果越好，但是相应的资源消耗也越多。

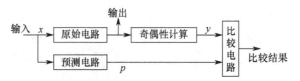

图 3-21　基于奇偶校验码的故障检测结构示意图

3.5.4　故障纠错

故障纠错是在故障检测的基础上，对检测到的故障进行修复。因此，同故障检测一样，故障纠错技术的实现也是基于冗余计算的。对于空间冗余，运算单元需要至少并行执行三次，对于时间冗余，运算单元需要顺次执行至少三次。然后在三次运算结果里，根据多数原则选取得到正确的运算结果。相较于故障检测，故障纠错技术具有较强的容错能力，能够在发生故障时保持电路的功能正确。这种容错能力的获取是以大量的运算资源消耗和降低运算速度为代价的，因而，故障纠错技术通常局限于小型逻辑块。

3.6　本章小结

本章对故障攻击的基本概念及原理进行了介绍，之后详细阐述了故障攻击的两个阶段：故障注入和故障分析，并以 MCU 中运行的 AES 算法为例，详细介绍了差分故障攻击实现的具体流程和方法。在此基础上，从物理隔离、环境监测、故障检测及故障纠错 4 个维度介绍了针对故障攻击的芯片防护技术设计方案。

参 考 文 献

[1] DanBoneh, Demillo R, Lipton R. On the importance of checking cryptographic protocols for faults[C]// Advances in Cryptology-EUROCRYPT 1997. Heidelberg, Berlin: Springer, 1997(1233): 37-51. DOI: 10.1007/3-540-69053-0_4.

[2] Biham E, Shamir A. Differential fault analysis of secret key cryptosystems[C]// Advances in Cryptology - CRYPTO 1997. Heidelberg, Berlin: Springer, 1997(1294): 513-525. DOI: 10.1007/BFb0052259.

[3] Poucheret F, Tobich K, Lisart M, et al. Local and direct EM injection of power into CMOS integrated circuits[C]// Workshop on Fault Diagnosis and Tolerance in Cryptography. Nara, Japan: IEEE, 2011: 100-104. DOI: 10.1109/FDTC.2011.18.

[4] Mukhopadhyay D. An improved fault based attack of the advanced encryption standard[C]// Progress in Cryptology - AFRICACRYPT 2009. Heidelberg, Berlin: Springer, 2009(5580): 421-434. DOI: 10.1007/978-3-642-02384-2_26.

[5] Tunstall M, Mukhopadhyay D, Ali S. Differential fault analysis of the advanced encryption standard using a single fault[C]// IFIP International Workshop on Information Security Theory and Practices. Heidelberg, Berlin: Springer, 2011(6633): 224-233. DOI: 10.1007/978-3-642-21040-2_15.

[6] YANG L, Sakiyama K, Gomisawa S, et al. Fault sensitivity analysis[C]// International Workshop on Cryptographic Hardware and Embedded Systems. Heidelberg, Berlin: Springer, 2010(6225): 320-334. DOI:

10.1007/978-3-642-15031-9_22.

[7]　REN Y, AN W, WU L. Transient-steady effect attack on block ciphers[C]// International Workshop on Cryptographic Hardware and Embedded Systems. Heidelberg, Berlin: Springer, 2015(9293): 433-450. DOI: 10.1007/978-3-662-48324-4_22.

[8]　朱翔. 集成电路激光故障注入技术研究[D]. 北京：中国科学院大学（中国科学院国家空间科学中心），2020. DOI:10.27562/d.cnki.gkyyz.2020.000006.

[9]　赵力强. 基于某款 SoC 芯片差分故障攻击的实现及防御对策[D]. 沈阳：辽宁大学，2020. DOI:10.27209/d.cnki.glniu.2020.000871.

[10]　邓鹏杰. 集成电路抗故障注入攻击安全评估方法研究[D]. 天津：天津大学，2017.

[11]　袁果. 电磁脉冲故障注入实现及其机理的研究[D]. 天津：天津大学，2018.

[12]　杨鹏，欧庆于，付伟. 时钟毛刺注入攻击技术综述[J]. 计算机科学，2020, 47（S2）：359-362.

[13]　王红胜，宋凯，张阳，等. 针对基于中国剩余定理 RSA 算法的光故障攻击分析[J]. 微电子学与计算机，2012，29（1）：38-41. DOI:10.19304/j.cnki.issn1000-7180.2012.01.010.

[14]　Weingart S H. Physical security devices for computer subsystems: a survey of attacks and defenses[C]// International Workshop on Cryptographic Hardware and Embedded Systems. Heidelberg, Berlin: Springer, 2000(1965): 302-317. DOI: 10.1007/3-540-44499-8_24.

[15]　Nicolas Sklavos, Ricardo Chaves, Giorgio Di Natale, et al. Hardware security and trust[M]. Cham, Switzerland: Springer, 2017.

[16]　Sikhar Patranabis, Debdeep Mukhopadhyay. Fault tolerant architectures for cryptography and hardware security[M]. Singapore: Springer, 2018.

第4章　侵入式及半侵入式攻击与防护

在第 1 章已经指出，物理攻击可以分为侵入式攻击、半侵入式攻击和非侵入式攻击。其中，侵入式攻击和半侵入式攻击通常需要对芯片进行物理破坏，从而获取或篡改芯片内部的敏感信息。本章主要对侵入式攻击和半侵入式攻击的基本概念、攻击原理、攻击方法及防护技术进行介绍。

4.1　引言

本节主要对侵入式攻击与半侵入式攻击的基本概念及攻击过程中使用的设备进行介绍。

4.1.1　基本概念

侵入式攻击是在去除芯片封装的基础上，采用显微镜、微探针台、聚焦离子束等不同工具对芯片的内部电路结构进行探测和修改的攻击技术。通过侵入式攻击，能够直接获取芯片内部的存储信息，并且可以反编译芯片的逻辑功能，获取芯片的最高权限。然而，侵入式攻击通常需要较高的攻击成本，并且需要具有专业技术的工程师进行操作，攻击之后会留下攻击痕迹并且会对芯片造成破坏性的损伤。随着芯片制程工艺的不断发展，侵入式攻击面临的难度不断增大，攻击成本也在迅速提高。在现有的侵入式攻击中，通常需要多种攻击工具灵活搭配使用，才能在攻击效果和攻击成本之间达到较好的折中效果。

目前，侵入式攻击方法可以分为两类：第一类是逆向工程，即完全通过反向解剖的方式对芯片内部电路结构进行提取分析，进而实现整个芯片的复制和重新构建；第二类是微探针攻击，主要是在对芯片进行逆向解剖的基础上，结合微探针、铣削等技术手段，探测芯片内部结构和数据，或者向芯片内部注入特定激励，采集敏感信息进行分析。

半侵入式攻击是介于侵入式攻击和非侵入式攻击之间的一类攻击方式，与侵入式攻击相似，半侵入式攻击也需要对芯片进行逆向开封，以实现对内部裸芯的直接接触，之后采用非侵入式攻击的相关方法，如对芯片进行激光、电磁等故障注入，从而实现攻击。在半侵入式攻击中，一般不需要对裸芯内部的电路结构进行修改或者发生直接的电气接触。因此，半侵入式攻击不需要微探针台、聚焦离子束等昂贵的设备，攻击成本相对较低。

本章主要围绕非侵入式攻击及侵入式攻击中的逆向工程、微探针攻击进行介绍。

4.1.2　常见的攻击设备

本节对侵入式攻击和非侵入式攻击中常用到的微探针台、聚焦离子束工作台、激光切割系统、芯片成像系统等设备进行介绍。

1. 微探针台

微探针台如图 4-1 所示，其主要包括显微镜、工作台、测试座、操纵器和微探针。通常显微镜具有 3~4 个物镜，以适应不同的放大倍率和聚焦深度。较低的放大倍率和较大的聚焦深度用于微探针头的粗略定位，较高的放大倍率可用于精确定位（如将微探针头置于导线或测试点上）。芯片通常被放置于测试座中，并将所有必要的信号引出，与测试仪器或计算机连接。在实际攻击中，微探针台通常作为一种基础性的工具与其他攻击设备和手段一同使用。

微探针可分为无源和有源两类，无源微探针由于具有低阻抗和高电容的特性，一般只能探测芯片内部具有缓冲结构的电路（如总线）或实现信号的注入，在实际使用过程中，无源微探针通常直接与示波器相连，典型无源微探针如图 4-2 中的 Picoprobe ST-20、Picoprobe T-4。有源微探针具有一个放大器，具有高带宽、高输入阻抗及低负载电容的特性，应用场景更加广泛，典型有源微探针如图 4-2 中的 Picoprobe 12C-4、Picoprobe 18B-4。微探针的针头通常由钨丝制成，针尖直径可小于 300nm。

图 4-1　微探针台

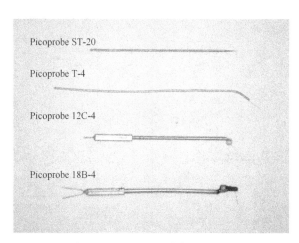

图 4-2　无源和有源微探针

图 4-3 展示了剑桥大学 S. Skorobogatov 等利用微探针台读取芯片 ROM 中数据的攻击实验。在攻击中为了实现微探针的探测接入，首先移除芯片的封装结构和内部的屏蔽金属，之后将微探针放置在芯片内部的 8 位数据总线上，通过检测电压来获取总线中的数据流，并利用 CPU 强制发送指令的方式成功获取了存储器内部的所有数据。

2. 聚焦离子束工作台

对于采用先进制程制造的芯片，需要更加复杂的设备与芯片内部的互连线建立接触，其中较为常用的是聚焦离子束（FIB，Focused Ion Beam）工作台。FIB 是将一束离子聚焦后对样品表面进行纳米级扫描或加工的技术，FIB 中最常用的离子源为液态金属离子源

（LMIS，Liquid Metal Ion Source），特别是镓（Ga）金属离子源。把镓和一个钨（W）针接触在一起，然后将镓加热融化，液态镓会在表面张力的作用下流到针尖，润湿钨针尖的表面。针尖受表面张力和电场力等作用，液体镓会形成一个称为"Taylor Cone"的锥形体，这个锥形体的尖端半径很小，大约只有 2nm。当巨大的电场（大于 10^8V/cm）作用在这个尖端上时，镓原子发生电离并发射出去。离子源发射出来的离子通常被 0.5～30kV 的电压加速，并由静电透镜聚焦到样品表面。如图 4-4 所示，目前利用 FIB 可以实现离子束成像、切割、沉积/增强刻蚀等功能。

（a）利用微探针读取芯片总线数据　　　　　　（b）显微镜下微探针攻击位置

图 4-3　微探针攻击实验

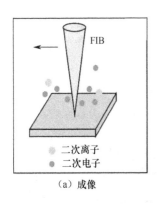
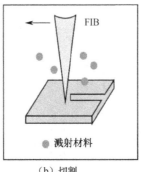
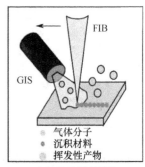

（a）成像　　　　　　　　　（b）切割　　　　　　　　（c）沉积/增强刻蚀

图 4-4　FIB 的三种主要功能

　　在成像方面，聚焦离子束可以像电子束一样被聚焦，并在样品表面进行逐行扫描，在此过程中会产生二次电子和二次离子，如图 4-4（a）所示，这两种信号均可以用来成像。离子束的切割功能是通过离子束与表面原子之间的碰撞，将样品表面的原子溅射出来而实现的，因为镓离子束可以通过透镜系统被聚焦到纳米尺度，所以可以通过图形发生器控制离子束的扫描轨迹，从而对样品进行精细的微纳加工，如图 4-4（b）所示。FIB 的沉积/增强刻蚀是与气体注入系统（GIS，Gas Injection System）结合起来实现的，如图 4-4（c）所示，在沉积过程中，GIS 将含有金属的有机前驱物加热成气态并通过针管喷到样品表面，当离子或电子在该区域扫描时，会将前驱物分解成易挥发性成分和不易挥发性成分，不易挥发性成分的金属部分会残留在扫描区域，而产生的挥发性气体会随排气系统排出。这一过程称为离子束诱导沉积（IBID，Ion Beam Induced Deposition）。在增强刻蚀中，前驱物可与离子束刻蚀的样品部分反应生成挥发性产物，减少再沉积现象，从而提高加工效率，如 XeF$_2$ 可以增强对金属的刻蚀。

在实际使用中，攻击者会首先利用扫描电子显微镜（SEM，Scanning Electron Microscope）准确定位要修改的走线或要引出的节点位置，之后采用 FIB 将目标区域的钝化层除去，同时根据需要对芯片内部的电路进行修改或者将电路中原有的金属线与沉积的金属线进行互连。攻击者通过这些操作可以达到修改电路功能、制作测试节点以直接观察芯片内部信号的目的。图 4-5 显示了利用 FIB 进行芯片修改和探测的实例，其中图 4-5（a）为通过在铜互连线上沉积金属铂，从而建立导电连接关系，图 4-5（b）为利用 FIB 技术制作测试节点，可以进一步采用微探针进行探测或读取数据。

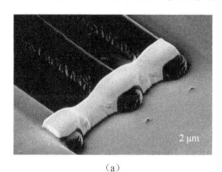
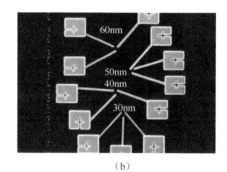

（a）　　　　　　　　　　　　　　　（b）

图 4-5　FIB 攻击实例

3．激光切割系统

在芯片内部，由于顶层的金属互连线通常被钝化层覆盖，因此在进行微探针等攻击之前，需要去除钝化层，其中常用的便捷方法是采用激光切割系统进行操作。如图 4-6 所示，Wentworth Lab 公司的 QuikLaze 激光切割系统主要由安装在显微镜摄像上的激光器和高精度的移动样品台组成。激光切割和 FIB 在部分功能上有所重叠，但其原理有着本质区别，激光切割主要是通过激光照射芯片产生的光热效应去除钝化层和切割电路的，其并不能实现对金属线的重新连接。

图 4-6　Wentworth Lab 公司的 QuikLaze 激光切割系统

在激光切割系统中，选择带激光器的物镜非常重要，目前广泛使用的是 Mitutoyo 公司的相关产品，物镜带有近紫外（NUV，Near Ultraviolet）或近红外（NIR，Near Infrared）激光器。在使用中，可以通过 NUV 激光去除芯片表面的聚酰亚胺等有机层或钝化层，通过 NIR 激光切割芯片内部的金属互连线。图 4-7 所示为采用 NIR 激光切割顶层金属后的结果，即切割使顶层金属层下面的金属布线结构得以暴露。

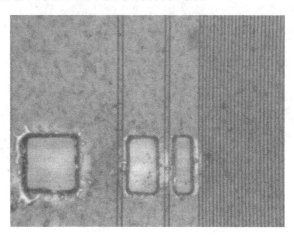

图 4-7　NIR 激光切割顶层金属实例

4．芯片成像系统

芯片成像是指利用各类显微成像技术和设备对芯片内部进行拍照，使之成像，通常包括红外成像、激光成像、电子成像、热成像等技术。随着技术手段的发展，成像技术不仅能从芯片正面拍摄照片，还可以从芯片背面对芯片进行透射拍照。此外，在某些成像技术中还可以利用激光照射芯片内部器件，并根据产生的光电流的差异区分沟道是否导通，从而无须直接接触就能分辨出芯片内部存储的数据。

4.2　逆向工程

逆向工程（RE，Reverse Engineering）是指通过对成品芯片进行逆向解剖，从而提取、重建芯片功能网表的技术。作为一种典型的侵入式攻击技术，逆向工程的攻击能力强大，能够完全获取芯片底层的电路结构。然而随着芯片工艺节点的不断缩小及规模尺寸的不断增大，逆向工程所面临的攻击难度和攻击成本也在急剧增大。

典型的逆向分析流程如图 4-8 所示，包括芯片封装去除、裸芯去层、图像拍照采集、图像处理分析、网表提取、规则检查等，下面对流程中的主要步骤分别进行介绍。

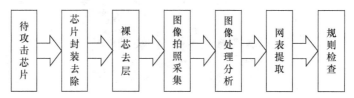

图 4-8　典型的逆向分析流程

4.2.1　芯片封装去除

芯片开封是为了将裸芯从封装管壳中完整取出，以便进行后续的攻击。一般地，在芯片开封前，需要对芯片内部的绑定关系进行分析，得到裸芯焊盘和芯片封装引脚的对应关系，同时结合芯片的使用手册，即可得知裸芯焊盘对应的功能。绑定关系一般可以通过 X 射线透射分析得到，或者在芯片开封后对基板等封装结构进行逆向解剖得到。

目前，封装依据材质的不同可以分为塑料封装、陶瓷封装及金属封装三种，由于金属封装通常针对传感器等引脚数较少的器件，封装去除技术也较为简单，因此本节主要对塑料封装和陶瓷封装的去除技术进行介绍。

1. 塑料封装去除

典型的塑料封装结构如图 4-9 所示，其由芯片表面的环氧模塑料（EMC，Epoxy Molding Compound）和有机基板组成，因此对于塑封器件的封装去除，首先采用物理磨抛的方法将基板去掉。对于图 4-9 中基于倒装的封装结构，磨抛时通常需要将芯片背面朝下置于特殊的夹具中，从焊球一侧对有机基板进行磨抛。磨抛的关键是磨抛结束点的选取，结束得过早会导致基板未去除干净，结束得过晚则可能会导致芯片表面损伤。

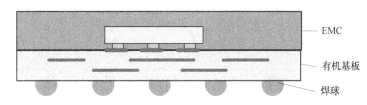

图 4-9　典型的塑料封装结构

在完成基板磨抛后，开始进行表面 EMC 的去除，常用 EMC 的主要成分包括以二氧化硅为主的填充料（约 70%）、环氧树脂（约 18%）和固化剂（约 9%）等，目前成熟的 EMC 去除技术包括激光灼烧、等离子体刻蚀和化学腐蚀等。

（1）激光灼烧。

激光灼烧是指采用大功率的激光束对 EMC 材料进行照射，从而使 EMC 分解或者升华，常用的激光是数十瓦的近红外激光束（如 1064nm 的 Nd: YAG 激光器）。在激光灼烧去除技术中，激光功率和时间是两个重要的控制参数，需要精确设置，以免对内部裸芯造成损伤。

（2）等离子体刻蚀。

等离子体刻蚀是指利用 O_2 和 CF_4 的等离子气体实现对 EMC 的快速刻蚀，这种技术的选择性较好，可以避免对芯片造成损伤。然而，由于存在氧气，因此可能会对芯片中的金属线等材料造成氧化，所以在刻蚀过程中，参数也需要严格控制和优化。

（3）化学腐蚀。

化学腐蚀是指采用发烟硝酸等腐蚀溶液对 EMC 进行去除，以环氧树脂为例，当其与发烟硝酸接触时，聚合链发生分解，同时释放出 NO_2 等气体。随着环氧树脂等有机物的分解，以二氧化硅为主要成分的 EMC 填充料就会残留下来，或者被强酸溶液冲走。

在 EMC 去除之后，对芯片进行必要的清洗，即可完成整个封装结构的去除。图 4-10 显示了对塑封器件进行封装去除的过程及结果。

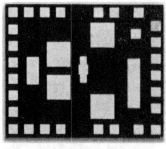

（a）器件未开封时的背面照片

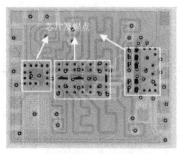

（b）器件的X射线照片

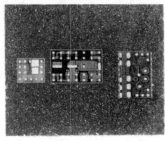

（c）器件开封后的内部全貌

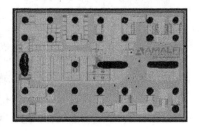

（d）开封后裸芯的金相照片

图 4-10　对塑封器件进行封装去除的过程及结果

2．陶瓷封装去除

如图 4-11 所示，陶瓷封装的结构主要由陶瓷基板和盖板组成，封装时首先采用共晶键合、银浆黏结等方式将裸芯黏结于陶瓷基板上，然后使用焊接等方式将盖板与陶瓷基板进行密封连接。因此，在对陶瓷封装去除时，通常也分为两步：第一步是将盖板从陶瓷基板上去除，该操作通常采用物理方式进行；第二步是把裸芯从陶瓷基板上取下来。

在芯片取下之后，还需要结合具体情况对芯片进行清洗。如对于倒装芯片，需采用浓硫酸加热清洗等方式，去除芯片上残留的底充胶、环氧树脂等材料。

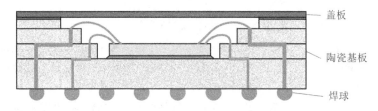

盖板

陶瓷基板

焊球

图 4-11　典型的陶瓷封装结构

4.2.2　裸芯去层

如图 4-12 所示，集成电路裸芯的内部是一个包含多层金属布线的立体结构，从上到下分别为金属布线、各层通孔、晶体管结构层、阱结构层等。裸芯解剖的层次通常包括所有金属层、多晶层及染色层（通过染色判断阱的类型）。对于一个具有 N 层金属布线的裸芯而言，一般需要进行 $N+2$ 次解剖，依次得到 N 个金属层、多晶层和染色层解剖样片。在每个金属层的芯片图像中，一般都可以看到该层金属引线及引线与上层金属层之间的通孔版图图像信息（最上层金属图像无通孔信息），多晶层芯片图像包含接触孔、多晶和有源区等版图层信息，通过染色层图像可以区分 N 型和 P 型区域。

图 4-12　集成电路芯片断面结构图

在裸芯解剖时，对于每个解剖层次都需要选定一个合适的解剖位置，以保证在芯片图像中能够同时看到多个版图层信息。图 4-13 显示了一个两层金属布线芯片的解剖层次图像，以 M1 层为例，为了能够同时拍摄清楚 M1 和 Via1 的版图层，需要解剖到 M1 金属层上面的氧化层位置。

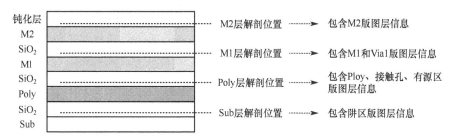

图 4-13　包含两层金属布线芯片的解剖层次图像

在具体的裸芯去层过程中，通常采用化学反应法和化学机械研磨法，其中化学反应法主要利用芯片表面与特定溶液进行化学反应，转化形成可溶于溶液的物质后随溶液一起去除，从而达到刻蚀去层的目的。化学机械研磨法即采用机械研磨和化学机械抛光（CMP，Chemical Mechanical Polishing）的方法对芯片表面逐层打磨并抛光整平，达到刻蚀去层的目的。

硅基晶体管有 P 型和 N 型两种，分别位于不同的阱中。通常情况下，P 阱中的晶体管为 N 型、N 阱中的晶体管为 P 型。因此，在去层分析中，晶体管类型可以通过阱的类型来判断，而利用阱区染色技术可以比较容易地判断出阱的类型。在染色过程中，特定化学试剂会与阱区不同类型的掺杂物质发生反应，生成不同颜色的化合物，从而呈现出不同的颜色效果。

4.2.3　图像拍照采集和处理分析

高质量的芯片采集图像是进行逆向分析的基础，随着芯片特征尺寸的不断缩小、规模增大及金属层数的增多，逆向分析对于芯片图像的完整性、分辨率和清晰度的要求也越来越高。在完成芯片图像采集后，需要进一步建立芯片图像库，这是一个较为复杂的过程，其核心是同层图像的拼接和邻层图像的对准。在具体拼接之前，还需要对所有图像进行一系列的预处理，包括图形变形纠正、倾角纠正、图像翻转及色彩和亮度调整等。

（1）裸芯图像采集。

裸芯图像采集系统包括显微镜、摄像头、步进平台和计算机。其中，显微镜是核心部件，其品质决定了整个采集系统的品质，目前常用的芯片图像采集显微镜有光学显微镜、紫外(深紫外)显微镜及扫描电子显微镜等。其中，光学显微镜的分辨率极限为 200～300nm，紫外（深紫外）显微镜的分辨率可达 100nm 左右，扫描电子显微镜有二次电子和背散射电子两种成像方式，理论上的分辨率极限为 0.2nm 左右，在实际工作中，扫描电子显微镜主要用来观察和拍摄 10nm 以上的物理结构。对于目前先进工艺节点的芯片，通常采用扫描电子显微镜进行拍摄，但是由于扫描电子显微镜是以电子扫描的方式成像的，非常耗时（通常一幅图像需要 20～120s），加上扫描过程中受电压波动和裸芯导电性不均匀等因素的影响，因此其采集得到的图像会产生较大的变形，给后续处理带来较多困难。

（2）图像拼接。

受环境和硬件等条件的影响，采集得到的裸芯图像往往会存在扭曲变形、倍率变化、倾斜、旋转及色差等问题，会提高后续图像处理的难度。因此，在具体处理之前，需要对图像进行预处理，预处理主要包括图像纠偏、倍率缩放、倾角纠正、整层旋转及图像颜色和亮度的调整等。

由于裸芯图像采集采用步进的方式逐个对很小的区域进行扫描，因此在预处理完成后，需对图像进行拼接。对于图像拼接而言，理想的情况是采集得到的图像阵列中任何水平或垂直相邻的两幅图像之间既没有重叠也没有缝隙，此时不需要复杂的拼接技术，只需对图像进行对齐即可。然而任何采集系统都是有误差的，很难做到"严丝合缝"。在实际拍摄过程中，步进台的水平和垂直步进量通常会设置为单幅图像幅面宽度和高度的 85% 左右，这就意味着任何水平相邻和垂直相邻的两幅图像之间均存在 15% 左右的重叠量。

由于每层裸芯图像的数量都可能达数十万幅甚至数百万幅，因此在拼接时必须采用自动化的拼接技术，精准确定相邻图像的重叠量。图像拼接是图像识别技术的一种具体运用，通常可分为基于区域和基于特征的识别方法。基于区域的识别方法主要利用图像重叠区域的信息进行匹配，而基于特征的识别方法则通过提取图像中的点、边缘、轮廓等特征进行匹配。

在拼接完成后，两张图像拼接的边界处往往会形成明显的拼缝，故而还需要对拼接后的图像重叠部分进行图像融合，以使拼接后的图像效果更加平滑。

（3）图像对准。

在所有图像都完成拼接后，需要将不同层的图像按照版图的纵向对应关系进行对准，使任意位置处的各芯片图像层严格对准。邻层图像对准时，通常需要手工确定两层图像中的一系列对准点，对准点一般会选取金属线的端点、通孔、接触孔等位置。

完成同层拼接和邻层对准后的所有图像数据，就构成了完整的芯片图像数据库。由于芯片图像采集与处理具有复杂性和专业性，许多公司开发了专业的软件系统以完成相关的工作。比较知名的有国外 Raith Nanofabrication 公司开发的 CHIPSCANNER 平台，专门用于芯片图像采集和处理分析；我国的北京芯愿景软件技术股份有限公司也面向复杂芯片，开发了

Panovas Pro 等显微图像实时处理系统，可自动完成 IC 芯片的分析业务，包括显微图像自动采集、问题图像重新采集、海量图像自动拼接对准，并能在处理完成后自动生成图像数据库。

4.2.4　网表提取

网表是由若干单元及单元端口之间的互连关系构成的，网表提取过程实际上就是利用芯片图像识别出对应的版图信息，并结合电路知识将芯片图像抽象为一系列模拟器件、数字单元及端口互连关系的过程。如图 4-14 所示，一个典型的网表提取流程包括单元提取、线网提取、网表电学规则检查等步骤。

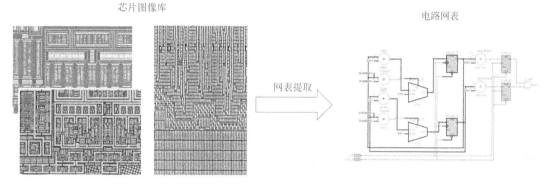

图 4-14　网表提取示意图

（1）单元提取。

现有的集成电路大多基于标准单元进行设计。因此，在网表提取中首先是对单元进行提取，在进行提取时先对单元进行标注，标注的内容包括代表单元边界的方块标注、代表单元名称的文本标注、代表端口名称和端口方向的端口标注等。在完成单元标注后，可以进一步提取构建单元库，并依据单元库对标记的单元进行交叉验证。图 4-15 显示了反相器、与门及其端口的单元提取示例。

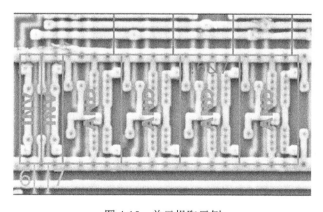

图 4-15　单元提取示例

（2）线网提取。

在正向设计中，电路中每个单元的端口与其他端口之间的互连关系都构成一个网络（Net）。在具体芯片的版图实现中，每个网络都是通过金属层、多晶层的引线及层间的通孔实现的。因此，在网表提取时，需要通过识别不同层图像中的引线和通孔来得到裸芯中的每个网络，并对其进行命名。在完成网络提取后要认真核对，以确保网表的正确性。

（3）网表电学规则检查。

在网表提取过程中，不可避免地会产生一定的单元提取错误和网络提取错误。其中，单元提取错误主要体现为单元的电路图绘制错误、符号图绘制错误、命名错误等，其可以通过多次提取与核查等方法予以减少或避免。网络提取错误主要体现为网络的短路、断路、错误连接等，通过电学规则检查（ERC，Electrical Rule Check）能够发现大多数的网络提取错误，并予以修正。

需要指出的是，ERC 能够发现并修正一些错误，但仍不能保证得到的网表完全正确。因此，为了进一步确保网表质量，可以选择多个不同小组分别提取得到两份或多份网表，并利用 EDA 工具对网表提取结果进行原理图对比验证（SVS，Schematic Versus Schematic）。

随着芯片规模的急剧增大，网表提取通常需要借助专门的 EDA 工具进行自动化实现。以北京芯愿景软件技术股份有限公司推出的集成电路分析再设计系统（Chip Logic Family）和集成电路分析验证系统（Hierux System）为例，能够分别针对简单芯片和复杂 SoC 芯片，自动完成单元区定义、数字单元和模拟器件定义、标注图形自动转换、网表提取及电路整理等功能。国外的 Tech Insight 公司也能提供完整的解决方案。

在完成网表提取后，便得到了芯片整体功能的电路原理图，从而能够有针对性地对相应模块进行分析，攻击得到所需要的敏感数据。

4.3　微探针攻击

利用微探针攻击，能够对芯片内部的关键信号线进行探测，从而获取信号线上传输的数据信息，如密钥、固件、配置比特流、敏感数据和随机数等。在微探针攻击过程中，一般需要保证芯片能够正常工作，这也是微探针攻击与逆向工程的显著区别。微探针攻击通常只对芯片封装、钝化层及部分信号线进行修改，尽量减少对芯片正常工作的影响。成功的微探针攻击一般需要耗费大量的时间，同时也需要与其他攻击技术协同进行。

4.3.1　微探针攻击流程

在介绍微探针攻击的具体技术之前，首先需要了解微探针攻击的主要流程。在现有的微探针攻击中，至少包括以下 4 个基本步骤。

（1）对一个待攻击芯片进行逆向分析，以获得其布局布线等信息，并找到待攻击目标线的位置；如果对芯片内部结构较为清楚，也可以只部分移除封装结构，使裸芯暴露即可。

（2）利用逆向分析和 FIB 等工具，对待攻击的裸芯进行加工，使目标线暴露出来。

（3）对目标线进行修改或将目标线引出，同时在保证不破坏待攻击芯片的前提下，使芯片上电工作，利用微探针对芯片的目标线进行探测。图 4-16 为对待攻击芯片进行部分封装去除，并利用微探针进行直接探测的实例。

（4）提取目标信息并进行分析。

图 4-16　微探针攻击（芯片封装被部分去除，用微探针进行探测）

4.3.2　基于铣削的探测攻击

为了实现对目标线的探测，最常用的方式是从芯片的后道工艺实现部分（BEOL，Back End of Line）开始铣削，即从钝化层和顶部金属层向硅衬底铣削，这种方式也称正面攻击。正面攻击的缺点是目标导线可能会被上面的其他金属导线覆盖，如果没有对芯片进行彻底的逆向工程开发，则攻击者不能确定目标导线位置，以及切断覆盖导线是否会破坏所要获取的信息。因此，在实际攻击中，正面攻击更多地关注总线等容易识别的电路结构，同时对上面没有其他金属遮挡的目标线进行探测。

在具体铣削过程中，对于特征尺寸大于 350nm 的布线，可以采用激光进行切割去除；对于尺寸较小的金属线，通常会采用 FIB 进行铣削。图 4-17 显示了采用 FIB 对覆盖金属导线进行切割，并探测目标导线的过程，其中深宽比是衡量 FIB 性能的一个重要指标，其定义为深度 D 和铣孔直径 d 的比值。具有较大深宽比的 FIB 设备能够在目标线上方加工一个直径更小的孔，这对整个电路结构的影响很小，因此更适用于攻击。目前，较先进的 FIB 系统可以达到 8：3 的深宽比。除铣削外，FIB 还能够沉积金属线，为攻击者提供电路编辑的手段。

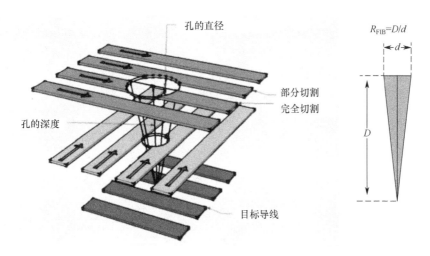

图 4-17　采用 FIB 进行铣削的示意图

4.3.3　背面探测攻击

由于芯片正面通常会有复杂的金属布线，因此通过芯片正面进行铣削、探测的难度往往较大。由于传统的芯片在设计制造过程中，并没有在硅衬底中放置任何东西，因此基于微探针攻击的另一个方向是从背面进行探测，这种方式实现起来也更加灵活。

在背面探测的实现过程中，首先采用化学机械抛光等方式从背面对芯片进行减薄，之后采用 FIB 从芯片背面进行切割和电路修改。如图 4-18 所示，通过 FIB 可以到达芯片底层的 M1、M2 等金属层，将金属线引出并制作探测焊盘，同时 FIB 还可以对源/漏极的硅化物接触进行引出，直接观察 MOS 晶体管的输出信号变化。在将待攻击的目标线从背面引出后，可以进一步采用微探针进行探测攻击。

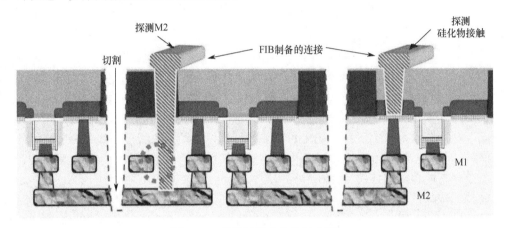

图 4-18　背面探测攻击的示意图

4.4　半侵入式攻击

半侵入式攻击需要打开芯片的封装，但不破坏芯片内部的电路结构，也不与芯片发生直接的电气接触，在攻击过程中主要利用激光或电磁波等外界条件影响芯片的正常工作。因此，半侵入式攻击不需要使用微探针、FIB 等昂贵仪器，攻击成本相对较低，而且与非侵入式攻击一样可以重复实现。目前，半侵入式攻击的具体实现方法有很多种，包括光错误注入、光辐射分析、存储器数据残留分析、存储器数据提取等，本节主要对光错误注入、光辐射分析进行介绍，关于存储器数据残留分析、存储器数据提取等内容，将在第 9 章的数据安全存储中进行介绍。

4.4.1　光错误注入

光错误注入通过激光照射存储单元，从而实现存储器中存储内容的修改。在光错误注入攻击中，通常只需一个简易的激光器即可实现。通过光错误注入能够对芯片控制器执行复位等操作，或者在处理器计算中引起故障，以中断处理器的控制流，进而与其他故障攻击相互配合完成攻击操作。可以说，光错误注入极大地提高了已有故障攻击的攻击能力。

以标准 SRAM 单元为例，如图 4-19 所示，其由 6 个晶体管构成，VT1 和 VT2、VT4 和 VT5 分别构成两对 CMOS 反相器，VT3 和 VT6 为读/写控制管。由于激光能使晶体管短暂导通，如果使用激光照射 VT1 或 VT4，则会造成这些晶体管导通，可能会使单元的存储状态发生反转。在具体实现过程中，主要的工作是将光聚焦得足够小，并选择合适的强度进行照射。以简单的单片机芯片 PIC16F84 为例，可以使用闪光灯模拟脉冲激光，从闪光灯出来的光被光学显微镜聚焦，再利用铝箔简易制成的光圈屏蔽多余的光线，使只有一个 SRAM 单元大小的区域能够被照射到。如图 4-20 所示，当光束聚焦在白色圆圈区域时，可以使存储单元状态从"1"变为"0"，但如果状态已经是"0"，则不发生改变；当光束聚焦在黑色圆圈区域时，单元状态将从"0"变为"1"或者保持在状态"1"。

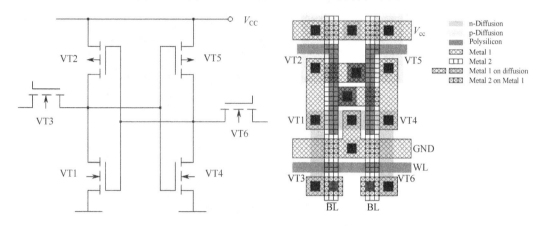

图 4-19　SRAM 的电路原理图及版图

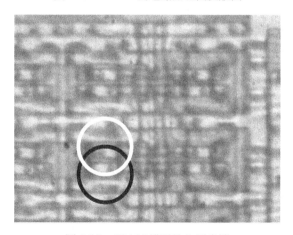

图 4-20　SRAM 错误注入示意图

对于 EPROM、EEPROM 和 Flash 等存储器，其都是基于浮栅晶体管原理进行工作的，而浮栅单元内的电流相较于 SRAM 更小，因此它们对光错误注入更敏感，上述的攻击方法对它们同样适用。

同时，对于 EEPROM 和 Flash 等非易失性存储器而言，数据保存是有期限的，外界环境的影响会使浮栅上的电荷逐渐丢失，最终造成数据的改变，而这种现象在温度升高时会变得更加显著。因此，如果对存储器晶体管进行局部加热，如激光辐射加热，就会导致存储器晶体管更快地丢失电荷，进而改变状态，这种攻击称为基于激光局部加热的攻击技术。同样，当对 PIC16F84 单片机芯片进行攻击时，采用波长为 650nm、功率为 50mW 的激光可引起内部 EEPROM 存储单元数据的丢失。

4.4.2　光辐射分析

利用光辐射读取存储器内容，从而实现攻击是近些年发展起来的一个新方向，通过这种攻击可以把半侵入式攻击与侧信道攻击结合起来，达到更好的攻击效果。其基本攻击原理是利用晶体管发生翻转变化时会产生光信息泄露，与侧信道中的功耗分析、电磁辐射分析相比，基于光辐射分析的技术范围可以缩小至单个晶体管，能够直接观察到数据位的变化，而功耗分析、电磁辐射分析则采集的是整个芯片的信息泄露。

在 NMOS 晶体管中，当输出从高变低时，会发生光子发射；同样在 PMOS 晶体管中，当输出从低变为高时，也会发生光子辐射。由于电子的迁移率比空穴的迁移率更高，因此 NMOS 中的光子辐射强度要比 PMOS 的光子辐射强度更大。在具体攻击过程中，需要对待攻击的晶体管进行精确定位，同时为了避免芯片表面金属布线对光辐射的影响（如散射），通常会在芯片背面进行光辐射信息的检测。

如图 4-21 所示，目前的光辐射分析技术主要有两种：一种是被动检测芯片的光子辐射状况，当晶体管切换时，由于它们会自发地对外辐射光子，通过被动接收和分析特定晶体管的光子辐射，可以推断出该晶体管中处理的信号；另一种是利用激光压电技术（LVT，Laser Voltage Techniques）或电光频率调制（EOFM，Electro-Optical Frequency Modulation）进行攻击，在这类攻击中需要有源器件发光并主动照射到晶体管上，然后观察和分析反射光的情况进而推断出相应信号，因此这类攻击也称主动探测攻击。在这两种攻击中，都需要对光学信号进行精确检测，因此对攻击的光学检测设备有较高的要求。

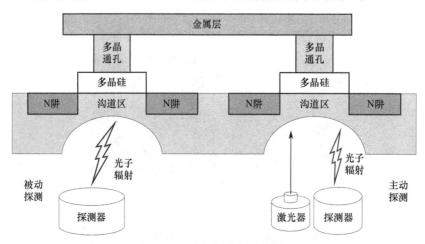

图 4-21　光辐射分析示意图

4.5　侵入式和半侵入式攻击的防护技术

为了应对侵入式和半侵入式攻击，芯片内部通常需要设计相应的防护措施以提高安全性。由于侵入式和非侵入式攻击大都需要对芯片进行必要的逆向分析，因此防护技术可以根据芯片的层次结构分为芯片底层逻辑防护、芯片金属布线层防护及封装层防护。其中，芯片底层逻辑防护主要有单元伪装、逻辑混淆等技术，这些将在第 7 章结合 IP 核安全防护技术进行介绍，本节主要对芯片金属布线层防护和安全封装进行介绍。

4.5.1   金属布线层防护

目前，针对 FIB 和微探针攻击的主流防护技术是采用顶层金属防护层，如图 4-22 所示，顶层金属防护层结构主要包括金属布线屏蔽层和下方的感知单元。其中，金属布线屏蔽层使用一层或多层金属走线，形成复杂的网络结构，以遮蔽下方的加密模块、存储器模块等芯片内部的关键组件。同时，该屏蔽层也作为传感网络层，能够配合感知单元，接入检测信号，通过对比初始检测信号与经过屏蔽层后检测信号的一致性，判断屏蔽层是否受到攻击。在芯片启动或者正常工作时，感知单元会不间断地检测屏蔽层的完整性，如果攻击者采用侵入式的方式造成金属布线屏蔽层被破坏，感知单元即可感知到并立即停止启动或者产生报警信号，同时告知主控单元采取关键数据销毁等防护措施。

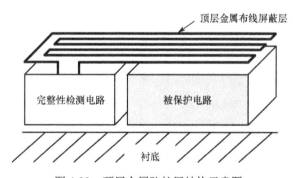

图 4-22   顶层金属防护层结构示意图

这里需要注意的是，顶层金属防护层并不对电路结构及版图信息进行保护，而对芯片运行过程中产生的运算信息、存储数据等进行防护。攻击者并不知晓版图信息，这是顶层金属防护层能够实施有效防御的前提。若攻击者对版图布局十分清楚，则可以在目标走线上的任意极小区域制作测试节点，对屏蔽层进行短路，在这种情况下，任何防护结构均无法对其进行有效防御。

顶层金属防护层遮蔽了下方的关键组件，在一定程度上也能够阻碍光故障注入，同时使内部电路运行中释放的光辐射信息、电磁辐射信息发生衰减，从而增加攻击难度。因此，顶层金属防护层也可以在一定程度上缓解半侵入式和非侵入式攻击。下面对顶层金属防护层中的屏蔽层设计技术及感知单元设计技术进行介绍。

1. 屏蔽层设计技术

作为芯片的顶层防护结构，屏蔽层需要连续完整地填满整个二维或三维空间。屏蔽层从起点到终点，一般由多个子段构成，考虑到在实际芯片制程工艺中不支持一些特殊角度走线等因素，实际可供选择的典型拓扑结构有平行线、蛇形走线、螺旋线、皮亚诺曲线、希尔伯特曲线、随机哈密顿回路曲线等，如图 4-23 所示。不同拓扑结构能够实现的防护层安全水平也有所不同，一般认为，越规则的拓扑结构，越容易被攻击者掌握规律并被攻破。因此，现有的屏蔽层往往是基于高复杂度的拓扑结构实现的。

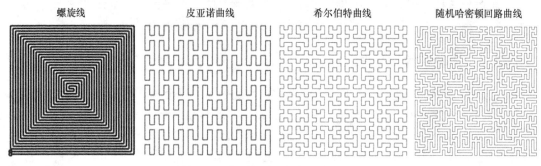

图 4-23　典型屏蔽层拓扑结构示意图

观察图 4-23 中各曲线的规律性可知，随机哈密顿回路曲线拓扑结构最为复杂，由于其设计生成过程完全随机，具有很好的无序性，因此无法通过识别部分区域的特征而推断出整体图形的结构，这大大增加了攻击成本。在随机哈密顿回路曲线的具体设计中，为了进一步提高复杂度，可以采用多通道设计方法，即在同一区域内采用多条布线通路，分别形成首尾相接的回路，如图 4-24 所示。此外，还可以利用多个金属层的布线资源进行设计，形成多层多通道的随机哈密顿回路曲线拓扑结构。

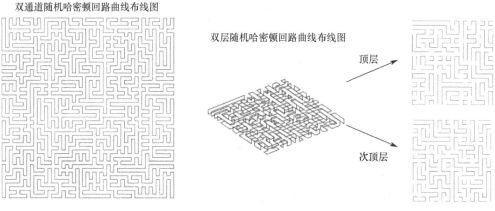

图 4-24　复杂随机哈密顿回路曲线设计实例

2. 感知单元设计技术

感知单元针对金属屏蔽层的完整性进行检测。依据检测机制，感知单元可分为数字码流比对与固有参数比对两类。

数字码流比对的感知单元结构如图 4-25 所示，由信号产生电路向屏蔽层起点注入数字码流，在终点处与原始输入码流进行比对，根据数字码流的一致性来判断其是否受到物理攻击。数字码流可以是周期性的数字信号，也可以是随机数字码流。

固有参数比对通过检测金属布线屏蔽层的固有电学参数的变化来判断其是否受到物理攻击，通常以电压量、延时量和电阻量作为主要检测对象，其中，电压量检测是早期防护层常用的检测方式，目前通常采用延时量与电阻量检测。

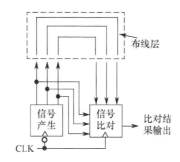

图 4-25　数字码流比对的感知单元结构

延时量检测方式基于导线延时与导线长度成正比的检测思想，通过检测导线延时的变化量来判断是否受到攻击。图 4-26 所示为一种典型的延时量检测方法原理图，在屏蔽层和标准延时单元中输入低频方波信号，再将两单元的输出信号进行异或运算。由于两条路径的延时量不同，因此进行异或运算后会产生周期性的窄脉冲。通过检测窄脉冲宽度，进而判断是否受到攻击。

电阻量检测与延时量检测类似，当屏蔽层受到短路和断路攻击时，走线电阻可能会发生变化，因此可以通过检测电阻量的变化来判断是否受到攻击。

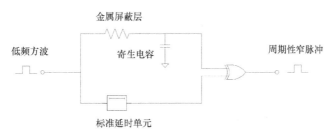

图 4-26　典型的延时量检测方法原理图

4.5.2　安全封装

由于在侵入式攻击和半侵入式攻击的实施过程中需要破坏芯片封装结构，露出裸芯，因此设计特殊的安全封装结构，实现对芯片封装完整性的实时监测，可以及时对攻击行为进行预判。目前，安全封装可以分为陶瓷安全封装、塑料安全封装及基于先进封装的安全封装技术。这里需要指出的是，安全封装技术与顶层金属防护层类似，只能在一定程度上提高攻击的难度。

1. 陶瓷安全封装

在陶瓷安全封装中，通过在封装基板和盖板中嵌入多层金属布线、合理设计埋孔实现层间互连，形成连通基板和盖板的闭合金属网络。当芯片遭遇物理攻击使封装结构被破坏时，金属网络将会断开，而与闭合金属网络相连的完整性检测传感器能够实时检测金属网络的状态变化，并做出响应。在完整性的具体检测实现方面，可以采用上节介绍的数字码流比对、固有参数比对等技术进行实现，在此不再赘述。

陶瓷安全封装主要包括基板和盖板两部分，结构如图 4-27 所示。盖板由多层陶瓷构成，内嵌多层蛇形拓扑结构的金属网络，表面具有两条金属接触片，用于与基板表面特制的封口环形成闭合回路。盖板金属接触片连接至内嵌的金属网络，基板封口环金属接触片通过键合指最终与芯片完整性检测传感器相连。芯片封装完成后，盖板与基板通常处于闭合状态，闭合时两侧金属片完全贴紧，从而形成了由芯片完整性检测传感器到基板再到盖板多层金属布线的完整闭合金属传感网络。针对封装体的钻孔等攻击行为会破坏盖板中的多层金属布线，而开封攻击行为则会使金属接触片分离。两种攻击行为都会使闭合金属传感网络断开，从而实现攻击检测。

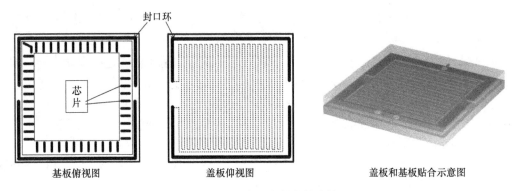

图 4-27　陶瓷安全封装的结构

2. 塑料安全封装

塑料安全封装的设计思想与陶瓷安全封装类似，不同之处在于闭合金属网络的实现方式，由于塑料安全封装中没有盖板结构，一般只能借助引线键合结构进行设计。如图 4-28 所示，芯片通过倒装的方式焊接到基板上，同时采用引线作为金属屏蔽结构，通过合理设计引线之间的互连关系，形成连通基板和引线的闭合金属网络。当对芯片进行攻击时，不可避免地会造成金属网络的断开，感知单元即可实时检测到并做出响应。

图 4-28　塑料安全封装的结构

3. 基于先进封装的安全封装技术

目前，先进封装技术的发展，尤其是 2.5D/3D 封装技术的不断成熟，为封装层级的芯片安全防护提供了新的技术路径。本节主要介绍基于硅转接板的埋置型安全芯片封装技术，其结构如图 4-29 所示。待封装的三个芯片可以放置于硅转接板的埋置槽中，并且在各个方向上都被金属屏蔽防护网络包围，而整个金属屏蔽防护网络由两部分构成：一部分通过沉积的方法制备于埋置槽的底部和侧壁,另一部分位于硅转接板上面的再布线层(RDL,Re-Distribution Layer)中。所有的金属屏蔽防护网络首尾相连,形成一个完整的回路,并且连接到 CPU 上。当对芯片进行侵入式物理攻击时,不可避免地会破坏金属屏蔽防护网络,而 CPU 则可以检测到侵入威胁并采取相应的防护策略。另外,由于硅转接板上的制程工艺支持较小线宽的制备,因此,相较于传统的塑料和陶瓷封装,该技术中的金属屏蔽防护网络的线宽和线间距可以做得比较小,侵入检测的分辨率更高。

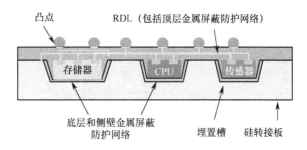

图 4-29　基于硅转接板的埋置型安全芯片封装结构

整个结构的工艺实现流程如图 4-30 所示。

(1)晶圆减薄和埋置槽制备:首先将硅晶圆进行标准清洗并利用湿法腐蚀的方法减薄至 300μm,然后在硅表面通过热氧化生成 0.5μm 厚的二氧化硅层作为后续工艺的掩膜;接着对二氧化硅层进行光刻形成埋置槽腐蚀开孔;最后采用 KOH 溶液对硅转接板进行腐蚀,形成倒梯形的埋置槽结构。

(2)底层金属屏蔽防护网络制备:为了制备底层金属屏蔽防护网络,首先在埋置槽内沉积二氧化硅和 TiW,分别作为绝缘层和黏附层;然后进行金属溅射,同时采用光刻技术对金属进行刻蚀,形成设计的金属线条结构。

(3)芯片集成与 RDL 制备:首先,在完成底层金属屏蔽防护网络制备后,将芯片置于埋置槽的底部,并通过银浆等与埋置槽进行黏附。然后,采用有机介质层对埋置槽和芯片之间的空隙进行填充。最后,在硅转接板表面进行再布线层及顶层金属屏蔽防护网络的制备。

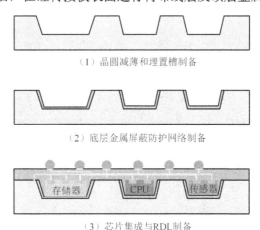

图 4-30　基于硅转接板的安全封装工艺实现流程

4.6　本章小结

　　本章首先针对侵入式和半侵入式攻击的基本概念、常见的攻击设备进行阐述，之后重点围绕逆向工程、微探针攻击、光错误注入、光辐射分析等攻击技术进行介绍；在防护设计方面，重点从芯片金属布线层防护及封装层两个方面进行介绍。由于侵入式和半侵入式攻击实现与芯片的制程工艺密切相关，相关的攻击与防护技术也随着工艺的演进在不断发展。同时，从整个物理攻击角度而言，侵入式、半侵入式及非侵入式攻击三者之间相互渗透。因此，在进行芯片安全防护设计时，需要对三者进行统筹考虑和综合防护设计。

参 考 文 献

[1] Skorobogatov, Sergei. How microprobing can attack encrypted memory[C]// Euromicro Conference on Digital System Design. Vienna, Austria: IEEE, 2017: 244-251. DOI: 10.1109/DSD.2017.69.

[2] 韩伟，肖思群. 聚焦离子束（FIB）及其应用[J]. 中国材料进展，2013，32（12）：716-727，751.

[3] 马向国，顾文琪. 聚焦离子束加工技术及其应用[J]. 微纳电子技术，2005（12）：575-577，582.

[4] Boit C, Helfmeier C, Kerst U. Security risks posed by modern IC debug and diagnosis tools[C]// Workshop on Fault Diagnosis and Tolerance in Cryptography. Los Alamitos, CA, USA: IEEE, 2013: 3-11. DOI: 10.1109/FDTC.2013.13.

[5] Skorobogatov, Sergei. Using optical emission analysis for estimating contribution to power analysis[C]// Workshop on Fault Diagnosis and Tolerance in Cryptography. Lusanne, Switzerland: IEEE, 2009: 111-119. DOI: 10.1109/FDTC.2009.39.

[6] Courbon F, Skorobogatov S, Woods C. Reverse engineering flash EEPROM memories using scanning electron microscopy[C]// Smart Card Research and Advanced Applications. Cham, Switzerland: Springer, 2017(10146): 57-72. DOI: 10.1007/978-3-319-54669-8_4.

[7] Torrance R, James. The state-of-the-art in IC reverse engineering[C]// International Workshop on Cryptographic Hardware and Embedded Systems. Heidelberg, Berlin: Springer, 2009(5747)：363-381. DOI: 10.1007/978-3-642-04138-9_26.

[8] Shahed E Quadir, Junlin Chen, Domenic Forte, et al. A survey on chip to system reverse engineering[J]. ACM Journal on Emerging Technologies in Computing Systems, 2017, 13(1): 1-34. DOI: 10.1145/2755563.

[9] 何志刚，梁堃，龚国虎，等. 倒装芯片封装器件开封方法研究[J]. 微电子学，2015，45（4）：548-551. DOI:10.13911/j.cnki.1004-3365.2015.04.032.

[10] CHEN SH, CHEN J L, WANG L . A chip-level anti-reverse engineering technique[J]. ACM Journal on Emerging Technologies in Computing Systems, 2018, 14(2): 1-20. DOI: 10.1145/3173462.

[11] 丁柯，蒋卫军，张军. 集成电路反向分析技术[M]. 北京：中国科学技术出版社，2010.

[12] 冉彤，白国强. 基于系统级封装（SiP）的信息安全芯片集成设计[J]. 微电子学与计算机，2012，29（1）：10-14. DOI:10.19304/j.cnki.issn1000-7180.2012.01.003.

[13] 甄帅. 高复杂度主动屏蔽层抗攻击技术研究[D]. 天津：天津大学，2019.

[14] LING M, WU L, LI X, et al. Design of monitor and protect circuits against FIB attack on chip security[C]// International Conference on Computational Intelligence and Security. Guangzhou, China: IEEE, 2012: 530-533. DOI: 10.1109/CIS.2012.125.

[15] 乌力吉，李翔宇，张向民，等. 一种有源屏蔽布线的检测电路：CN103344874B[P]. 2015-08-19.

[16] Xuan Thuy Ngo, Jean-Luc Danger, Sylvain Guilley, et al. Cryptographically secure shield for security IPs protection[J]. IEEE Transactions on Computers, 2017, 66(2): 354-360. DOI: 10.1109/TC.2016.2584041.

[17] Amini E, Beyreuther A, Herfurth N. et al. Assessment of a chip backside protection[J]. Journal of Hardware and Systems Security, 2018: 345-352. DOI: 10.1007/s41635-018-0052-3.

[18] 辛睿山. 抗物理攻击安全存储关键技术研究[D]. 天津：天津大学，2019.

第5章 硬件木马攻击与防护

在现有的芯片商业模式中，需要利用不同国家或地区的芯片设计/制造服务及第三方的知识产权（IP）核完成芯片的设计和制造，产业链上任何节点的漏洞都有可能成为攻击者的目标。硬件木马作为在芯片设计或制造过程中被恶意植入的特殊电路模块，其在激活后能控制底层硬件资源并实施攻击，给以芯片为核心的底层硬件安全带了巨大威胁，已经成为学术界和工业界研究的一个重要方向。本章主要针对硬件木马的概念、结构、分类方法、攻击及防护技术进行介绍。

5.1 引言

芯片的设计制造是一个非常复杂的过程，依次包括系统顶层电路架构设计、RTL 代码设计、仿真验证、逻辑综合、物理综合、晶圆制造厂代工及封装测试等。目前，只有极少数的垂直整合制造商（IDM，Integrated Device Manufacture）能够独立完成芯片的全流程设计与制造（如英特尔、三星）。其他芯片公司则按照业务和商业模式被分为无工厂芯片供应商（Fabless）和代工厂（Foundry），其中 Fabless 根据客户芯片规格书设计 RTL 代码或购买其他厂商的 IP 核完成 RTL 设计，最终生成 GDSII 等版图文件送交 Foundry 进行晶圆制造；Foundry 则致力于集成电路制造、封装和测试等一个或多个环节。从 1982 年第一家专业 Fabless 公司 LSI Logic 成立到 1987 年第一家专业的晶圆代工厂台积电的成立，如今大多数的数字集成电路芯片的设计和制造均已实现分离。与此同时，为了进一步缩短芯片的设计开发周期，现有的芯片在设计阶段会严重依赖 EDA 设计工具，并且大量购置和集成第三方 IP 核。随着半导体产业商业模式的变革，芯片厂商对于芯片烦琐而又环环相扣的设计制造流程越来越缺乏自主可控性，从而为恶意攻击者提供了破坏芯片的可能，包括芯片的版权盗用、硬件木马植入、恶意篡改、非法复制等，其中硬件木马自 2007 年被学术界提出以来，受到了广泛的研究和关注。本章将主要围绕芯片面临的硬件木马攻击及防护技术进行介绍，关于芯片面临的版权盗用等其他威胁，将在第 7 章进行分析。

图 5-1 显示了芯片生命周期中的典型硬件木马攻击方式，可以看到，硬件木马攻击可能发生在从芯片规格制定、设计实现到加工制造及封装集成的各个环节，可以认为硬件木马是对芯片最具威胁性的一种攻击方式。

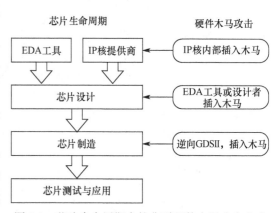

图 5-1 芯片生命周期中的典型硬件木马攻击方式

5.1.1　硬件木马的概念

木马最初源于软件领域，通常是指一段计算机程序，其中包含经过特殊设计的恶意代码，经触发后能够对目标系统造成破坏。硬件木马的定义也借鉴了这个概念，一般是指在芯片设计或制造过程中被恶意植入或更改的特殊电路模块，当其以某种方式被激活后，可能改变芯片的功能或规格、泄露敏感信息，造成芯片的性能下降、失去控制，甚至发生不可逆的破坏。硬件木马可以独立完成攻击，能够从几乎不设防的硬件底层潜入，直接绕过软件安全防护机制窥探用户的行为，也可以与软件协同完成攻击。传统的形式验证和测试工具一般无法很好地检测到硬件木马的安全威胁，目前的芯片设计制造流程也无法完全保证消除这种安全威胁。

硬件木马与软件木马虽然在性质和攻击目的上类似，但还存在一些不同。如软件木马可以通过用户之间有意或无意的常规活动进行传播，如通过文件共享或从互联网上下载运行受感染的程序等，而硬件木马由于根植于硬件电路实体中，因此终端用户不能够自己复制，其传播过程主要是从攻击者到用户。同时，一旦芯片完成制造，硬件木马是无法删除的，对其进行更改的成本较高；而对于软件木马而言，可以通过程序更新等特定的手段进行删除。软件木马和硬件木马的区别如表 5-1 所示。

表 5-1　软件木马和硬件木马的区别

软 件 木 马	硬 件 木 马
隐藏在软件代码中，并在程序执行期间满足特定条件时触发	隐藏在电路硬件内部，并在硬件运行期间满足特定条件时触发
通过计算机的软件活动在用户之间相互传播（如文件共享等）	通过物理插入电路实现传播，主要通过攻击者向用户分发
可在部署之后进行实时的更新删除	制造后删除困难

硬件木马也不同于芯片的制造缺陷，制造缺陷是无意或随机发生的故障，其行为可以用故障模型进行表征，而硬件木马则是由攻击者专门设计并精心隐藏的，无法用模型进行表征。此外，制造缺陷仅在制造过程中产生，而硬件木马可以在芯片设计开发的任何阶段植入。因此，硬件木马问题比制造缺陷表现得更为复杂。

总体而言，硬件木马之所以会引起行业内人员的高度关注，是因为它具有以下特点。

（1）硬件相关性：硬件木马是现实存在的、位于系统硬件电路层面的功能模块，一般不能远程删除和更改。

（2）恶意性：硬件木马的植入需要极强的知识储备，由攻击者根据芯片的结构特点进行精心设计，攻击成本决定了其植入一定出于某种恶意或利益目的，能够造成一定的破坏性。

（3）隐蔽性强：为了避免被检测到，硬件木马需要具有较强的隐蔽性，一般硬件木马都会通过减小面积和降低激活概率实现隐蔽性，以达到无声无息地实现恶意攻击的目的。

5.1.2　硬件木马的结构

如图 5-2 所示，从电路结构上来看，硬件木马根植于目标电路中，通常由触发结构（Trigger）和有效载荷（Payload）两部分组成。其中，触发结构是硬件木马的使能单元，主要控制硬件木马潜伏与激活状态的切换，有效载荷则是硬件木马的攻击执行单元，在触发结构被激活之后，有效载荷负责执行具体的攻击行为，如泄露内部信息、改变电路功能、降低电路性能和拒绝系统服务等。为了保证隐蔽性，硬件木马在电路的大部分工作时间中都处于潜伏状态，不断监听输入信号、数据/控制总线、寄存器状态及电压/温度等环境状态，在满足攻击者设定的条件时被激活。

　　下面通过实例进一步介绍硬件木马的具体实现结构。图 5-3 是典型的组合型硬件木马电路，其触发部分由 4 个与门和 3 个或门组成，触发部分的输入是目标电路中的内部节点 A、B、C、D、E、F、G 和 H，而木马的载荷部分是一个异或门。当电路内部节点 A 和 B、C 和 D、E 和 F 或者 G 和 H 中任一组的逻辑状态为高电平时，硬件木马被激活，木马的触发部分输出逻辑"1"，载荷部分发生反应，使输出的 ER* 与原始输入信号 ER 在逻辑上相反。

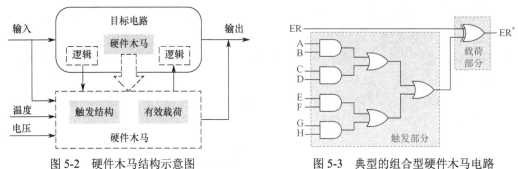

图 5-2　硬件木马结构示意图　　　　图 5-3　典型的组合型硬件木马电路

　　图 5-4 是一个针对 AES 加密电路的信息泄露型木马，用于进一步阐述硬件木马如何与原有电路相互结合，从而实现攻击。图中植入的硬件木马结构包括比较器、波特率发生器、密钥移位寄存器及调制器，同时采用芯片中一个未使用的引脚作为发射天线。在具体工作过程中，比较器实时对输入的明文序列进行检测，当检测到特定的触发序列时，输出触发信号，启动密钥移位寄存器和调制器，从而将密钥通过幅度调制的方法泄露发射出去。

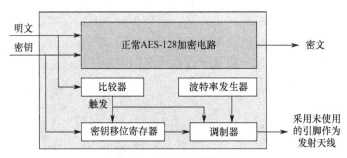

图 5-4　信息泄露型木马

　　对于硬件木马而言，其不仅能够通过在特定条件下触发实现攻击，而且能够通过降低晶体管和导线的稳定性来影响芯片的运行或者加速芯片的老化。如图 5-5（a）所示，其是一个基于与或非（AOI）结构的 3 输入少数门，实现的逻辑功能为 $\overline{AB+AC+BC}$，通过对该门电路进行改动，可以将其变为一个木马门。改动后的 3 输入少数门的原理图如图 5-5（b）所示，其将靠近电源引脚（VDD）的两个 PMOS 管进行旁路，同时将剩余的 4 个 PMOS 管的有效宽度减小，使其变得更弱（电阻更大）。改动后的门电路的逻辑功能未发生变化，然而当输入为 $A=0$、$B=1$、$C=1$ 时，上拉网络和下拉网络都将被激活，尽管由于上拉网络的导通电阻较大，逻辑输出 Y 仍然为"0"，但是与图 5-5（a）相比，在 VDD 和 GND 之间建立了一个电阻相对较小的导通路径，从电源中引发了更大的电流，因此会使该门电路的功耗增大，进而引起工作温度的升高，加速芯片的老化。然而，这类木马的实现基于对芯片的标准单元库及工艺进行修改，需要代工厂的深度参与，在实际应用中的实现难度较大。

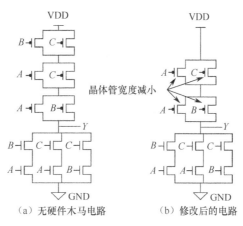

图 5-5　晶体管级的硬件木马电路

5.2　硬件木马分类方法

为了更好地了解硬件木马并建立有效的防御措施，必须建立一个框架，将类似的木马进行分类，以便系统地研究其特征。然后，针对不同类别的硬件木马研究相应的植入、检测和防护技术。目前常用的分类方法有基于行为的分类方法和基于电路结构的分类方法。

5.2.1　基于行为的分类方法

基于行为的分类方法根据硬件木马的植入阶段、触发原理、载荷功能和植入位置等，对硬件木马进行分类，每个类别又包含多个属性和子属性，具体的分类方式如图 5-6 所示。

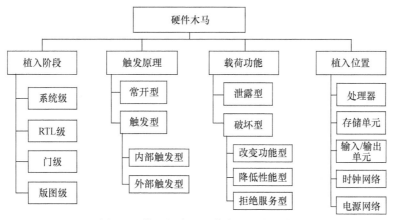

图 5-6　基于行为的硬件木马分类方法

1. 植入阶段

硬件木马可以从芯片设计的各个阶段进行植入。基于植入阶段的不同，可将硬件木马分为 4 种类型：系统级、RTL 级、门级和版图级硬件木马。

（1）系统级。

系统级是一个比较抽象的层次，该阶段主要负责芯片功能的定义、验证及各模块的集成。大部分芯片在设计前都会使用 MATLAB 或者 C/C++等高级语言对所要实现的算法或者功能进行建模和验证，以确保其正确性和可行性。如果在该阶段就考虑硬件木马的植入，那么硬件木马的表现形式就是高级语言里的算法或功能模型。

芯片集成也是系统级中的一项重要工作，其主要将处理器、存储单元、DSP 等各类电路和 IP 核集成到一块芯片上，为了在系统集成时嵌入硬件木马，可以利用 IP 核间的数据传输通道（如各类数据、地址总线）及可测性设计中的测试电路（如扫描链和 JTAG 接口等）进行硬件木马的植入。在系统集成阶段进行硬件木马植入，比较典型的例子是针对片上网络（NoC，Network on Chip）的木马。图 5-7 所示为 NoC 系统的基本架构，其中 IP 代表不同的 IP 核，NI 为网络接口，R 为路由器，数据通过路由器在各个节点进行高效、有序的收发。然而，如果在某个路由器内植入了拒绝服务的硬件木马，那么其在被触发后就会造成该节点的数据拥塞，进而导致整个 NoC 网络的崩溃。

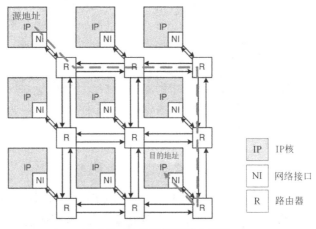

图 5-7　NoC 系统的基本架构

（2）RTL 级。

RTL 级主要使用硬件描述语言进行代码编程以实现系统级设定的逻辑功能，属于芯片具体的硬件设计阶段。在此阶段，硬件木马既有可能是由设计人员植入的，也有可能是使用不可信的第三方 IP 核引入的。虽然设计者在完成 RTL 代码编写后会进行功能仿真和验证，但由于硬件木马的隐蔽性非常高，在仿真中通过正常的测试激励很难将其触发，因此无法检测到硬件木马的存在。

无论是设计人员的恶意植入，还是 IP 核的无意引入，RTL 级的硬件木马在表现形式上都是硬件描述语言编写的代码，可能是几条穿插在正常逻辑代码中的语句，也可能是一个或多个独立的功能模块。由于硬件描述语言在实现中具有非常高的灵活性，因此 RTL 级硬件木马实现的功能相比于其他的层级更加复杂和多样化。

（3）门级。

在芯片的设计流程中，门级电路网表一般是由 EDA 工具将 RTL 级的设计进行综合之后得到的，其内容为逻辑门输入/输出之间的连接关系。目前，主流的 EDA 工具都是由国外公司开发的，因此在综合、布局布线的过程中极有可能出现由 EDA 工具自动地往原始电路中添加硬件木马的情况，并最终导致生成的门级网表含有硬件木马。除 EDA 工具自动添加的硬件木马外，设计人员也可以通过修改网表文件在门级实现硬件木马的植入。

由于门级结构具有复杂性，因此直接基于门级网表设计的硬件木马功能相对简单，或者其设计的硬件木马为与原始电路关联性不大的独立模块。

（4）版图级。

门级网表经 EDA 工具的处理形成了版图级的 GDSII 文件，GDSII 文件相当于芯片的设计图纸，内部包含各个硬件单元在物理上的形状、面积和位置等信息。与 RTL 级到门级的综合过程类似，芯片设计从门级网表到生成 GDSII 文件的过程也是由 EDA 软件实现的，极有可能导致最终的 GDSII 文件内被 EDA 软件秘密地植入了版图级的硬件木马。

对于版图级的硬件木马，从版图结构上看，其通常与正常电路并没有明显的区别。植入方可能是直接复制正常单元进行修改，或在原有单元的基础上进行修改、删减。相对于原来的版图单元，某些元件可能只是在方向上做了改变，如相对于 X 轴、Y 轴做镜像翻转或旋转 180° 等。

随着芯片制程工艺的不断发展，版图级硬件木马的物理特征也越来越小，这种微小单元结构的插入，对芯片整体的面积、功耗、时序及噪声等电学参数的影响都是非常微弱的，因此其隐蔽性比较高。

2．触发原理

从触发原理的角度，硬件木马可以分为常开型和触发型硬件木马两种类型。

（1）常开型。

常开型硬件木马没有触发电路，其有效载荷电路一直处于工作状态，例如，对于某些泄露信息的硬件木马，设计者需要木马不间断地向外界发送电路内部传输的信息，因此不需要设置触发电路，但此类硬件木马通常会在功耗、延时等物理信息上有明显的异常表现。

（2）触发型。

触发型硬件木马都带有不同的触发电路，而且通常会设置较为苛刻的触发条件来提高木马自身的隐蔽性，确保其在大部分时间都处于潜伏休眠状态，不会被意外地触发。根据触发方式的不同，触发型硬件木马又可以分为内部触发型和外部触发型硬件木马两类。

内部触发型硬件木马的触发电路会实时监视目标电路运行过程中内部传输的信号或者时钟，只有满足设置的触发条件（如某个计数值或者某个状态机）时才会激活有效载荷电路。外部触发型硬件木马可以通过外部用户输入的数字信号触发，例如，外部输入的特定激活序列，也可以通过天线等模块接收外界输入的模拟信号或者对周围的温度、压力等物理信息进行检测，待满足一定条件后触发硬件木马。

3．载荷功能

根据硬件木马载荷实现的功能，可以将其分为泄露型和破坏型硬件木马两大类。

（1）泄露型。

泄露型硬件木马通常不会影响电路正常的功能，只负责将木马设计者想要获得的信息（如加密电路中的密钥、关键数据的处理结果等）通过木马的有效载荷电路向外界发送出去。

（2）破坏型。

破坏型硬件木马一旦触发，就会直接对宿主电路的原始功能进行破坏。基于破坏方式的不同，又可以分为以下三种。

第一种是改变功能型的木马：目前，大多数硬件木马的用途都是改变目标电路正常的功能，使芯片执行一些无序的或者恶意的操作，进而出现功能性故障或者直接失效。例如，在监控系统的视频处理芯片中加入改变功能的硬件木马，就会使其解码出来的视频出现花屏等问题，直接影响监控效果。

第二种是降低性能型的木马：该类型的硬件木马通常出现在一些嵌入式设备中，通过更改芯片中的特定参数，间接地对目标电路造成影响，例如，通过添加无效的翻转逻辑增大电路的功耗，大幅缩短设备的使用时间或者使芯片温度上升等，从而降低芯片性能或者直接造成"死机"。

第三种是拒绝服务型的木马：该类型的硬件木马主要出现在网络通信 IP 中，木马有效载荷电路被激活后，会占用目标电路大量的通信资源和带宽，导致目标电路无法响应正常的请求或者直接崩溃。

4．植入位置

可以根据硬件木马在目标电路中的植入位置进行分类，在目前的电路芯片中，硬件木马主要的植入位置包括处理器、存储单元、输入/输出单元、时钟网络或电源网络等。

在处理器中植入硬件木马，可能会更改指令的执行顺序或者执行某些特定的指令，从而改变处理器的运行状态或者获取处理器的控制权；在存储单元中植入硬件木马，可能会更改存储单元某些地址空间存储的值，或者直接阻止对某些地址的读/写访问；在输入/输出单元中植入硬件木马，可以控制处理器与系统外部组件的通信通道，进而导致信息泄露或信息出错；在时钟网络中植入硬件木马，可能会破坏系统的时序状况并产生大量的亚稳态问题，从而使芯片出现功能性错误；在电源网络中植入硬件木马，可能会改变芯片的电流和电压状态，进而改变芯片功耗甚至烧毁芯片，给芯片带来不可逆转的损害。

5.2.2　基于电路结构的分类方法

硬件木马的电路结构主要包括触发电路和载荷电路。其中，触发电路由于触发条件的不同通常会呈现出各种各样的结构，载荷电路由于实现的恶意功能不同，其结构也有所区别，因此可以依据触发和载荷的电路结构进行分类，具体的分类方法如图 5-8 所示，这种分类方法有助于从结构上理解硬件木马的实现原理。

1．按触发电路结构分类

触发电路按电路结构可分为数字型和模拟型触发电路两大类，其中数字型触发电路占主导地位。在数字型触发电路中，主要通过监测一个或多个端口的输入或内部节点的逻辑值作为其触发条件，只有信号满足预设组合才能激活载荷电路，这种类型的电路能够稳定触发且较容易实现。数字型触发木马也可以进一步划分为组合逻辑和时序逻辑触发硬件木马，如图 5-9 所示，组合逻辑触发硬件木马通过监测特殊的组合逻辑序列实现触发，而时序逻辑触发硬件木马则通过监控特定的时序状态实现触发。在时序逻辑中，又存在同步型、异步型、混合型等信号触发条件。

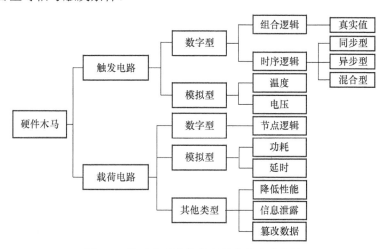

图 5-8　基于电路结构的硬件木马分类方法

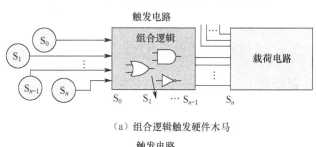

（a）组合逻辑触发硬件木马

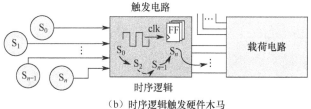

（b）时序逻辑触发硬件木马

图 5-9　组合逻辑和时序逻辑触发硬件木马

模拟型触发条件通常存在于数模混合电路中，其触发条件为模拟信号，如当电路节点的电压、温度等达到一定值时会激活木马等。

2. 按载荷电路结构分类

根据载荷电路结构的类型不同，可以分为数字型、模拟型和其他类型的载荷电路。其中，数字型载荷最为常见，主要用于改变原始电路存储的逻辑值。模拟型载荷会影响电路节点的拓扑结构、相位结构或翻转率，从而增大路径上的延时、电路的功耗等。其他类型的载荷通常存在于功能较为复杂的电路中，比如 SoC 中 CPU 的服务拒绝或者加密算法电路的信息泄露等，这种载荷从实现本质上讲，也是数字型载荷的一种，但是其功能较为复杂，设计实现难度较大，通常需要进行有针对性的研究和设计。

5.3 硬件木马的设计与攻击模式

硬件木马由于应用环境、木马类型不同，其结构设计与攻击模式也存在诸多差异，本节主要从载荷功能的角度，围绕逻辑功能篡改、信息泄露、性能降低等攻击类型，对硬件木马的攻击模式及具体设计进行介绍。

5.3.1 面向逻辑功能篡改的硬件木马

面向逻辑功能篡改的硬件木马在被触发后，能够实现对输出逻辑值的恶意篡改，这类硬件木马可以基于组合电路、时序电路、混合型电路及模拟电路进行构建，内部结构包括触发和载荷两部分。下面将结合实例，对这类硬件木马的设计与攻击模式进行介绍。

1．基于组合电路的硬件木马

图 5-10 为一个典型的基于组合电路的硬件木马，通过对逻辑与门增加触发和载荷电路，实现其功能的恶意改变，其触发部分是一个或非门，载荷部分是一个异或门。当 A、B 不同时为 "0" 时，输出不会发生改变，整个电路对外仍呈现为与门的逻辑功能；当输入 A、B 同时为 "0" 时，硬件木马被触发。此时，虽然输出 C 仍为 "0"，然而 A 和 B 经过触发部分的或非门输出为 1，C 和 "1" 进行异或，最终输出为 $C_m=1$，即改变了原有的输出状态。

2．基于时序电路的硬件木马

图 5-11 为一个典型的基于时序电路的硬件木马，其利用一个同步计数器作为触发部分、一个异或门作为载荷。该电路用于在指定情况下对 ER 信号进行篡改，因此将 ER 信号接入载荷电路的异或门中，当计数器达到 2^k-1 时，硬件木马被触发，触发电路输出 "1"，与 ER 发生异或后输出 $ER^*=ER \oplus 1$；当木马未被触发时，输出维持原有状态，即 $ER^*=ER$。

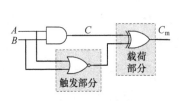

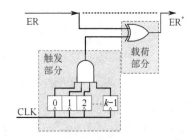

图 5-10 针对与门的组合电路硬件木马电路结构　　图 5-11 基于计数器的时序电路硬件木马结构

3．基于混合型电路的硬件木马

可以构建基于组合电路和时序电路的混合型电路硬件木马，提升硬件木马的复杂性和隐蔽性。如图 5-12 所示，该硬件木马电路的触发部分包括 2 个与门和一个 k 位计数器，载荷部分由 1 个非门和 1 个二选一的数据选择器组成。该硬件木马电路用于实现在特定情况下对 ER 进行篡改，触发信号是当目标电路中的 *A*、*B*、*C* 三个信号同时为 "1" 时，计数器增加 1，当计数器计到最高值 2^k-1 时，硬件木马被激活，输出 ER^* 与原始输入信号 ER 逻辑相反。由于 *A*、*B*、*C* 三个信号同时出现逻辑 "1" 状态的概率较小，而且需要计数至 2^k-1 时才能激活硬件木马，因此该电路的隐蔽性更强。

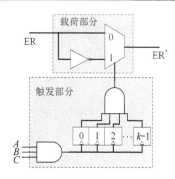

图 5-12　基于组合电路和时序电路的混合型电路的硬件木马结构

4．基于模拟电路的硬件木马

对于硬件木马而言，其触发部分和载荷部分都可以通过模拟电路进行构建。如图 5-13 所示，在该硬件木马结构中，触发部分通过在与门输出节点串联一个电阻和并联一个电容构成，其载荷部分为 1 个异或门。触发部分的与门由 *A* 和 *B* 驱动，当 *A*、*B* 同时为 "1" 时，硬件木马被触发，此时与门的输出为高电平，并通过电阻对电容进行充电。经过一定时间后，电容充满，则整个触发部分的输出变为 1，与原有 ER 信号进行异或操作，实现 $ER^*=ER \oplus 1$，即对 ER 取反。电容的充电时间由电阻和电容的大小决定，可以按照需要进行设计。在触发过程中，需要 *A*、*B* 同时为 "1" 并维持一段时间，才能使电容充满，硬件木马程序被触发。

同时，也可以采用模拟电路进行载荷部分的电路设计，该类木马主要用于影响电路的性能。如图 5-14 所示，其载荷为一个接地的电容，当与门输出为 "1"（输入 *A* 和 *B* 均为 "1"）时，开始对载荷电容进行充电，电容充满后才能将 "1" 传递给下一级。由于电容充电需要一定时间，因此载荷电容会影响路径的延时，如果电路翻转得较快，电容还没来得及充满而输入又发生变化，则不会造成输出状态的改变。

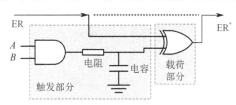

图 5-13　触发部分为模拟电路的硬件木马

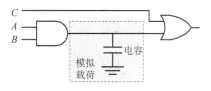

图 5-14　载荷部分为模拟电路的硬件木马

5.3.2　面向侧信道泄露的硬件木马

功耗、延时和电磁辐射等侧信道信息是芯片固有特征的一部分，面向侧信道泄露的硬件木马通过分析利用目标芯片对外泄露的侧信道信息可实现攻击。

以功耗攻击为例，针对 AES 的算法加密电路可以植入如图 5-15 所示的硬件木马结构，其触发部分由有限状态机构成，当输入明文依次出现特定的顺序序列时，状态机进入 S3 状态，硬件木马被激活，有效载荷部分被触发。

载荷部分包括两个额外的移位寄存器，其中移位寄存器 2 在硬件木马被激活后开始移位，同时能够对外产生一部分额外的功耗，标志着密钥信息开始泄露。移位寄存器 1 则由密钥内容决定是否进行移位操作，当选定位的密钥值比特为 "0" 时，移位寄存器 1 保持原有状态，即不发生移位操作，功耗较低；而当选定位的密钥值比特为 "1" 时，该寄存器发生移位，产生一部分额外功耗。通过观察 AES 加密过程中功耗的变化情况，可分析出相应的密钥值，达到窃取秘密信息的目的。对于规模较大的电路，一个移位寄存器产生的功耗可能不易观测，可通过增加移位寄存器的数量来增大额外功耗，使其更便于攻击。

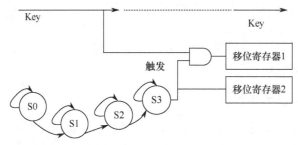

图 5-15　基于功耗泄露的硬件木马攻击模式

对于电磁泄露型木马，仍以 AES 的算法加密电路为例，目标是获取密钥，如图 5-16 所示，其基本原理是利用幅度调制（AM，Amplitude Modulation）的方式泄露芯片内部信息。木马电路主要由一个 26 位的计数器和若干逻辑门构成，若计数器的输入时钟频率设计为 50MHz，则用该计数器的第 15 位输出可以形成 762Hz 的音频信号，用第 4 位输出可以形成时钟频率为 1560kHz 的载波信号，上述两个信号和 beeps 信号一起经与门之后形成载波为 1560kHz 的调制信号。其中，beeps 为间隔信号，由计数器的高 3 位（[25:23]）产生。RxD_data 调制信号可以输出到电路板中的闲置引脚上，以无线电信号的方式被发射出去。

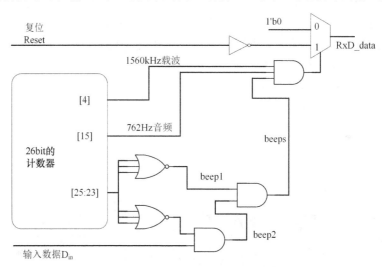

图 5-16　基于电磁泄露的硬件木马攻击模式

在该硬件木马电路结构中，26 位计数器构成了包含 3 个主要状态的状态机，它们分别为：状态 1 发出"嘀"声；状态 2 为间隔时间；状态 3 发出"嘀、嘀"声。如果密钥位是"0"，则发出"嘀"声，然后是间隔时间；如果密钥位是"1"，则发出"嘀、嘀"声，然后是间隔时间。

此外，除利用电路功耗、电磁辐射等侧信道信息外，一些其他特性（如 LED 闪烁频率等）也可以作为侧信道泄露的攻击模式。整体而言，面向侧信道的硬件木马攻击模式原理简单、方式隐蔽，可以在不被察觉的情况下实现攻击。

5.3.3 面向性能降低的硬件木马

这种类型的硬件木马主要用于影响电路的工作性能，具体的实现方式有很多，如通过增加无效翻转提升电路功耗，使芯片温度升高，造成芯片性能下降。本节针对随机数发生器，从制造的角度，通过对掺杂工艺进行修改来实现逻辑值的变化，从而使噪声源生成的噪声质量下降。

以 CMOS 反相器为例，通过对 MOS 管的源极、漏极区域的掺杂类型进行篡改，使反相器能够定向输出逻辑"1"和逻辑"0"，将其命名为常"1"型和常"0"型木马电路。常"1"型的反相器木马首先对 PMOS 管进行篡改，如图 5-17 所示，将 PMOS 管的漏极、源极区域的 P 形掺杂修改为 N 形掺杂，由于 PMOS 管是在 N 阱中构造的，N 阱和源极均连接 VDD，因此经过修改掺杂后的 PMOS 管已经不再拥有正常 PMOS 管的电气特性，其源极和漏极之间可以近似为电阻。

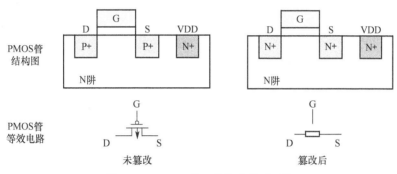

图 5-17 PMOS 管工艺篡改前后对比

对 NMOS 管而言，则将源极区域的 N 形重掺杂修改为 P 形重掺杂，其他区域不变，如图 5-18 所示。修改以后使得源极区域与衬底是同类型掺杂，此时修改后的 NMOS 管可近似等效为二极管。正常情况下 NMOS 管的源极和衬底始终与 GND 相连，源极电压始终为 0，因此源极和漏极之间的二极管始终处于反偏截止状态。

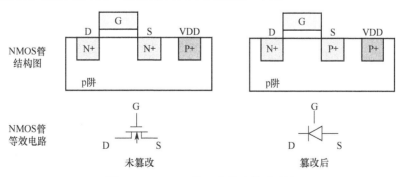

图 5-18 NMOS 管工艺篡改前后对比

对 PMOS 管和 NMOS 管修改掺杂以后，CMOS 反相器的输出发生变化，其等效电路如图 5-19 所示，无论 A 端输入是低电平还是高电平，其输出端口 Y 均为高电平，即逻辑"1"。

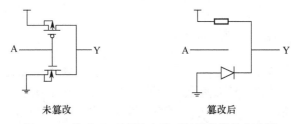

未篡改　　　　　　　　篡改后

图 5-19　常"1"型硬件木马反相器的等效电路图

同理，也可以构造常"0"型硬件木马电路，其分析方法与常"1"型硬件木马电路类似，在此不再赘述。掺杂篡改后的硬件木马电路可以应用于芯片的随机数发生器中，用于减少生成随机数的熵值。

5.3.4　面向处理器的硬件木马

常见的硬件木马都是针对具体硬件或防御体系设计的，而面向处理器的硬件木马则是通过在处理器中留下后门，后续与软件代码相互配合从而实现攻击的。这类硬件木马一般结构较为复杂，较为典型的是伊利诺伊大学 S. King 等设计的包含两种硬件木马的恶意处理器，通过两种硬件木马的触发能够分别实现两种攻击模式：特殊内存访问模式和影子模式。

特殊内存访问模式使硬件支持恶意程序突破操作系统的内存访问控制策略，即绕过内存管理单元（MMU，Memory Management Unit）的保护，不通过内存访问检查机制，使得在用户模式下可以访问特权存储区域，比如操作系统运行的区域。具体过程如下。

（1）恶意软件在数据总线发送一个事先定义好的数据序列；

（2）该数据序列触发内存访问电路；

（3）内存管理单元检查到此数据序列后，对内存访问不做保护检查；

（4）授予恶意软件访问所有内存区域的特权，达到攻击目的。

影子模式允许攻击者隐蔽地执行固件代码。如图 5-20 所示，在影子模式下，影子指令缓存和影子数据缓存中的指令和数据可以执行全部特权操作。在正常模式下，处理器可以通过高速缓存进行取指令等操作。但在影子模式运行时，处理器限制了内存总线上的活动。

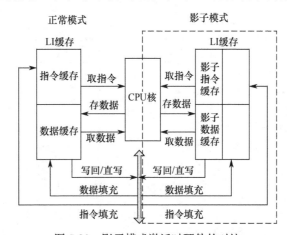

图 5-20　影子模式激活时硬件的对比

在第 8 章将进一步结合处理器详细介绍相关的攻击及安全防护方法。

5.3.5　硬件木马基准电路

硬件木马基准为评估不同的硬件木马检测技术提供了一个公平的测试环境，并允许对不同的检测方法进行有意义的比较。本节将介绍现有的可公开访问的硬件木马基准电路。

在硬件木马研究的早期阶段，并没有公开认可的测试基准（也就是标准的带有硬件木马的电路），从而为研究带来了不变。2013 年，美国霍华德大学的 Hassan Salmani 和佛罗里达大学的 Mark Tehranipoor 等设计开发了一个硬件木马基准套件，并作为 Trust-Hub 网站发布。该基准从植入阶段、抽象层次、触发机制、功能和物理特性等角度对硬件木马进行了分类，同时针对每种类型都给出了基于 AES-128、RS232、以太网接口等不同电路 IP 的硬件木马设计实例，供相关研究人员参考。随着硬件木马研究的广泛开展，Trust-Hub 内的硬件木马实例已经被众多研究人员作为权威的标准硬件木马库。

以 AES-128 算法的芯片实现为例，Trust-Hub 共提供了 21 个含有不同 RTL 级硬件木马的 AES-128 电路，分别为 AES-T100, AES-T200, ⋯, AES-T2100，如表 5-2 所示。根据硬件木马实现的功能，可将它们分为两大类：第一类是通过侧信道的方式实现泄露密钥信息的功能，共有 18 个硬件木马；第二类是实现拒绝服务的功能，共有 3 个硬件木马。从触发方式来看，这些硬件木马可以分成三大类：第一类是明文触发的硬件木马，该类硬件木马都通过实时监测用户输入的明文序列进行触发，共计 12 个，其中 AES-T400、AES-T600、AES-T700 等检测到一个特定的明文就会激活木马，而 AES-T500、AES-T800、AES-T1100 等则需要检测到多个明文的输入实现多级触发；第二类为没有触发电路的木马，共 3 个，为 AES-T100、AES-T200、AES-T300；第三类则是使用内部的计数器信号进行触发的硬件木马，共 6 个，包括 AES-T900、AES-T1200、AES-T1500 等。

表 5-2　Trust-Hub 中 AES-128 电路的硬件木马及说明

硬件木马名称	触 发 条 件	功　　能
AES-T100	无触发	泄露信息：方式 1
AES-T200	无触发	泄露信息：方式 1
AES-T300	无触发	泄露信息：方式 2
AES-T400	输入明文值为 128'hffff_ffff_ffff_ffff_ffff_ffff_ffff_ffff 时触发	泄露信息：方式 3
AES-T500	输入明文值依次为 128'h3243f6a8_885a308d_313198a2_e0370734、128'h00112233_44556677_8899aabb_ccddeeff、128'h0 和 128'h1 时触发	拒绝服务
AES-T600	输入明文值为 128'hffff_ffff_ffff_ffff_ffff_ffff_ffff_ffff 时触发	泄露信息：方式 4
AES-T700	输入明文值为 128'h00112233_44556677_8899aabb_ccddeeff 时触发	泄露信息：方式 1
AES-T800	输入明义值依次为 128'h3243f6a8_885a308d_313198a2_e0370734、128'h00112233_44556677_8899aabb_ccddeeff、128'h0 和 128'h1 时触发	泄露信息：方式 1
AES-T900	计数器的值为 128'hffff_ffff_ffff_ffff_ffff_ffff_ffff_ffff 时触发	泄露信息：方式 1
AES-T1000	输入明文值为 128'h00112233_44556677_8899aabb_ccddeeff 时触发	泄露信息：方式 1
AES-T1100	输入明文值依次为 128'h3243f6a8_885a308d_313198a2_e0370734、128'h00112233_44556677_8899aabb_ccddeeff、128'h0 和 128'h1 时触发	泄露信息：方式 1
AES-T1200	计数器的值为 128'hffff_ffff_ffff_ffff_ffff_ffff_ffff_ffff 时触发	泄露信息：方式 1

续表

硬件木马名称	触 发 条 件	功　　能
AES-T1300	输入明文值为 128'h00112233_44556677_8899aabb_ccddeeff 时触发	泄露信息：方式 2
AES-T1400	输入明文值依次为 128'h3243f6a8_885a308d_313198a2_e0370734、128'h00112233_44556677_8899aabb_ccddeeff、128'h0 和 128'h1 时触发	泄露信息：方式 2
AES-T1500	计数器的值为 128'hffff_ffff_ffff_ffff_ffff_ffff_ffff_ffff 时触发	泄露信息：方式 2
AES-T1600	输入明文值依次为 128'h3243f6a8_885a308d_313198a2_e0370734、128'h00112233_44556677_8899aabb_ccddeeff、128'h0 和 128'h1 时触发	泄露信息：方式 3
AES-T1700	计数器的值为 128'hffff_ffff_ffff_ffff_ffff_ffff_ffff_ffff 时触发	泄露信息：方式 3
AES-T1800	输入明文值为 128'h00112233_44556677_8899aabb_ccddeeff 时触发	拒绝服务
AES-T1900	计数器的值为 128'hffff_ffff_ffff_ffff_ffff_ffff_ffff_ffff 时触发	拒绝服务
AES-T2000	输入明文值依次为 128'h3243f6a8_885a308d_313198a2_e0370734、128'h00112233_44556677_8899aabb_ccddeeff、128'h0 和 128'h1 时触发	泄露信息：方式 4
AES-T2100	计数器的值为 128'hffff_ffff_ffff_ffff_ffff_ffff_ffff_ffff 时触发	泄露信息：方式 4

下面对表 5-2 中硬件木马的功能及有效载荷电路的设计进行具体说明，其中实现拒绝服务功能的硬件木马主要针对的是医疗植入设备领域的轻量型应用。硬件木马的设计者采用了一个 128 位的移位寄存器作为其有效载荷电路，硬件木马被触发后该移位寄存器会持续进行冗余的循环左移操作来增大电路的动态功耗，缩短电池的预期寿命。

泄露信息功能有 4 种轻量级的实现方式。其中，方式一利用的是码分多址（CDMA，Code Division Multiple Access）的思想，在多个时钟周期内直接泄露单比特的信息，在 RTL 级的实现中，设计者可以用一个线性反馈移位寄存器产生 CDMA 码序列，通过将 8 个相同的触发器元件连接到异或门的输出以模仿大电容来实现信息泄露电路。方式二是在用户输入明文和原始密钥的前提下，将明文与各轮子密钥进行与操作运算，并将操作运算后的结果逐位进行异或运算得到要泄露的比特信息，最后使用初始值为 10101010 的 8 位移位寄存器作为泄露电路，对于每轮的子密钥，该硬件木马都会泄露该密钥的 1 字节信息。方式三利用芯片上未使用的引脚产生射频信号来传输要泄露的密钥信息。方案四是通过晶体管的漏电电流泄露密钥信息的。

5.4　硬件木马检测与防护技术

由于硬件木马具有较强的隐蔽性和破坏性，采用常规的测试验证方法很难进行检测和防护，因此自硬件木马概念被提出以来，其防御技术一直是研究的重点。经过数十年的技术发展，目前针对硬件木马的防御策略可以分为三大类：硬件木马检测、安全性设计和信任拆分制造，如图 5-21 所示。硬件木马检测技术侧重于设计测试机制，在无须辅助电路的情况下验证硬件设计；安全性设计则通过向原始电路中加入安全和信任检查电路，提高硬件木马检测的成功率或阻止硬件木马的植入；信任拆分制造侧重于防止不受信任的厂商对电路进行硬件木马植入。

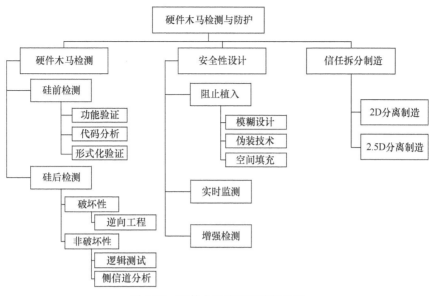

图 5-21　硬件木马防御策略的分类

5.4.1　硬件木马检测

如图 5-21 所示,硬件木马检测可以分为硅前检测(Pre-silicon)和硅后检测(Post-silicon)两大类,其中,硅前检测主要是指在芯片流片前进行检查,以帮助芯片设计开发人员验证第三方 IP 核及芯片的最终设计。现有的硅前检测大致可以分为功能验证、代码分析和形式化验证三类。硅后检测则基于已经流片成型的芯片进行硬件木马检测,主要用于判断已经制造好的芯片内部是否有木马,现有的硅后检测技术主要分为基于逆向工程的检测、基于逻辑测试的检测及基于侧信道分析的检测三类。下面将对各种硅前检测和硅后检测方法进行详细介绍。

1．功能验证

功能验证是指对芯片的 RTL 级电路模型进行模拟仿真,试图通过触发木马进行异常断言,从而发现木马。这种检测方法的优势在于仅仅通过仿真实验就可以检验大部分类型的硬件木马,缺点在于当电路的输入维度过大时,硬件木马被触发的概率非常小,而采用穷举法则会造成巨大的成本开销。尤其是当木马的触发条件为输入值在时间维度上的特定序列时,想要通过这种方法进行检测更加困难。例如,单比特序列检测器中的硬件木马,虽然输入只有 1 位,但是触发条件可能是 10101100 的输入序列,在不知道木马触发的序列长度时,要触发该木马并不现实。因此功能验证的检测研究工作主要集中在测试向量的生成算法上,试图通过统计学的方法采用更少的测试向量来激活木马。

2．代码分析

代码分析是指采用软件算法分析 RTL 代码中的语句,提取代码中的冗余功能项,进而有针对性地进行分析。具体实现过程包括提取代码中的多余分支项及各个模块节点的翻转概率等。由于硬件木马会通过减小激活概率来提高隐蔽性,因此这种方法的主要工作就是将冗余的分支及翻转率较低的部分标为可疑电路，并创建可疑信号组进行深入分析，基于代码分析的硬件木马检测方法的流程如图 5-22 所示。

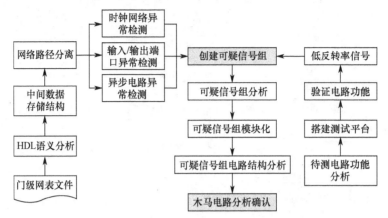

图 5-22　基于代码分析的硬件木马检测方法的流程

代码分析的局限性在于它并不能保证一定会检测出硬件木马，需要手动处理和分析可疑信号或电路，才能进一步确定它是否为硬件木马的一部分。

3．形式化验证

形式化验证是一种基于算法的逻辑验证方法，其能够详尽地证明集成电路芯片设计应满足的一系列预定义的安全属性规则，与仿真测试相比，形式化验证更加完备。在具体实现过程中，为了检测验证芯片设计是否符合既定属性的要求，通常有两种方法。一种方法是将目标设计转换为 Coq.审校格式，进而用于发现目标电路中的非预期行为，如将 IP 核的门级网表转换成代数多项式并进行形式化验证；另一种方法是利用目标 IP 的行为级特征进行安全属性校验，如利用 IP 核的有效属性或未授权的信息泄露等行为进行安全验证。然而，Coq.审校格式转换方法的成本太高，且需要相应的参考电路做比对；而行为级特征验证方法主要用于检测信息泄露型木马，扩展性较差。

4．基于逆向工程的检测方法

基于逆向工程的检测方法是一种典型的破坏式检测方法，其基本流程如图 5-23 所示，主要借助芯片逆向工程的思想对芯片进行逆向分析，通过提取到的芯片网表进行仿真验证和后端布局布线及规则检查，最终重现电路后端设计文件并与基准电路文件进行对比，从而判断芯片中有没有硬件木马。在该方法中，一般需要"黄金电路"（Golden Reference），即纯净的不含木马的原始电路的后端设计文件作为参考。

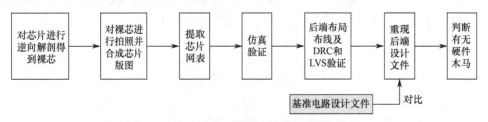

图 5-23　基于逆向工程的检测方法的基本流程

基于逆向工程的检测方法对于逻辑比较简单的芯片而言，是一种非常有效的硬件木马检测手段。但是，随着芯片集成度的不断提升，对大规模复杂 SoC 芯片进行逆向的难度不断增加，这种检测方法显得力不从心，并且会付出巨大的人力、物力和财力代价。同时，基于逆向工程的检测方法也只能确保被抽样检测的芯片的安全性，并不能证明同批次的其他芯片是否有硬件木马问题。

5. 基于逻辑测试的检测方法

基于逻辑测试的检测方法的主要思想与之前介绍的功能验证类似，都采用穷举法，向芯片输入端口施加尽可能多的测试向量，观察芯片输出端的逻辑值并与"黄金电路"相同输入向量下的结果或预期结果进行对比，从而判断电路中是否含有硬件木马。所不同的是，功能验证通过仿真来实现，而逻辑测试则在专用测试仪器或测试平台上进行，测试模式的选择及响应输出的采集更加方便。与功能验证面临的困难相类似，基于逻辑测试的检测方法也很难实现真正意义上的穷举，而攻击者则可以设计稀有的触发条件，用于逃避测试检测。因此，在实际检测中，需要研究新的测试向量生成方法以提高芯片内部低翻转率节点的活性，提升硬件木马对输出的影响。例如，可以采用博弈论的方法确定最佳的测试集，以提高硬件木马的检测概率，或者利用组合测试的原理减小测试向量的数目等。

然而，芯片内部有许多状态节点和门电路，将其全部列举出来并不符合实际。此外，有些硬件木马并不篡改原始电路的数据或功能，而是通过天线等泄露敏感信息，或者只是单纯地修改设计规范，基于逻辑测试的检测方法无法检测出这类硬件木马。

6. 基于侧信道分析的检测方法

对植入硬件木马的芯片而言，其内部电路结构不可避免地会发生变化，进而导致芯片的侧信道信息特征也发生相应的变化，其与"黄金电路"参考芯片存在差异，而这种差异为硬件木马的检测提供了可能。侧信道分析通过采集电路工作过程中的功耗、电磁辐射、光谱和温度等侧信道信息泄露，进而利用统计分析、模式识别或者机器学习等方法提取待测芯片与参考芯片的侧信道信息差异，若差异大于预先设定的阈值，则认为待测芯片中存在硬件木马，其基本流程如图 5-24 所示。

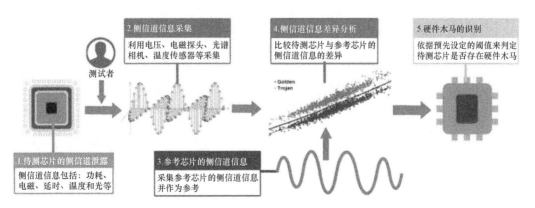

图 5-24　基于侧信道分析的有参考芯片的硬件木马检测的基本流程

上述基于侧信道分析的检测过程中需要参考芯片的侧信道信息作为判定基准，参考芯片通常需要通过逆向工程的方法检测获得，成本巨大。因此，用可信模型代替参考芯片的侧信道分析方法应运而生。可信模型是基于电路原始设计数据而产生的侧信道可信模型，主要利用仿真工具对电路的原始设计数据进行仿真分析，并利用得到的仿真数据替代参考芯片的侧信道信息，具体流程如图 5-25 所示。芯片的原始设计数据可以是门级网表或者版图，随着深亚微米工艺的发展，由布局布线引入的寄生效应、耦合效应和时序不稳定等问题逐渐突出，为了尽可能减小可信模型与实测数据之间的差异，利用电路版图数据建立的模型的可信性更高。将芯片的原始数据输入电路功耗仿真工具（如 HSPICE、Spectre 等），能够快速得到电路的静态电流、动态电流和功耗等侧信道信息，进而与采集到的待测芯片的侧信道曲线进行比对，即能判断芯片内部是否含有硬件木马。

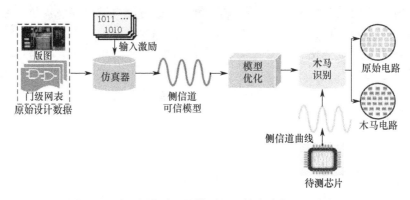

图 5-25　基于侧信道可信模型的硬件木马检测具体流程

在实际检测过程中，由于硬件木马长期处于潜伏状态，小面积硬件木马的侧信道影响极其微弱，检测算法有时很难提取到硬件木马的侧信道信号特征，导致基于可信模型的侧信道分析方法的检出率较低。针对这一问题，目前通常的做法是采用显化方法放大硬件木马的侧信道影响，硬件木马的显化方法主要是在测试向量生成算法层面，通过在整个向量空间内搜索能快速激活硬件木马的测试向量集来提高硬件木马的激活概率，常用的测试向量生成算法包括遗传算法、贪婪算法集和人工蜂群算法等。

5.4.2　安全性设计

安全性设计将安全和信任的方法准则融入芯片设计制造的各个环节，从本质上说安全性设计是一种防护策略，主要的目的是通过安全自检等手段制止硬件木马在设计、制造及应用阶段的植入和攻击破坏。安全性设计技术可以分为三类：阻止植入技术、实时监测技术和增强监测技术。

1．阻止植入技术

阻止植入技术通过对电路进行特殊性设计，以达到阻止硬件木马恶意植入或激活的目的，目前阻止植入技术可以分为模糊设计、伪装技术及空间填充技术等，下面将对这些技术进行详细介绍。

（1）模糊设计。

模糊设计的基本思想是通过在原始电路设计中加入特殊的锁定机制来隐藏电路设计的

真实功能，进而阻止硬件木马的植入或触发，模糊设计通常在芯片的功能设计阶段完成。其中最常见的是逻辑加密，其原理框图如图 5-26 所示，只有当输入正确的密钥时，整个电路才能够执行正确的操作，输出预期的数据。在实际应用中，这类锁定电路对用户是透明的，如果攻击者不知道正确的密钥，识别原始设计的真正功能将会变得非常复杂，从而大幅增加攻击者在该电路中插入硬件木马的难度。

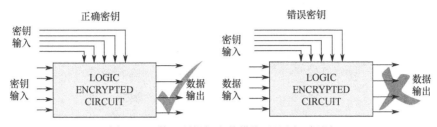

图 5-26　基于逻辑加密的模糊设计原理框图

一般地，对基于组合逻辑的模糊设计，可以通过将门电路（如 XOR、XNOR）、查找表或物理不可克隆函数电路等植入原始设计中实现。对基于时序逻辑的模糊设计，可以在有限状态机中引入附加状态来隐藏其真实的功能状态。此外，还可以将可重构逻辑植入原始设计中，只有当这些可重构电路被正确编程时才能执行相应操作。

尽管模糊设计的方法十分有效，但大大增加了芯片设计的时间、面积与功耗等资源开销，并且可能会对芯片的性能造成较大的影响。此外，对于熟知整个芯片设计的攻击者来说，模糊设计也无法做到很好的防御。

（2）伪装技术。

伪装技术是指在芯片布局布线阶段，通过在设计内部各层之间添加伪装逻辑或者伪接触、伪连接等，使攻击者无法通过直接观察的方法识别电路的内在逻辑关系，从而阻止攻击者利用逆向工程等技术提取到正确的门级网表，进而保护电路免受硬件木马的攻击。从某种意义上说，伪装技术也属于模糊设计的一种。在实际电路中，通常会利用伪装技术设计特殊的伪装单元，并用其替换电路中选定的逻辑单元。

如图 5-27 所示，反向器/缓冲器（Inverter/Buffer，INV/BUF）伪装单元是一个由真实/虚假连接构成的伪装逻辑单元，当触点 1 为真、触点 2 为假时，伪装单元为一个反向器，反之则为缓冲器。对于攻击者而言，通过直接观察很难辨别两个触点的真假，从而增加了攻击难度。然而，伪装技术也会增加芯片在布局、布线阶段的时间和资源开销，并且所添加的伪接触或伪连接可能会引发串扰，从而对芯片的可靠性造成影响。

（3）空间填充技术。

空间填充技术是指对于芯片内部未使用的剩余空间，可以用一些不具有特定功能的空白单元进行填充，从而不给硬件木马的插入留下可用空间，增大硬件木马在版图层级的植入难度。如图 5-28 所示，在 FPGA 中进行电路设计时，将内部未使用

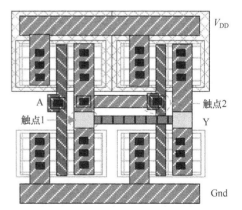

图 5-27　INV/BUF 伪装单元结构

的逻辑单元全部利用起来，从而使得硬件木马的植入难度增大。

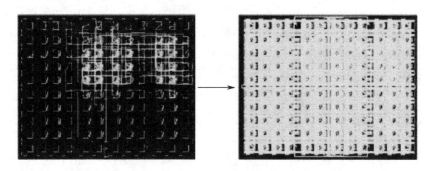

图 5-28　FPGA 中空间填充技术示意图

　　同时，为了防止硬件木马替换填充的空白单元，可以将这些空白单元设计成特定的电路。其中较为典型是利用内建自认证的方法（BISA，Built In Self Authentication）构建电路，如图 5-29 所示，该方法可以将所植入的单元自动连接形成组合测试电路，能够在不影响芯片功能的前提下阻止对单元的任意篡改，在测试时如果发现测试失败，则认为有硬件木马电路存在。

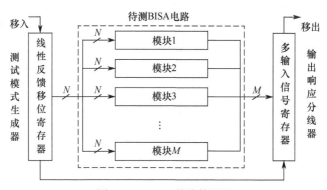

图 5-29　BISA 的结构设计

　　表 5-3 对阻止植入技术中各类安全防护方法的特点进行了对比。

表 5-3　阻止植入技术的特点对比

技术名称	适用阶段	借助工具	工作原理	适用场景	特点	存在问题
模糊设计	功能设计/物理设计	EDA工具	在芯片原始设计中植入内置锁定机制	RTL 设计/门级网表	侵入式加密防护措施，只有输入正确密钥才会执行正常操作，能够防止木马植入/逆向工程	造成较大的电路冗余和资源开销，对电路性能的影响较大
伪装技术	物理设计	EDA工具	在芯片原始设计内部各层之间添加伪装逻辑、伪接触或者伪连接	门级网表/GDSII 网表	能够迷惑攻击者，减小木马植入或触发概率，抵抗逆向工程	对电路性能的影响较大，容易引发串扰等，无法完全抵御逆向工程
空间填充技术	物理设计	EDA工具	对芯片内部版图空白区域填充无用逻辑	GDSII 网表	能够增大版图层级的木马植入难度	资源开销大，可能会造成功耗增大

2．实时监测技术

虽然上述介绍的阻止植入技术能够在一定程度上缓解硬件木马的入侵，但这些方法仍有各自的局限性，某些硬件木马仍有可能逃脱检测并最终潜伏进芯片中。而此时，实时监测技术可以提供相应的防御手段。

实时监测技术是通过在芯片中植入一定的安全结构或者利用芯片上已有的模块，对电路的运行状态进行实时监测，如瞬态功耗、温度、延时等，一旦发现电路的异常动作，就会采取封闭电路信息通道、关闭电路等安全措施，防止硬件木马的危害进一步扩大。图 5-30 为一种在 SoC 芯片中设计的安全监控（SM，Security Monitor）电路结构，其不仅可以监控电路在运行过程中出现的异常状态，而且可以监测内存的非法访问等。在具体监测过程中，所有的监测配置信息都被存储在配置控制处理器（CCPRO，Configuration and Control Processor）的 Flash 中，CCPRO 能够依据配置信息对信号探测网络（SPN，Signal Probe Network）和 SM 进行配置，其中 SPN 是一个多路选择器，能够有针对性地选择一组信号进行监测，而 SM 用于对监测到的信号进行实时分析。一般地，SM 主要执行两种类型的检查：（1）用户指定的安全违规行为，如试图访问受限的地址空间或在正常操作期间进入测试/调试模式等；（2）系统行为特征的正确性检查，通常表示为断言。为了提升检测的准确性和分析效率，也可以在片上集成神经网络分类器。

实时监测技术尽管会增加电路冗余，但能够在监测到任何异常的情况下迅速采取应急防护措施，减少损失。因此，对于某些任务关键型应用，实时监测是十分必要的。但是该方法一般只关注几个重要监测点，如果要对整个复杂芯片进行全面监测，就会显得有些力不从心。

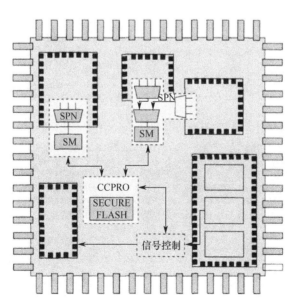

图 5-30　包含实时监测电路结构的 SoC 芯片

3．增强检测技术

增强检测技术通过在芯片上增加特定模块，放大硬件木马对芯片内部电路参数的影响，进而提高其他硬件木马检测方法的有效性。在增强检测技术中较为典型的是增强逻辑测试的方法，由于硬件木马通常位于电路中低可控性和低可观测性的节点上，具有较强的隐蔽性，因此增强逻辑测试方法就是要提升这些节点的可控性和可观测性。

本节以在芯片设计中植入虚拟扫描触发器（DSFF，Dummy Scan Flip Flop）单元为例，对增强逻辑测试的方法进行介绍。如图 5-31 所示，对于网络 Neti，如果为"0"的概率远小于为"1"的概率，即 $P_i(0) \ll P_i(1)$，则将该网络通过与门与一个扫描触发器相连，形成 DSFF-AND 结构，用于提升 $P_i(0)$ 的概率；同理，如果 Neti 为"0"的概率远大于为"1"的概率，即 $P_i(0) \gg P_i(1)$，则将该网络通过或门与一个扫描触发器相连，形成 DSFF-OR 结构，用于提升 $P_i(1)$ 的概率。对于 DSFF 而言，当测试使能（TE，Test Enable）激活后，扫描触发器的输出由扫描输入（SI，Signal Input）提供，插入的扫描触发器对电路的功能没有影响。在正常的功能模式（TE 为"0"时）下，为了保证不改变网络的正常功能，对于 DSFF-AND 结构，其扫描触发器的输入恒为"1"，而 DSFF-OR 结构的扫描触发器输入恒为"0"。

增加 DSFF 后，在测试模式下，能够让 Neti 的翻转概率提升。以 DSFF-AND 结构为例，在测试模式下，可以设定扫描触发器输入 SI 为"0"和"1"的概率各为 50%，与 Neti 经过与门后，输出"1"的概率为 $P_i(1) \times 50\%$，即输出为"1"的概率下降一半，相应地，输出为"0"的概率提升为原来的 2 倍，通过这种方式减小 $P_i(0)$ 与 $P_i(1)$ 的差距，从而使在测试模式下这个节点的翻转概率得到提升。

增强逻辑测试通过提升芯片内部节点的翻转概率，一方面使硬件木马的植入更加困难，另一方面即使硬件木马植入，其暴露的概率也会增大，更容易被检测到。然而，这种方法也会引入额外的硬件开销，甚至可能降低芯片的工作性能。

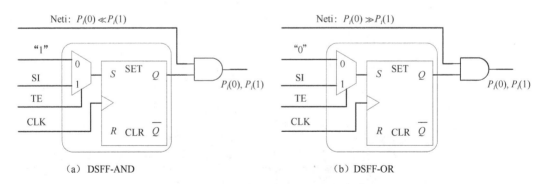

（a）DSFF-AND　　　　　　　　　　　　　（b）DSFF-OR

图 5-31　通过虚拟触发器提高节点翻转概率

5.4.3　信任拆分制造

不同于传统的芯片制造流程，即芯片全部由一家厂商代工生产，分离制造是在第 i 层金属层（Mi）处将芯片分成前道工艺（FEOL，Front End of Line）和后道工艺（BEOL，Back End of Line）两部分，其中 FEOL 包含晶体管和部分底层金属连接层，BEOL 包含高层或全部金属连接层。如图 5-32 所示，前道工艺一般交由不可信的制造商生产（可以采用先进制造工艺完成 MOS 管加工），后序工艺交由可信的制造商生产，最后通过集成技术获得最终的产品。分离制造通过将部分或全部的金属连接层（Mi 以上）放在可信任的厂商进行制造，使攻击者只能获取部分甚至零连接信息，从而提高了芯片在制造过程中的安全性。显然，分割层所处的位置越低，越多的金属连接层信息将被隐藏在后道工艺中，而前道工艺泄露的信息越少，芯片的安全性越高。

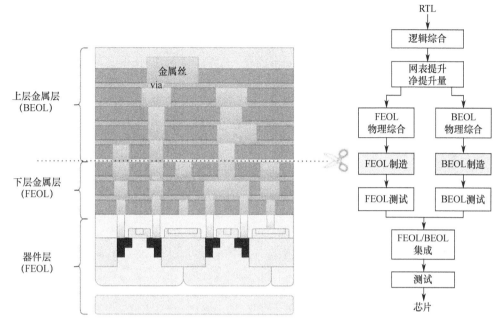

图 5-32　芯片分离制造示意图和分离制造流程

为了分析分离制造的效果，以 M1 金属层分割为例，如图 5-33 所示，对包括 MOS 管器件和 M1 层的版图进行逆向提取，得到相应的电路原理图。作为对比，图 5-33 也画出了完整电路版图提取得到的电路原理图。可以看到，从 M1 的版图中只能提取出叶单元（LC，Leaf Cell），进一步的互连关系是没有的。在目前的先进工艺中，M1 层通常只作为叶单元内部的互连布线层，而不涉及单元间的互连。

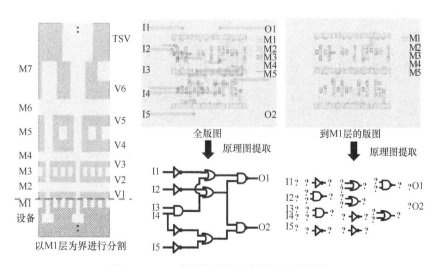

图 5-33　M1 金属层分割示意图及分割效果

　　上述基于传统 2D 的分离制造技术需要在 EDA 工具、IP 厂商及 Foundry 厂的共同支持下才能实现，具体过程仍面临诸多挑战。目前，2.5D/3D 集成技术的不断发展为分离制造提供了更多的思路和技术途径，以 2.5D 集成技术为例，其典型结构如图 5-34 所示，多个裸芯通过转接板在封装层级进行高密度互连，其中各个裸芯可以在不同的 Foundry 厂独立完成，避免了传统 2D 分离制造中不同 Foundry 厂的工艺兼容性问题。图 5-34 也展示了基于 2.5D 的分离制造流程，在逻辑综合之后，可以将整个芯片设计分割成多个小芯片，并在不同的不受信任的代工厂进行制造，因为没有一个代工厂能够获得完整的芯片网表，所以提升了安全性。

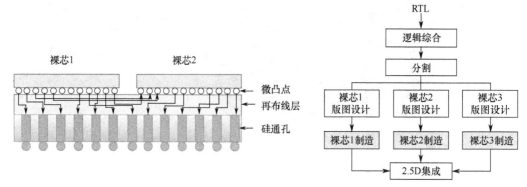

图 5-34　2.5D 集成技术示意图及基于 2.5D 的分离制造技术

5.5　本章小结

　　本章主要围绕硬件木马的概念结构、分类方法、攻击模式及防护技术等方面进行了介绍。硬件木马作为芯片安全防护中的一个重要方向，其各项技术仍处于广泛研究中。随着芯片设计与加工制造技术的快速发展，硬件木马的攻击也变得更加灵活、简便、隐蔽，因此对硬件木马的特性和检测防护方法需要进行更加深入的研究，同时还要围绕硬件木马制定芯片安全性评测标准和相关法律法规。

参 考 文 献

[1]　XIAO K, Forte D, Tehranipoor M. A novel built-in self-authentication technique to prevent inserting hardware trojans[J]. IEEE Transactions on Computer-Aided Design of Integrated circuits and Systems, 2014, 33(12): 1778-1791. DOI: 10.1109/TCAD.2014.2356453.

[2]　Bhunia S, Abramovici M, Agrawal D, et al. Protection against hardware trojan attacks: towards a comprehensive solution[J]. IEEE Design & Test, 2013, 30(3): 6-17. DOI: 10.1109/MDT.2012.2196252.

[3]　Karri R, Rajendran J, Rosenfeld K, et al. Trustworthy hardware: identifying and classifying hardware Trojans[J]. Computer, 2010, 43(10): 39-46. DOI: 10.1109/MC.2010.299.

[4]　尹勇生, 汪涛, 陈红梅, 等. 硬件木马技术研究进展[J]. 微电子学, 2017, 47（2）: 233-238. DOI:10.13911/j.cnki.1004-3365.2017.02.021.

[5]　黄钊, 王泉, 杨鹏飞. 硬件木马: 关键问题研究进展及新动向[J]. 计算机学报, 2019, 42（5）: 993-1017.

[6] 沈利香，慕德俊，曹国，等. 针对硬件木马的形式化验证模型构造方法[J]. 西安电子科技大学学报，2021，48（3）：146-154. DOI:10.19665/j.issn1001-2400.2021.03.019.

[7] 许强，蒋兴浩，姚立红，等. 硬件木马检测与防范研究综述[J]. 网络与信息安全学报，2017，3（4）：1-13.

[8] 杨然，高文超. 基于局部逻辑伪装的 IC 保护方法[J]. 电子与信息学报，2021，43（9）：2466-2473.

[9] Salmani H, Tehranipoor M, Plusquellic J. A novel technique for improving hardware trojan detection and reducing trojan activation time[J]. IEEE Transactions on Very Large Scale Integration Systems, 2012, 20(1): 112-125. DOI: 10.1109/TVLSI.2010.2093547.

[10] YANG X, BAO C, Serafy C, et al. Security and vulnerability implications of 3D ICs[J]. IEEE Transactions on Multi-Scale Computing Systems, 2016, 2(2): 108-122. DOI: 10.1109/TMSCS.2016.2550460.

[11] 王侃，陈浩，管旭光，等. 硬件木马防护技术研究[J]. 网络与信息安全学报，2017，3（9）：1-12.

[12] 李雄伟，王晓晗，张阳，等. 硬件木马防护研究综述[J]. 军械工程学院学报，2015，27（6）：40-50.

[13] YANG Y J, ZHANG C H, YUAN L, et al. How secure is split manufacturing in preventing hardware trojan?[J]. ACM Transactions on Design Automation of Electronic Systems, 2020, 25(2):1-23. DOI: 10.1145/3378163.

[14] Vaidyanathan K, Das B P, Sumbul E, et al. Building trusted ICs using split fabrication[C]// IEEE International Symposium on Hardware-Oriented Security and Trust. Arlington, VA, USA: IEEE, 2014: 1-6. DOI: 10.1109/HST.2014.6855559.

[15] 杨亚君，陈章. 分块制造下硬件木马攻击方法及安全性分析[J]. 西安电子科技大学学报，2019，46（4）：167-175. DOI:10.19665/j.issn1001-2400.2019.04.023.

[16] 解啸天. 硬件木马设计与特征分析技术研究[D]. 天津：天津大学，2018.

[17] 魏正友. 基于掺杂修正型硬件木马设计研究[D]. 成都：电子科技大学，2016.

[18] 刘燕江. 基于侧信道可信模型的硬件木马检测技术研究[D]. 天津：天津大学，2020.

[19] 张昭昭. 基于机器学习的硬件木马检测技术研究[D]. 成都：电子科技大学，2021.

[20] XIAO K, Forte D, JIN Y, et al. Hardware trojans: lessons learned after one decade of research[J]. ACM Transactions on Design Automation of Electronic Systems. 2017, 22(1): 1-23. DOI: 10.1145/2906147.

[21] Samuel T King, Joseph Tucek, Anthony Cozzie, et al. Designing and implementing malicious hardware[C]// Proceedings of the 1st Usenix Workshop on Large-Scale Exploits and Emergent Threats. USA: USENIX Association, 2008: 1-8.

[22] Yasin M, Mazumdar B, Sinanoglu O, et al. CamoPerturb: secure IC camouflaging for minterm protection[C]// IEEE/ACM International Conference on Computer-Aided Design (ICCAD). Austin, TX, USA: IEEE, 2016: 1-8. DOI: 10.1145/2966986.2967012.

[23] Narasimhan S, Yueh W, Wang X, et al. Improving IC security against trojan attacks through integration of security monitors[J]. IEEE Design & Test of Computers, 2012, 29(5): 37-46. DOI: 10.1109/MDT.2012.2210183.

[24] Khan M M, Tragoudas S. Rewiring for watermarking digital circuit netlists[J]. IEEE Transactions on Computer-Aided Design of Integrated Circuits and Systems, 2006, 24(7): 1132-1137. DOI: 10.1109/ TCAD. 2005. 850855.

第 6 章　物理不可克隆函数

生物识别技术是利用人的生理和行为特征数据来实现人员身份认证的，基于指纹、虹膜、人脸、DNA 及步态声音的各类生物识别技术已经被广泛应用于人们的生活中。与生物识别类似，芯片也具有独特的"指纹"，而该指纹一般通过构建物理不可克隆函数（PUF，Physically Unclonable Functions）电路实现。目前，PUF 作为芯片设计中的一种重要安全原语（Security Primitives），在系统认证和密钥生成等领域发挥着不可替代的作用。本章主要对 PUF 的概念、实现原理及应用和发展趋势进行介绍。

6.1　引言

本节主要对 PUF 的基本原理、基本特性及分类进行介绍。

6.1.1　PUF 的基本原理

莱布尼茨曾说过，世界上没有完全相同的两片树叶。这句话可以理解为，任何物体都拥有独一无二的特征，或者称为差异性。物体的差异性是其诞生初期便具备的，通常这种差异毫无规律可循，因此在某些情况下可以用来进行身份鉴别。同样，即便在制造业十分发达的今天，由于制造精度有限，制造者无法把握制造过程中的每个细节，这就使得产品在某些参数上出现略微差异。半导体制造过程涉及很多操作流程，每个流程又可以分解成多个子流程，这些操作流程因为制造工艺会引入一些随机误差，导致芯片中的某些特性（如晶体管的电阻、阈值电压、传输电流等）出现略微的差异。这些工艺偏差对于产品来说可能是一个不利的因素，因此制造商会寻求各种方法来缩小产品间的差异性。

工艺偏差引入的差异性并不是毫无意义的。由于这些偏差不可控，如果对其进行提取和放大，可以成为每个芯片独一无二的特征，并且这个特征是不可复制和预测的。PUF 就是指利用芯片在制造过程中的随机差异，通过提取和表征，生成独有的标识。根据生成的标识，使用者可以区分出不同的芯片，这个过程类似于指纹识别，通过采集不同用户的指纹并对其进行特征化处理，便可鉴别出不同用户的身份信息。

近年来，随着物联网的快速发展，大量的设备需要接入网络，为了保证安全，这些设备需要进行彼此之间的身份认证，同时通信也需要进行加密。而利用 PUF 可以较为便捷地生成数字指纹或加密密钥，而且这些数据内容是不需要保存在存储器中的，避免了核心数据遭受攻击，降低了信息泄露的风险。如图 6-1 所示，PUF 作为典型的硬件平台，能够为上层提供基于芯片的唯一密钥生成、安全密钥存储等功能，进而实现认证、加密等密码原语。

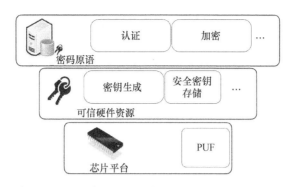

图 6-1　PUF 为可信硬件资源和密码原语提供支撑

PUF 作为一种实体电路，拥有自己的输入/输出信号。如图 6-2 所示，在实际应用中，PUF 会接收来自外部产生的信号，称为激励（Challenge），电路会根据激励信号从内部结构提取随机差异，并将其放大，然后以二进制信号的形式表征后输出，输出信号称为响应（Response）。一般地，一个激励就对应一个响应，因此将这组激励–响应信号称为激励响应对（CRPs，Challenge-Response Pairs）。

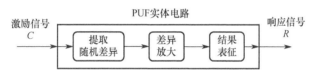

图 6-2　PUF 电路与激励/响应对

当对多个同一型号的 PUF 芯片提供相同的输入激励 C 时，每个 PUF 电路会有不同的输出响应 R_i。可以理解为 PUF 通过相同电路执行了一种函数功能，激励 C 和电路的工艺偏差是函数的自变量，输出响应为函数值，PUF 工作原理如图 6-3 所示。

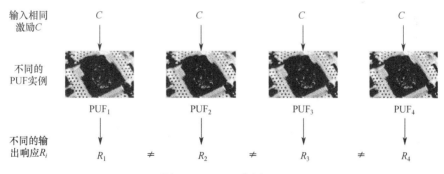

图 6-3　PUF 工作原理

对于 PUF，从数学角度可以给出如下定义，令 $C = \{0,1\}^n$ 为输入激励集合，$y = \{0,1\}$ 为输出响应集合，PUF 可以表示为集合 C 到 y 的映射，即

$$f_{\text{PUF}}(C) = y \tag{6-1}$$

6.1.2　PUF 的基本特性

从 PUF 的物理特性来说，其属性包括唯一性、可靠性、不可克隆性及均匀性等，用于

评估一个 PUF 性能的好坏。在介绍 PUF 具体的属性之前，首先给出几个定义，用于辅助说明 PUF 的一些属性。

（1）汉明重量。

汉明重量用于衡量一个二进制向量中逻辑"1"的个数，对于一个 N 位的二进制向量 $\boldsymbol{x}$，记作 $\boldsymbol{x}=[x_1\ x_2\ \cdots\ x_N]$，其中 $x_i \in \{0,1\}$，则汉明重量表示为

$$HW(\boldsymbol{x}) = \sum_{i=1}^{N} x_i \tag{6-2}$$

（2）汉明距离。

汉明距离用于衡量两个二进制向量之间的差异，对于两个 N 位的二进制向量 $\boldsymbol{x}$、$\boldsymbol{y}$，汉明距离被定义为两个向量按位比较的差异，汉明距离可以用异或运算表示为

$$HD(\boldsymbol{x}, \boldsymbol{y}) = \sum_{i=1}^{N} (x_i \oplus y_i) \tag{6-3}$$

（3）片内汉明距离。

如果同一激励两次作用于同一个 PUF 上，产生的两次响应 R_1、R_1' 之间的汉明距离称为片内汉明距离 HD_{intra}，即

$$HD_{intra} = HD(R_1, R_1') \tag{6-4}$$

片内汉明距离表征了同一个 PUF 在不同时刻接收相同激励产生响应的差异，片内汉明距离通常用于衡量 PUF 响应的可靠性。一般来说，片内汉明距离越小，PUF 对同一激励产生的响应变化越小，即 PUF 的可靠性越高。

（4）片间汉明距离。

对于同一类型的 PUF 结构，当同一激励作用于两个不同的 PUF 实例上时，产生的响应 R_1、R_2 之间的汉明距离称为片间汉明距离 HD_{inter}，即

$$HD_{inter} = HD(R_1, R_2) \tag{6-5}$$

片间汉明距离表征了不同 PUF 实例对相同激励产生响应的差异，其值越大，表明不同 PUF 实例的物理差异越大，片间汉明距离通常用于衡量 PUF 的唯一性。

基于上述几个定义，下面对 PUF 的属性进行介绍。

1. 唯一性（Uniqueness）

PUF 被认为是一种芯片的"物理指纹"，唯一性是 PUF 最基本的属性，用于衡量不同 PUF 实例的差异化程度。对于同一种 PUF 结构的多个 PUF 实例，如果给定相同的激励，希望其生成的响应差异越大越好，则需要有一定的区分度。从数学的角度来说，一个理想的 PUF 结构对应的多个实例在统计学上应当是相互独立且随机的。

通常用平均片间汉明距离来评判一组 PUF 的唯一性。唯一性可以通过计算同一个 PUF 结构的多个实例在给定同一个激励情况下多次生成的响应值的平均汉明距离得到，因此唯一性也称片间距离，定义为

$$唯一性 = \frac{2}{m(m-1)} \sum_{i=1}^{m-1} \sum_{j=i+1}^{m} \frac{HD(R_i, R_j)}{n} \times 100\% \tag{6-6}$$

式中，m 为测试实例的组数；R_i 和 R_j 分别为第 i 个 PUF 和第 j 个 PUF 在同一测试条件下生成的响应值；n 为该 PUF 的响应序列长度。在理想情况下，由于 R_i 和 R_j 均在 $\{0,1\}$ 中随

机取值,因此 $R_i=R_j$ 的概率为 50%,即从统计学上来说,理想情况下 PUF 的唯一性为 50%。

2. 可靠性(Reliability)

在理想情况下,给定同一个激励时,PUF 的响应值应当是稳定不变的。但是由于实际环境是变化的(如环境温度和工作电压波动等),PUF 的响应在多次激励测试下可能会产生跳变,从而造成 PUF 的输出不稳定,进而对整个系统产生影响,尤其是应用于认证系统的 PUF,响应值的跳变可能会造成系统误识别或者拒绝认证等情况。因此,需要采取一个衡量标准,用于评估 PUF 在变化的测试条件下,给定同一个激励,其输出响应值的偏差,定义这个衡量标准为可靠性。

可靠性可以通过计算 PUF 多次响应值的平均汉明距离得到,因此可靠性也称片内距离(Intra-Distance),定义如下

$$可靠性 = \left[1 - \frac{1}{m} \sum_{i=1}^{m} \frac{\mathrm{HD}(R, R_i)}{n} \right] \times 100\% \tag{6-7}$$

式中,m 为测试次数;n 为该 PUF 响应的序列长度;R 为在给定的参考温度、电压环境下生成的响应值;R_i 为在不同测试条件下第 i 次获得的响应值;HD 为汉明距离。理想情况下,PUF 的可靠性为 100%,表示即使环境变化,PUF 输出也不会发生变化。

3. 不可克隆性(Physical Unclonability)

不可克隆性是 PUF 的核心属性,其意味着一个攻击者永远无法完成对 PUF 实体的复制。但是在实际应用中,攻击者发现虽然从实体上很难复制一个电路,使其满足和目标实体拥有相同的激励响应行为,但是可以通过构造一个数学模型来模仿目标实体的所有激励响应,这就是目前采用机器学习等算法攻击 PUF 的基本思路。此时,PUF 虽然无法从物理上进行克隆,却存在数学上被克隆的可能性。鉴于此,PUF 的不可克隆性可分为物理不可克隆性和数学不可克隆性两部分。

(1)物理不可克隆性。

在物理不可克隆性中,假设攻击者已经取得了对某个 PUF 实体的完全控制权,如可以无限制地对 PUF 实体进行信息读取,并可以利用得到的信息伪造出一个 PUF 电路。如果 PUF 具有良好的物理不可克隆性,那么伪造出的电路应该不具备和目标实体拥有相同的激励响应行为,并且具有明显的区分度。PUF 具备物理不可克隆性的原因来自制造工艺的随机性,是人为不可控制的,因此这个特点也称"制造工艺的抗攻击性"(Manufacturer Resistance)。

(2)数学不可克隆性。

相对于物理不可克隆性,数学不可克隆性的要求更加严格,除上述规定的约束条件外,攻击者即使获取了目标 PUF 大量的激励响应对,也很难在有限时间内构造出一个合适的数学模型来模仿 PUF 的激励响应行为。

根据上述定义,物理不可克隆性主要针对 PUF 实体是否可以物理复制进行分析,而数学不可克隆性则关注 PUF 的激励响应行为。一般地,一个理想的 PUF 应该同时具备物理不可克隆性和数学不可克隆性。

4．均匀性（Uniformity）

PUF 的响应一般为"0"和"1"的序列，而 PUF 的均匀性则是指响应序列中"0"和"1"个数的比例。从统计学角度来说，在理想随机的情况下，PUF 的均匀性应当是 50%。一般地，均匀性的计算公式如下

$$均匀性 = \frac{1}{n}\sum_{i=1}^{n} r_i \times 100\% \tag{6-8}$$

式中，$r_1, r_2, \cdots, r_n$ 为 PUF 的响应序列；n 为响应序列的长度。

6.1.3 PUF 分类

根据实际应用的不同，PUF 有不同的分类方法，本节主要按 PUF 的实现方法和 CRPs 数量对其进行分类。

1．按实现方法分类

如图 6-4 所示，PUF 按实现方法可以分为非电子类 PUF 和电子类 PUF 两大类。其中，非电子类 PUF 中最具代表的是 2001 年麻省理工学院 Pappu 等提出的光学 PUF，这也是在安全应用中 PUF 的概念被第一次正式提出。如图 6-5 所示，光学 PUF 的核心组件是一个随机掺杂光散射粒子的光透明令牌，当用激光照射光透明令牌时，因为散射会形成一幅具有明暗斑点特征的复杂图像，所以也称散斑（Speckle Patterns）。散斑经过哈希算法变换，进而输出光学 PUF 的一个响应。因此，在光学 PUF 中，激光的物理参数是激励，而哈希算法变换的输出是响应。由于激光和散射粒子的相互作用过程非常复杂，因此响应可以被认为是高度随机和唯一的。

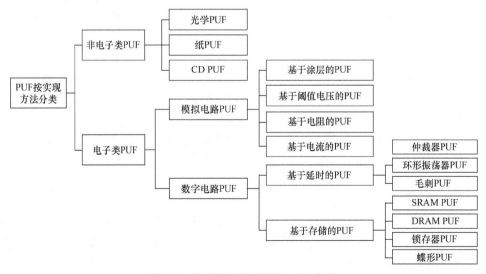

图 6-4　按实现方法进行的 PUF 分类

对于非电子类中的纸 PUF，其主要利用纸质材料中不规则纤维的激光反射生成防伪的"指纹"，而 CD PUF 则利用光盘（CD，Compact Disk）在制造过程中平坦面的精确长度和光盘坑的可变性来提取光盘的"指纹"。

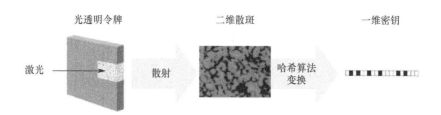

图 6-5　光学 PUF 原理图

电子类 PUF 能够集成到芯片中，是目前研究最为广泛的 PUF 结构。在电子类 PUF 中，根据实现电路原理的不同，可以分为模拟电路 PUF 和数字电路 PUF 两类。

模拟电路 PUF 根据原理的不同，又可以进一步分为阈值电压 PUF、涂层 PUF、电阻 PUF、电流 PUF 等，以涂层 PUF 为例，其通过在芯片上添加随机分布的涂层来改变芯片的电容，然后以测量的电容值作为"指纹"。对于电流 PUF，其基于模拟电流信号的差异，通过对比电流的大小产生输出响应。如图 6-6 所示，电流 PUF 的结构主要包括电流发生电路、电流选择电路和比较输出电路三部分，电流发生电路用于提取基于工艺参数偏差的随机电流，电流选择电路用于实现随机电流的控制和选择，比较输出电路用于比较随机电流的大小并产生唯一的输出响应。在电流 PUF 电路中，电流发生电路和比较输出电路决定了 PUF 的性能指标。

对于数字电路 PUF，目前主要有两种实现方法。

（1）利用数字信号的传播延时变化来实现。

在数字芯片中，信号在各类元器件之间传播时会存在传播延时，这些延时与元器件的物理参数有关，如 MOS 管的沟道尺寸、阈值电压和氧化层厚度等，而这些参数在制造实现的过程中会存在随机性。因此，数字信号的传播延时也会存在随机性，基于这种随机性可以进行 PUF 的设计，这类 PUF 可以统称为延时型 PUF。延时型 PUF 的电路原理结构如图 6-7 所示，一般由偏差信号产生电路、选择电路和对比电路三部分构成。

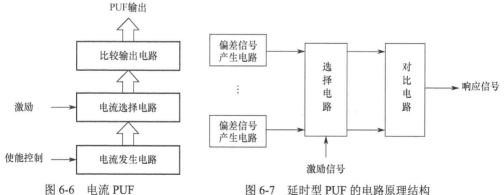

图 6-6　电流 PUF　　　　　　　图 6-7　延时型 PUF 的电路原理结构

根据具体电路实现形式的不同，延时型 PUF 主要有仲裁器 PUF（Arbiter PUF）、环形振荡器 PUF（Ring Oscillator PUF，RO PUF）、毛刺 PUF（Glitch PUF）三种。仲裁器 PUF 通过在芯片上实现两条对称的电路路径，并由外部激励来选择信号传播的具体路径，最后在两条路径的终点设置一个仲裁器判断两条路径上信号的先后到达顺序来输出响应。环形振荡器 PUF 则通过测量两条路径上电信号单位时间内的振荡次数来输出响应。

（2）利用存储器单元电路的稳定状态来实现。

基于存储的 PUF 一般由两个相同的存储单元构成，而制造过程中的随机差异决定了存储器的稳定状态，因此在上电或复位时，两个存储单元通过竞争可以达到一种稳定的状态，该结果可以作为 PUF 响应来使用。目前，基于存储的 PUF 主要包括静态随机存储器 PUF（SRAM PUF）、动态随机存储器 PUF（DRAM PUF）、锁存器 PUF（Latch PUF）及蝶形 PUF 等。

2. 按 CRPs 数量进行分类

依据能够产生激励响应对（CRPs）的数量，可以将 PUF 分为两类：弱 PUF（weak PUF）和强 PUF（strong PUF）。

（1）弱 PUF。

弱 PUF 通常由一组完全相同的单元组成，每个单元都产生一个或多个响应位。弱 PUF 可以看作直接将电路"指纹"数字化的 PUF。这种直接数字化的结果可被视作数字签名，用于数字加密。由于指纹签名在很大程度上保持不变，这意味着只有一个或少数几个激励对弱 PUF 有效，因此，弱 PUF 通常只能产生少量的 CRPs，一般与 PUF 所占的芯片面积大致呈线性关系。弱 PUF 通常具有以下几个特征。

① 可产生少量的 CRPs，一般产生的 CRPs 数量与内部单元组件的数量线性相关。

② 可以产生稳定的响应，对外部环境条件具有较强的鲁棒性，多次输入相同的激励可以得到完全相同的响应。

③ 输出的响应不可预测，并强烈依赖设备制造过程中的固有工艺偏差。

④ 制造两个具有相同物理指纹的设备是基本不可能的。

需要注意的是，由于弱 PUF 只能产生少量的 CRPs，因此这些 CRPs 必须进行保密。如果一个弱 PUF 只有一个 CRP，并且被发现，那么任何设备都可以模拟 PUF 的功能。因此弱 PUF 非常适用于密钥生成的场景。典型的弱 PUF 有涂层 PUF、SRAM PUF 等。

（2）强 PUF。

与弱 PUF 不同，强 PUF 通常可以产生数量庞大的激励响应对，并且可以根据不同的激励产生不同的响应，一般与 PUF 所占的芯片面积呈指数关系。因此，无须使用任何加密硬件，就可以直接对强 PUF 进行身份验证。强 PUF 具有如下几个特征。

① 有足够大的激励响应空间，使攻击者无法在给定时间内穷举所有 CRPs，具有很强的不可预测性。在理想情况下，CRPs 数量随着激励的位数按指数增长。

② 对环境变化的反应稳定，可被多次读取。

③ 无法制造出两个激励响应行为完全相同的强 PUF。

④ 对不同的激励可以产生不用的响应，并且除了激励和响应，不会产生包含 PUF 内部函数特征的其他数据。

典型的强 PUF 有仲裁器 PUF 和电流 PUF 等。

6.2 PUF 的设计实现

本节主要对典型的数字电路 PUF 的设计实现技术进行介绍。

6.2.1　延时型 PUF 设计

1. 仲裁器 PUF

图 6-8 是典型的仲裁器 PUF 的电路结构，由 N 个开关单元串行级联构成，而每级传输路径由激励信号 C_i 决定，当 C_i 为 0 时，数据路径直接导通，C_i 为 1 时，数据路径交叉导通。由于芯片在制造中引入的工艺偏差不同，因此输入信号最终经过不同激励信号构成的路径到达仲裁器的延时是随机的。仲裁器判决生成 PUF 的输出响应，电路的仲裁器一般由 D 触发器或 SR 锁存器构成。

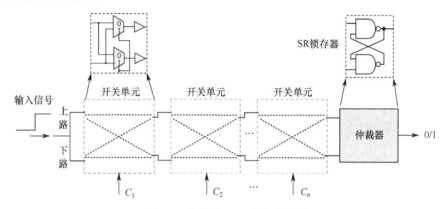

图 6-8　仲裁器 PUF 的电路结构

在理想情况下，仲裁器 PUF 的输出应该仅由路径延时差决定，但在实际电路中，要使仲裁器保持稳定输出，路径延时差需要大于仲裁器的建立时间和保持时间。与此同时，为保证电路的输出仅受路径延时差和当前环境的影响，还需要电路的结构尽可能完全对称及仲裁器的仲裁效果是无偏斜的。由于 SR 锁存器的对称结构使仲裁时不存在偏斜效应（或者偏斜效应较小），因此 SR 锁存器应用得更为广泛。如图 6-9 所示，当上路信号落后于下路信号到达仲裁器时，输出响应为 "0"，当上路信号先于下路信号到达仲裁器时，输出响应为 "1"。

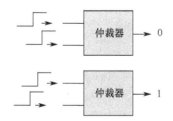

图 6-9　两种情况下的信号传输

对于包含 N 个开关单元（也称为 N 阶）的仲裁器 PUF，其激励信号有 2^N 种可能，也就是说它有 2^N 个激励响应对，与仲裁器的阶数呈指数关系，因此仲裁器 PUF 符合强 PUF 的标准。

在仲裁器 PUF 的版图设计中，要尽可能做到对称，图 6-10 所示为单个开关单元的版图结构，总共利用了 3 层金属走线（M1、M2 和 M3），其中 M1 为电源和地的走线，M2 和 M3 为内部信号的连接线，同时 M2 作为输入和输出信号的走线。为了减小信号之间的串扰、降低连接线之间的电容耦合效应，相邻金属层应采用垂直布线的方法。

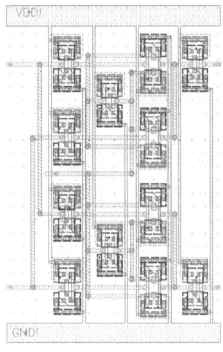

图 6-10　单个开关单元的版图结构

对于仲裁器 PUF，由于整个路径的延时是各个开关单元的线性组合，仲裁器 PUF 的激励响应对之间会有很强的关联性，因此，采用机器学习等建模手段能够对这类 PUF 进行建模攻击。为了提高仲裁器 PUF 的安全性，在基本的仲裁器 PUF 结构基础上又衍生出了前馈仲裁器 PUF（Feed Forward Arbiter PUF）、XOR 仲裁器 PUF 等改进结构，它们本质的思想都是打破仲裁器 PUF 中各个单元的前后相关性。

其中，前馈仲裁器 PUF 的工作原理如图 6-11 所示，将第二阶开关单元的输出接入一个前馈电路中，而前馈电路的输出作为第 i 阶开关单元的激励输入，通过前馈电路的引入打破开关单元前后的依赖关系，从而提高了安全性。

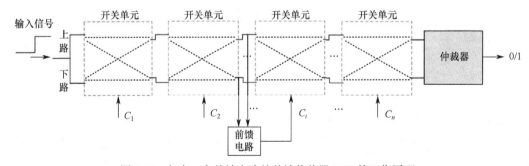

图 6-11　包含一个前馈电路的前馈仲裁器 PUF 的工作原理

图 6-12 所示为 XOR 仲裁器 PUF 的结构，其将多个 PUF 并联，并将多个响应进行"异或"（XOR）操作，最终输出一个响应。通过增加异或处理，隐藏了每个仲裁器 PUF 实例

的响应,使 PUF 内部结构的非线性度增加。对于攻击者而言,建模难度增大,从而使得 PUF
的安全性得到提升。

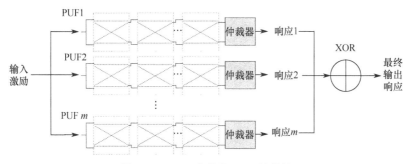

图 6-12　XOR 仲裁器 PUF 的结构

2. 环形振荡器 PUF

图 6-13 是一种环形振荡器 PUF 的电路结构,其由若干环形振荡器(RO,Ring Oscillator)、
选择器、频率计数器和比较器 4 部分组成。其中,RO 是由奇数个反向器构成的振荡环路,
由于集成电路制造中的工艺偏差不同,因此每个 RO 的振荡频率也有所不同。选择器的选择
控制信号是 PUF 的激励信号,在其作用下,选择器 1 和选择器 2 在 RO 阵列中选取不同的
RO 电路输出信号并送入对应的频率计数器中。频率计数器在相同时间内计算两个 RO 电路
输出信号的振荡次数,最后将该计数值送入比较器,通过比较计数值的大小输出响应"0"
或者"1"。不同的激励信号会使环形振荡器 PUF 电路选择的两个 RO 电路不同,含有 n 个
RO 电路的阵列通过选择器有 $n(n-1)/2$ 种选择方式,即输出响应的最大位数为 $n(n-1)/2$。

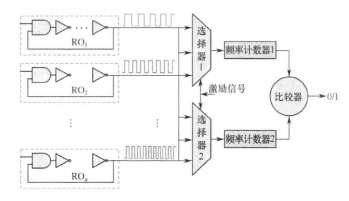

图 6-13　环形振荡器 PUF 的电路结构

3. 毛刺 PUF

毛刺 PUF(Glitch PUF)是一类典型的延时型 PUF,其基本原理是通过提取不同组合
电路的信号传输延时信息,以一定的结构形式输出随机响应。由于组合电路的延时受随机
工艺偏差的影响,输出信号上毛刺的出现、数量和形状都具有随机性与独特性,因此组合
电路的毛刺行为可以用作 PUF 响应。同时,由于毛刺信号具有非线性,因此毛刺 PUF 的
抗攻击能力较强。毛刺 PUF 的典型结构包括 Anderson PUF、Suzuki PUF 及基于竞争冒险
的 PUF 等。本节以 Anderson PUF 为例进行介绍。

Anderson PUF 是一种在 FPGA 平台上实现的毛刺 PUF 结构,由加拿大多伦多大学的 Jason H. Anderson 等提出,其基本单元电路结构如图 6-14 所示,由两个查找表(LUT,Look Up Table)、两个双路数据选择器(MUX,Multiplexer)和一个异步置位 D 触发器组成。LUT A 和 LUT B 设置为移位寄存器模式,两个移位寄存器的输入逻辑完全相反,分别为 0x5555 (0101…0101)和 0xAAAA(1010…1010),输出连接到数据选择器的控制端。两个数据选择器形成传输路径,在理想情况下,顶层数据选择器的输出为逻辑"0"。异步置位 D 触发器的输入初始值为逻辑"0",因此单元电路的输出也为"0"。

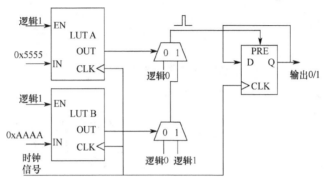

图 6-14　Anderson PUF 的基本单元电路结构

在实际电路中,寄存器转换延时和路径传输延时有所不同,进而导致路径的延时差不同,从而顶层数据选择器的输出会产生毛刺。毛刺传递到异步置位 D 触发器的异步置位端,控制电路产生逻辑"0"或"1"。由于毛刺在传递过程中可能会受到传输路径的影响,宽度较窄的毛刺会被过滤,因此只有宽度足够大的毛刺,才能使单元电路产生逻辑"1"。

毛刺 PUF 单元电路没有外界输入,输出结果完全依赖于电路制作过程中的随机变量,为使毛刺 PUF 具有强 PUF 的激励响应行为,并可用于设备及身份认证等领域,Jason H. Anderson 等进一步设计了与 RO PUF 相似的 Anderson PUF 架构,如图 6-15 所示,虚线框内为 n 个毛刺 PUF 单元电路,通过输入激励 C 选取不同的单元电路,异或后输出毛刺 PUF 的响应。

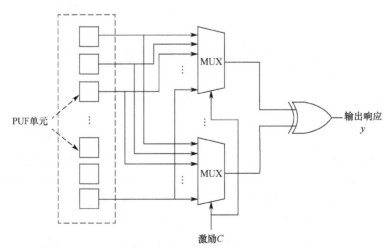

图 6-15　Anderson PUF 电路

6.2.2　存储型 PUF 设计

1．SRAM PUF

SRAM PUF 由二维 SRAM 单元阵列组成。如图 6-16 所示，SRAM 单元通常由 6 个 MOS 管构成，包括两个反相器和两个传输管。SRAM 中存储的数据是由内部节点 V_L 和 V_R 的电压决定的，当 $V_L=0$、$V_R=V_{DD}$ 时，存储的数据为"1"；反之，当 $V_L=V_{DD}$、$V_R=0$ 时，数据为"0"。SRAM 的读和写都是通过调整字线（Word Line，WL）和位线（Bit Line，BL）及互补位线（$\overline{BL}$）的电压实现的。

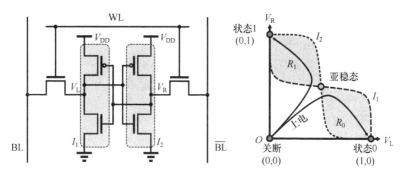

图 6-16　六管 SRAM 单元电路图及电压转移曲线

对于六管 SRAM 的电压转移曲线，当 SRAM 未通电时，状态为关断，即 V_R、V_L 两个节点的电压都为 0。一旦 SRAM 接通电源，两个节点的电压就将同时升高，在整个上升过程中，如果完全没有外界干扰，电路状态会保持在亚稳态。然而，实际电路在工作过程中都会受到外界环境的影响，上电曲线的斜率会根据影响的状况产生偏差，逐渐进入 R_0 或 R_1 区域，最终将保持在状态"0"或状态"1"，这就是 SRAM 的整个上电状态。理想情况下，如果 SRAM 内部的电路结构完全对称，左右两个反相器的上拉和下拉强度完全相同，则在外界影响完全随机的情况下，SRAM 进入状态"0"或状态"1"的概率应该各为 50%。

然而，在实际的电路制造过程中，SRAM 单元不可能完全对称，这就导致内部的两个反相器将具有不同的强度，从而导致 SRAM 上电过程的电压转移曲线发生变化，如图 6-17 所示，如果 SRAM 中左侧反相器（对应图 6-16 中的 I_1 区域）的 NMOS 更强，即这个 NMOS 管能够更快地导通，则节点 V_L 变为低电平的概率会更大，电路更容易进入状态"0"，这也导致了整个电压转移曲线向左倾斜。同理，如果右侧（I_2 区域）的 NMOS 管更强，则电路更容易进入状态"1"。在这里只考虑了一个晶体管的变化情况，在实际电路中，所有的晶体管变化会混合在一起，情况会比较复杂。但是，对于任何制造完成的 SRAM 单元，都将有一条独特的电压转移曲线，而这条曲线取决于两个反相器之间的不匹配状况，而 SRAM PUF 就是基于这种唯一性进行构建的。

在 SRAM PUF 中，其激励就是上电信号，由于没有使用外在的数据信号，因此 SRAM PUF 具有较强的抗建模攻击能力。同时，每个 SRAM 单元只能存储 1 位的数据，因此对于由 N 个 SRAM 单元构成的电路，其单元输出响应的最大位数为 N。

这里需要注意的是，随着 SRAM 工艺的发展及工作电压的不断降低，其上电过程更容易受到噪声的干扰，SRAM 最终输出的数据存在一定的误码率。因此，在对电路信息的提取和使用上，需要添加额外的电路以进行信息校验和纠正，如模糊提取器、纠错编码等，从而导致对电路资源的消耗。

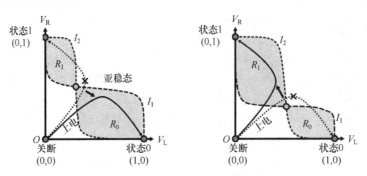

图 6-17　SRAM 的电压转移曲线偏移

由于存储型 PUF 没有使用激励响应对的工作模式，因此其可产生的响应值数量是有限的，是一种典型的弱 PUF，常被用于密钥或随机数的生成。

2. 蝶形 PUF

蝶形 PUF（Butterfly PUF）主要是指在 FPGA 中实现的 PUF 电路，在 FPGA 应用中，由于其自身结构的限制，对称耦合的 SRAM 结构很难实现，因此为了能有效地在 FPGA 上设计 PUF，蝶形 PUF 结构应运而生。如图 6-18 所示，蝶形 PUF 的基本结构与 SRAM PUF 非常类似，将 SRAM 中两个完全相同的反相器替换为两个锁存器，用于模拟 SRAM 的双稳态电路。

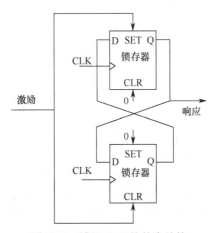

图 6-18　蝶形 PUF 的基本结构

锁存器中的控制信号 SET 为置位端，当 SET 为高电平时，锁存器输出为"1"，控制信号 CLR 为复位端，当 CLR 为高电平时，输出为"0"。在蝶形 PUF 中，锁存器 1 的复位信号 CLR 和锁存器 2 的置位信号 SET 固定为 0。初始时钟信号 CLK 始终保持高电平，能使整个电路成为一个由组合逻辑构成的回路。同时将激励控制信号置为"1"，几个周期之后释放激励信号，锁存器将会进入亚稳态状态，由于存在随机差异，因此最终输出会达到某个无法确定的稳定状态。同 SRAM PUF 类似，蝶形 PUF 也要求电路结构及布线完全对称，从而使延时完全由工艺的随机偏差决定。

6.3　PUF 的典型应用

PUF 在整个信息安全领域具有非常广泛的应用，包括密钥生成、身份认证、IP 核保护和目标识别等。本节主要对其中的密钥生成和身份认证进行介绍。

6.3.1　密钥生成

在信息安全领域，密钥的安全至关重要，其基本内容包括密钥的安全生成、存储和精确的密钥恢复。在一般的信息系统中，密钥由随机数发生器生成，但是一旦这种密钥生成器的根密钥泄露，就会造成重大损失；生成的密钥会存储于非易失性存储器中，掉电之后数据不会消失，攻击者可以通过逆向工程等侵入式物理攻击方法进行破解，也存在一定的安全隐患。

PUF 为整个密钥生成与管理提供了一条新的技术路径，可以解决传统密钥的安全生成和存储等问题。将 PUF 技术应用于密钥生成，能有效利用 PUF 响应的不可克隆性和抗侵入式物理攻击能力，做到即时生成、即时使用，不需要额外的密钥存储空间，是性价比极高且相当安全的一种密钥生成和管理方法。但是 PUF 响应存在一些问题，使其不能直接用于密钥生成。

（1）输出有噪声。在实际应用中，PUF 的输出不可避免地会受到外界环境的影响，其输出响应会存在一定的噪声，也就是说，即使给定 PUF 相同的输入激励信号，其输出结果也不一定完全相同，即 PUF 存在片内汉明距离。而对于密钥生成，必须保证密钥是不变的，否则将会影响系统工作。因此，需要用纠错技术对 PUF 的响应进行处理，以保证 PUF 在不同时刻接收同样激励时的输出是相同的。

（2）输出的随机性不高。在密码学中，密钥生成输出的数据是需要均匀分布的，即随机性要求较高，而 PUF 的输出响应并不一定是均匀分布的，"0" 和 "1" 的比例几乎很难达到完全相等。若直接将 PUF 的输出响应作为密钥，则密钥可能存在随机性不强、熵值不够大的问题，并增加了密钥被破译的风险。因此，在保证 PUF 输出稳定密钥的前提下，还需提高输出响应的随机性。

目前，通常采用模糊提取器（FE，Fuzzy Extractor）从 PUF 响应中提取密钥，其结构与工作流程如图 6-19 所示。首先，对 PUF 的响应数据进行预处理，这个过程会丢掉不合适的 PUF 数据。然后，将预处理过的数据送入模糊提取器，从结构上来说，模糊提取器由安全概略（SS，Secure Sketch）和随机提取器（RE，Randomness Extraction）两部分构成，其中安全概略主要实现纠错，保证密钥能够正确地被恢复；而随机提取器主要用于实现密钥的压缩生成，如通过压缩熵值使密钥均匀分布。

安全描述的具体算法实现有两种：Code-Offset 构造法（Code-Offset Construction，码字补偿构造法）和 Syndrome 构造法（Syndrome Construction，伴随式构造法）。在 Code-offset 构造法中，密钥直接来自随机数，PUF 的响应主要用于保护随机数；而在 Syndrome 构造法中，密钥直接来源于 PUF 的响应，随机数用于保护 PUF 的响应。

密钥的模糊提取可以分为注册（Enrollment）和重建（Reconstruction）两个阶段。其中注册阶段用于生成初始密钥和辅助数据（HD，Helper Data），只执行一次，辅助数据可存储于非易失性存储器中。重建阶段则借助注册阶段生成的辅助数据重建密钥，可以根据需要执行无限多次。下面将结合不同的安全描述算法，介绍密钥的模糊提取过程。

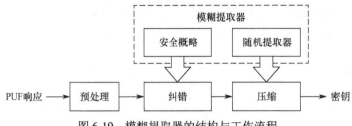

图 6-19　模糊提取器的结构与工作流程

1. Code-Offset 构造法

基于 Code-Offset 的模糊提取算法框架如图 6-20 所示，在注册阶段，随机数 N 经过纠错编码后生成 M，并与 PUF 的响应进行异或操作生成辅助数据 HD。与此同时，密钥导出函数（KDF，Key Derivation Function）对 M 进行熵值压缩等操作，生成满足条件的注册密钥 K。在重建阶段，注册阶段生成的辅助数据与含有噪声的 PUF 响应 R' 进行异或操作，还原出含有噪声的随机数 M'，随后 M' 经纠错解码滤除其中的噪声，最后经 KDF 生成重建密钥 K'。如果注册阶段中响应的噪声等级在纠错算法的纠错能力范围内，那么生成的重建密钥将与初始密钥完全相同。

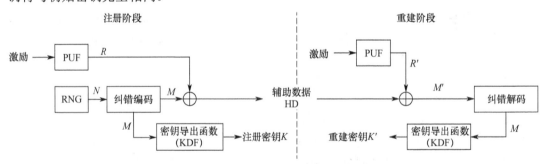

图 6-20　基于 Code-Offset 的模糊提取算法框架

2. Syndrome 构造法

基于 Syndrome 的模糊提取算法框架如图 6-21 所示，在注册阶段，随机数 N 经过纠错编码后生成 M，M 与 PUF 的响应进行异或操作生成辅助数据 HD。与此同时，KDF 直接对 R 进行熵值压缩等操作，生成满足条件的注册密钥 K。在重建阶段，注册阶段生成的辅助数据与含有噪声的 PUF 响应 R' 进行异或操作，还原出含有噪声的随机数 M'，随后 M' 经纠错解码滤除其中的噪声得到 M，M 再与辅助数据进行一次异或操作得到不含噪声的响应 R，最后经 KDF 生成重建密钥 K'。

模糊提取算法的本质是滤除 PUF 响应中存在的噪声，以确保每次生成的密钥完全相同。因此，在模糊提取算法框架中，纠错方案是核心。常用的纠错码有 BCH 码、Reed Muller 码、Repetition 码和 ECC 校验等，需要结合具体的应用场景和 PUF 特性进行选择。对于模糊提取中的密钥导出函数，其实质是进行熵值压缩，将非满熵的 R 压缩成高熵的密钥，目前的密钥导出函数常常根据需要的密钥长度采用哈希算法进行实现，如 SHA256 等。

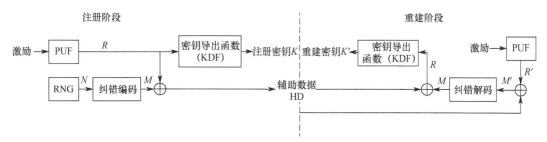

图 6-21　基于 Syndrome 的模糊提取算法框架

6.3.2　身份认证

PUF 作为芯片的一种物理属性，相当于芯片指纹，能够用于解决芯片或设备的认证安全问题。如图 6-22 所示为基于 PUF 的身份认证机制，具体认证流程如下。

（1）服务器获得对 PUF 的访问权，并通过穷举的方法对 PUF 进行激励输入和响应接收，最后生成一个 CRPs 表，并将这些 CRPs 存储在服务器中；

（2）将 PUF 设备分发给客户；

（3）当设备需要认证时，客户端向服务器提交进行身份验证的请求；

（4）服务器从该设备的 CRPs 表中随机选择一个已知的 CRPs，并将其中的激励发送给客户端；

（5）客户端在 PUF 上运行接收的激励，并将响应返回服务器；

（6）服务器通过对比收到的响应和数据库中记录的标准响应判断认证结果，如果两个响应一致，则表示认证成功，否则为认证失败；

（7）最后，为了防止重复性攻击，每次认证后服务器都需要删除已用的 CRPs。

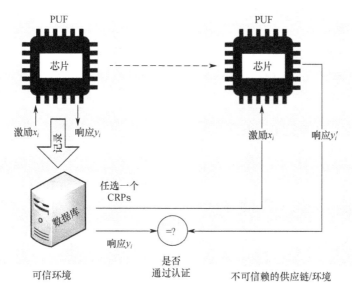

图 6-22　基于 PUF 的身份认证机制

在实际应用中，由于 PUF 存在环境敏感性，如温度变化会使 PUF 响应发生随机性翻转而导致设备认证失败，因此，在比对过程中需要设置合理的认证阈值，兼顾认证的正确性和成功率。一般常用错误认证率（FAR，False Acceptance Rate）和错误拒绝率（FRR，False Rejection Rate）作为衡量认证体系可靠性的重要指标，分别表示拒绝认证正确 PUF 的概率和错误拒绝正确 PUF 的概率。从本质上说，FAR 可以用 PUF 的片内汉明距离表征，而 FRR 则可以用 PUF 的片间汉明距离表征。图 6-23 给出了最优认证阈值的确认方法，当片间汉明距离曲线和片内汉明距离曲线发生交叉时，该交叉点满足 FAR 和 FRR 的概率值的和最小，即认证成功率最高。

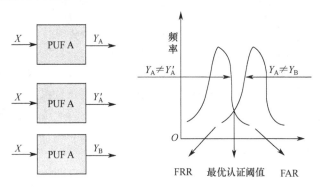

图 6-23　基于 PUF 的身份认证流程

在认证过程中，由于需要大量的 CRPs，因此常采用强 PUF 进行实现。从上面的分析可以看出，基于 PUF 的认证不需要非易失性存储器、防篡改电路或其他支持加密的硬件，其提供的认证解决方案比传统的安全身份验证方法所需软/硬件的实现成本更低，适用于物联网等移动设备中低成本的身份验证。

6.4　PUF 的攻击与防护

PUF 作为一种常用的硬件安全原语被广泛应用于各类信息系统中，为系统安全提供了强有力的支撑。然而由于其地位具有特殊性，因此 PUF 也面临各种各样的威胁攻击，本节主要对 PUF 的攻击与防护技术进行介绍。

6.4.1　PUF 的攻击技术

PUF 的攻击技术有很多，大概可以分为三类：侵入式攻击、密码分析攻击和建模攻击。其中，侵入式攻击主要针对存储型 PUF，可以采用本书第 4 章介绍的半侵入式攻击方法进行实现，即通过激光激励的方式获取 SRAM PUF 中两个交叉耦合反相器的驱动能力，从而实现对 PUF 的攻击，在此不再赘述。密码分析攻击通过对 PUF 的 CRPs 进行统计学和数学上的分析，达到对 PUF 攻击的目的，然而由于其中涉及较多的数学理论，因此在本书中不进行阐述。建模攻击是目前研究得最为广泛的攻击手段，其通过分析 PUF 的工作特性，建立相应的 PUF 模型并实现攻击，下面主要对建模攻击进行分析。

在建模攻击中，攻击者通过对 PUF 原理进行分析，构建针对 PUF 电路的模型，进而收集数据进行攻击。以延时型 PUF 为例，在建模攻击中，首先需要建立 PUF 的延时模型，然后根据收集到的 CRPs 来对模型进行求解，得到模型的精确参数，达到对 PUF 进行"软件"克隆的目的。目前，随着机器学习等人工智能技术的迅猛发展，其在建模领域拥有强大的能力，对 PUF 安全提出严峻的挑战。

以仲裁器 PUF 为例，结合图 6-8，其延时是由每级开关单元的延时叠加而成的，因此其延时模型是线性模型，而在机器学习的攻击中，线性模型是极易被攻破的。荷兰代尔夫特理工大学的 Ulrich Rührmair 等曾经指出，在针对 64 级仲裁器 PUF 的机器学习攻击中，以 400 组 CRPs 作为训练集，训练得到的软件模型能够拥有 95% 以上的预测准确率。

在仲裁器 PUF 的线性建模过程中，可以将最终上、下两条路径的延时差异 Δ 表示为

$$\Delta = \boldsymbol{\omega} \cdot \boldsymbol{\varphi} \tag{6-9}$$

式中，$\boldsymbol{\omega}$ 和 $\boldsymbol{\varphi}$ 分别为 PUF 延时参数向量和激励向量，其深度都为 $k+1$，而 k 为 PUF 的级数。因此延时参数向量 $\boldsymbol{\omega}$ 和激励向量 $\boldsymbol{\varphi}$ 可以表示为

$$\boldsymbol{\omega} = (\omega_1, \omega_2, \cdots, \omega_{k+1})^{\mathrm{T}}$$
$$\boldsymbol{\varphi} = (\varphi_1, \varphi_2, \cdots, \varphi_{k+1})^{\mathrm{T}} \tag{6-10}$$

由于仲裁器 PUF 的每级 MUX 都是交叉选择结构，激励向量 $\boldsymbol{\varphi}$ 为真实激励的函数变换，第 i 级的变换激励 φ_i 可以表示为

$$\varphi_i = \prod_{j=1}^{k} (1 - 2C_j) \tag{6-11}$$

C_j 为第 j 级直接施加的激励，其变换的激励不仅与其自身的本级激励有关，还与该级到尾部所有级的激励有关。而对于延时参数向量，将第 i 级交叉通过的延时表示成 δ_i^1，直接通过的延时为 δ_i^0，那么可以将每级的这两种延时与延时参数向量的关系表示出来，其中

$$\omega_1 = \frac{\delta_1^0 + \delta_1^1}{2} \tag{6-12}$$

而对于 $i=2, \cdots, k$，则有

$$\omega_i = \frac{\delta_{i-1}^0 + \delta_{i-1}^1 + \delta_i^0 - \delta_i^1}{2} \tag{6-13}$$

然后可以根据上、下路径的延时差异 Δ 的大小产生响应，如果 $\Delta > 0$，则产生响应"1"，否则产生响应"0"，即

$$R = \mathrm{sign}(\Delta) + 1 \tag{6-14}$$

这里可以清楚地看到对于一个 k 级的仲裁器 PUF，其功能完全可以表示成一个具有 $k+1$ 个参数的线性函数，在收集数百个有效激励响应对后，就可以很容易地预测出未使用的激励响应对。

6.4.2　PUF 的防护技术

为了提升 PUF 的抗攻击能力，可以通过对 PUF 结构进行改进或者添加外围电路来进行防护。

1. 改进 PUF 结构

针对 PUF 面临的建模攻击威胁，可以通过改进 PUF 电路的结构引入非线性运算环节，

增大 PUF 电路模型的复杂度和模型参数来提升 PUF 的防护能力。仍以仲裁器 PUF 为例，为了提高安全性，可以采用 6.2.1 节中介绍的前馈仲裁器 PUF 和 XOR 仲裁器 PUF，分别通过引入前馈操作和异或操作的非线性运算来提升 PUF 的抗攻击能力。

2. 添加外围电路

另一种防护思路是在不改变 PUF 电路的基础上，通过在 PUF 电路的激励输入位置及响应输出位置添加额外的电路模块，达到模糊激励响应对的目的，增大建模攻击的难度。下面分别以轻量级的安全 PUF（LSPUF，Lightweight Secure PUF）和多输入签名寄存器强化 PUF（MISR PUF，Multiple Input Signature Analyzer Fortified PUF）为例进行介绍。

如图 6-24 所示，LSPUF 内部包含多个仲裁器 PUF，并给仲裁器 PUF 的激励输入部分添加了异或门网络，外部施加的激励不再直接施加给每个仲裁器 PUF 电路，而是先经过输入异或门网络转化后再施加到具体的 PUF 电路上。同样，多个仲裁器 PUF 的输出也需要进行异或操作后再输出。在这个电路中，通过增加部分门电路，提升了整个 PUF 的安全性。

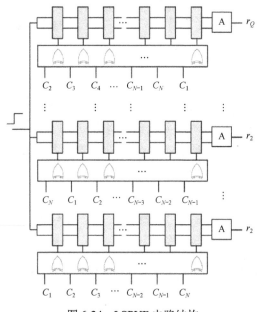

图 6-24   LSPUF 电路结构

MISR PUF 只是在激励输入部分增加了额外的 MISR 模块，其输入激励先经过参数可重构的 MISR 模块之后再施加给仲裁器 PUF（图 6-25）。而 MISR 与线性反馈移位寄存器（LFSR，Linear Feedback Shift Register）较为相似，本质上是一个伪随机数发生器。因为攻击者需要先了解 MISR 模块的状态，才能得到施加给 PUF 的实际激励，所以添加 MISR 模块增大了攻击者获取真实激励的难度。

对 PUF 添加外围电路网络能够增大攻击者获取真实激励响应对的难度，但是这种方式往往在攻击者不知道外围电路结构的前提下才能最好地发挥作用。如果攻击方通过侵入式攻击或者其他手段获悉了外围电路结构，那么通过简单的软件分析就可以获取真实的激励响应对。当然，通过在响应部分添加复杂的电路模块，如单向函数 Hash 等，能够进一步掩盖真实的响应信息，从而提升安全性。

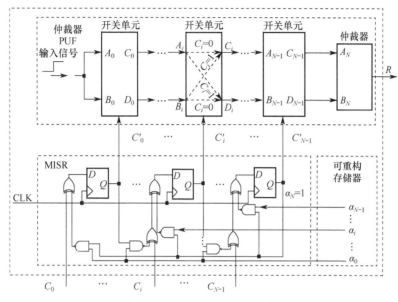

图 6-25　MISR PUF 电路结构

6.5　新型 PUF 技术

随着新型器件和工艺技术的发展，更多的基于 MOS 管特性及新型器件的 PUF 被设计出来，PUF 的实现技术也更加多样化。本节主要对基于阻变存储器的 PUF 和基于 MOS 管软击穿的 PUF 进行介绍。

6.5.1　基于阻变存储器的 PUF

阻变存储器的全称是阻变随机存取存储器（RRAM，Resistive Random Access Memory），其原理是利用某些薄膜材料在电激励的作用下会出现不同电阻状态（高、低阻态）的转变现象来进行数据的存储，其基本结构为由上、下电极及电阻转变层组成的"三明治"结构。图 6-26 给出了一种双极性导电细丝（CF，Conductive Filament）型 RRAM 器件的 $I\text{-}V$ 曲线示意图及电阻和细丝的转变过程。在大多数情况下，刚刚制备的 RRAM 器件通常表现出具有极少缺陷和很高电阻的初始阻态（IRS，Initial Resistance State），如图 6-26 中（1）所示，此时需要通过实施 Forming 过程在电阻转变层中产生缺陷（金属阳离子或氧阴离子）来获得可重复的阻变效应。对器件施加正极性扫描电压，当电压达到一定程度（V_{Forming}）时，器件转变到低阻态（LRS，Low Resistance State），电阻转变层中导电缺陷连通形成了导电细丝，如图 6-26 中（2）所示，这就是 Forming 过程。在随后的负极性电压扫描过程中，当电压增大到临界值 V_{RESET} 时，器件发生 RESET 转变，细丝断裂，从低阻态转变为高阻态（HRS，High Resistance State），如图 6-26 中（3）所示。在之后的正极性扫描中，器件从高阻态转变为低阻态，细丝再次连通，如图 6-26 中（2）所示，这就是 SET 转变，对应的转变电压 V_{SET} 通常低于 V_{Forming} 电压。若器件具有很好的耐受性，则上述 SET 和 RESET 转变可以重复连续执行。

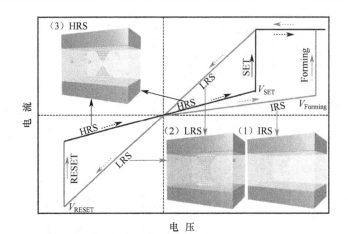

图 6-26　RRAM 器件的 *I-V* 曲线示意图

传统的 PUF 设计利用制造工艺过程中的随机偏差实现输出响应的不可预测，而基于 RRAM 的 PUF 电路则通过 RRAM 擦写后形成的单元随机电阻分布来实现 PUF 功能。其基本物理机制通常归因于 RRAM 单元在 SET 和 RESET 转变中导电细丝的变化具有随机性，所以在不同 RRAM 单元的相同擦写周期甚至是同一 RRAM 单元的不同擦写周期内，导电细丝的尺寸都不可避免地发生变化，从而使 RRAM 单元之间形成的电阻也是随机分布的，此时若设置一个合适的参考电流，便可输出 PUF 响应。

基于阻变存储器可以进行强/弱 PUF 的构建，其中弱 PUF 结构如图 6-27（a）所示，将 PUF 的输入激励作为相关译码器的地址并选中 1 个 RRAM 单元，随后将该单元的读出电流 I_R 与参考电流 I_{REF} 进行比较，进而通过灵敏放大器（SA，Sense Amplifier）便可以输出 1 位的 PUF 响应，当需要产生多位的 PUF 响应时，则需要重复操作。该结构受到 RRAM 单元数量的限制，一般只能产生有限的激励响应对，这是一种典型的弱 PUF。在图 6-27（b）中，则根据输入的激励选中两个 RRAM 单元，随后将两个单元的阻值比较结果作为 PUF 响应的输出，由于响应计算方式具有差异，因此该方案构成了一种强 PUF 电路。

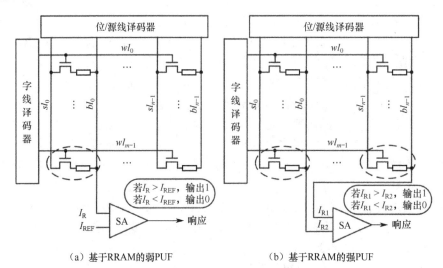

（a）基于RRAM的弱PUF　　　　　　　（b）基于RRAM的强PUF

图 6-27　基于阻变存储器的 PUF 电路结构

6.5.2　基于 MOS 管软击穿的 PUF

对于 MOS 管而言，栅极氧化层击穿是一种典型的失效方式，当栅极氧化层的厚度为纳米量级时，其击穿模式又出现了硬击穿（Hard Breakdown）和软击穿（Soft Breakdown）两种机制，下面对这两种击穿机制进行简要描述。

对于深亚微米的 MOS 管而言，正常工作时栅极的漏电流大概在亚纳安培的量级，而且由于工艺的原因，氧化层内通常会存在一些陷阱（Traps）。当 MOS 管长时间工作时，栅极会不断受到高电压的作用，会使氧化层内部产生更多的陷阱。如图 6-28 所示，MOS 管在经历一定的电压应力时间作用后，氧化层中部分新生成的陷阱和原有的陷阱会逐渐汇集，形成渗透通道（Percolation Path），从而为电子、空穴的移动提供了一条路径。一旦渗透通道形成，就可以观察到流过 MOS 管的电流明显增大，这种现象称为软击穿。当发生软击穿时，如果持续施加电压应力，氧化层中的陷阱会继续增多，从而造成电流的进一步增大，最终会使栅极氧化层完全击穿，栅极电流急剧增大，这种现象称为硬击穿。

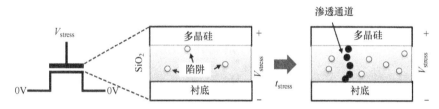

图 6-28　MOS 管软击穿原理图

结合图 6-28，MOS 管中原始氧化层的缺陷是随机均匀分布的，因此当发生软击穿时，产生的渗透通道位置是不可预测的。如果对施加的电压应力进行适当控制，那么击穿点的位置可以作为静态熵源进行 PUF 设计。

图 6-29 为 MOS 管的截面图，软击穿的发生位置可能是源极和漏极之间的任何区域，因此 MOS 管中反型层的串联电阻 R_1 和 R_2 与软击穿发生的位置 x 有如下关系

$$I_S = I_G \frac{R_2}{R_1 + R_2} = I_G \frac{L-x}{L}$$
$$I_D = I_G \frac{R_1}{R_1 + R_2} = I_G \frac{x}{L}$$

（6-15）

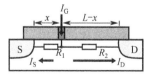

图 6-29　软击穿发生位置与电流特征的关系

通过式（6-15），可以计算得到软击穿位置 x 为

$$x = L \frac{I_D}{I_S + I_D}$$

（6-16）

为了生成适用于 PUF 的数据，提取的软击穿位置必须被转换为数字位。在实际应用中

发现，直接读出软击穿位置会对噪声比较敏感，设计的 PUF 的稳定性较差。因此，通常会采用两个 MOS 管的方案，如图 6-30 所示，两个 MOS 管并联，通过控制栅极电压，使其中一个 MOS 管发生软击穿而另一个 MOS 管正常工作，二者的漏电流（I_{BL} 和 I_{BLB}）差异会非常明显，从而使得构建的 PUF 对噪声的敏感度较小。

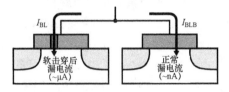

图 6-30　两个 MOS 管的软击穿电流情况

在实际的基于 MOS 管软击穿的 PUF 中，其基本 PUF 单元包括三个晶体管，其中两个为 NMOS 管，一个为 PMOS 管。在工作中，两个 NMOS 管中的一个以不确定的方式发生软击穿，从而产生随机性。PUF 单元通过高压应力发生软击穿的过程称为成型过程（Forming Process），如图 6-31 所示，在成型过程开始时，PMOS 管导通并将电压传递到 NMOS 管的栅极，由于栅极氧化物具有非常高的电阻（约为 $10^6\Omega$），因此电压应力会完全作用于 NMOS 管的栅极上。经过一段时间 t_{BD}，一旦某个 NMOS 管发生软击穿，流过其的电流会迅速增大，施加在 NMOS 管栅极上的电压也会迅速下降，故而另一个 NMOS 管不会再发生软击穿。

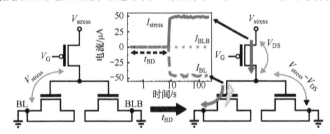

图 6-31　PUF 单元结构及成型过程

图 6-32 为基于 MOS 管软击穿 PUF 的电路实例，PUF 阵列由 5 列、12 行组成，阵列有共享的字线和位线，每条字线和位线都直接连接到一个探测点上，能够进行电压控制和电流感应。通过调整施加在 PUF 阵列上的电压，所有的 PUF 单元都可以被单独测量，也可以同时或单独受到电压应力。

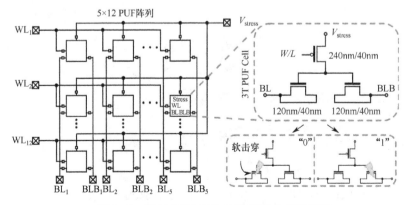

图 6-32　基于 MOS 管软击穿 PUF 的电路实例

6.6　本章小结

本章首先对 PUF 的基本原理、基本特性及分类进行了介绍，之后结合实例详细讲解了不同类型 PUF 的电路结构和工作原理，同时对 PUF 在密钥生成及身份认证中的典型应用进行阐述。在此基础上，进一步对 PUF 的攻击和防护技术进行了介绍。最后，结合新器件及半导体工艺的发展趋势，以基于阻变存储器和 MOS 管软击穿的 PUF 为例，介绍了新型 PUF 的发展方向。

参 考 文 献

[1] Pappu R, Recht B, Taylor J, et al. Physical onc-way functions[J]. Science, 2002, 297(5589):2026-2030. DOI: 10.1126/science.1074376.

[2] Gassend B, Clarke D, Dijk M V, et al. Silicon physical random functions[C]// ACM Conference on Computer and Communications Security. New York, USA: Association for Computing Machinery, 2002: 148-160. DOI: 10.1145/586110.586132.

[3] Bulens P, Standaert F X, Quisquater J J. How to strongly link data and its medium: the paper case[J]. IET Information Security, 2010, 4(3):125-136. DOI:10.1049/iet-ifs.2009.0032.

[4] Hammouri G, Dana A, Sunar B. CDs have fingerprints too[C]// International Workshop on Cryptographic Hardware and Embedded Systems. Heidelberg, Berlin: Springer, 2009(5747): 348-362. DOI: 10.1007/978-3-642-04138-9_25.

[5] Tuyls P, Schrijen G-J, Škorić B, et al. Read-proof hardware from protective coatings[C] // International Workshop on Cryptographic Hardware and Embedded Systems. Heidelberg, Berlin: Springer, 2006(4249): 369-383. DOI: 10.1007/11894063_29.

[6] Sehwag V, Saha T. TV-PUF: a fast lightweight analog physical unclonable function[C]// IEEE International Symposium on Nanoelectronic and Information Systems. Gwalior, India: IEEE, 2016: 182-186. DOI: 10.1109/iNIS.2016.049.

[7] Alkatheiri M S, Zhuang Y. Towards fast and accurate machine learning attacks of feed-forward arbiter PUFs[C]// IEEE Conference on Dependable and Secure Computing. 2017: 181-187. DOI: 10.1109/DESEC.2017.8073845.

[8] 汪鹏君, 李刚, 钱浩宇. 可配置电阻分压型 DAC-PUF 电路设计[J]. 电子学报, 2016, 44（7）: 1630-1635.

[9] 张学龙, 汪鹏君, 张跃军. 基于电流镜的电流型 PUF 电路设计[J]. 电路与系统学报, 2013, 18（1）: 33-37.

[10] Anderson J H. A PUF design for secure FPGA-based embedded systems[C]// Asia and South Pacific Design Automation Conference (ASP-DAC). Taipei, Taiwan: IEEE, 2010: 1-6. DOI: 10.1109/ASPDAC.2010.5419927.

[11] 张跃军, 汪鹏君, 李刚, 等. 基于信号传输理论的 Glitch 物理不可克隆函数电路设计[J]. 电子与信息学报, 2016, 38（09）: 2391-2396.

[12] Koeberl P, Li J, Rajan A, et al. Entropy loss in PUF-based key generation schemes: the repetition code pitfall[C]// IEEE International Symposium on Hardware-Oriented Security and Trust (HOST). Arlington, VA, USA: IEEE, 2014: 44-49. DOI: 10.1109/HST.2014.6855566.

[13] Dodis Y, Ostrovsky R, Reyzin L, et al . Fuzzy extractors: how to generate strong keys from biometrics and other noisy data[J]. SIAM Journal on Computing, 2008, 38(1): 97-139. DOI: 10.1007/978-3-540-

24676-3_31.

[14] Nedospasov D, Seifert J, Helfmeier C, et al. Invasive PUF analysis[C]// Workshop on Fault Diagnosis and Tolerance in Cryptography. Los Alamitos, CA, USA: IEEE, 2013: 30-38. DOI: 10.1109/FDTC.2013.19.

[15] Ruhrmair U, Solter J, Sehnke F, et al. PUF modeling attacks on simulated and silicon data[J]. IEEE Transactions on Information Forensics and Security, 2013, 8(11): 1876-1891. DOI: 10.1109/TIFS. 2013. 2279798.

[16] Majzoobi M, Koushanfar F, Potkonjak M. Techniques for design and implementation of secure reconfigurable PUFs[J]. ACM Transactions on Reconfigurable Technology and Systems, 2009, 2(1): 1-33. DOI: 10.1145/1502781.1502786.

[17] LI Y, LONG S, LIU Y, et al. Conductance quantization in resistive random access memory[J]. Nanoscale Research Letters, 2015, 10(420): 1-30. DOI: 10.1186/s11671-015-1118-6.

[18] TIAN X, WANG L, LI X, et al. Recent development of studies on the mechanism of resistive memories in several metal oxides[J]. Science China Physics, Mechanics and Astronomy, 2013, 56: 2361-2369. DOI: 10.1007/s11433-013-5341-9.

[19] LI Y, LONG S, LIU Q, et al. An overview of resistive random access memory devices[J]. Chinese Science Bulletin, 2011, 56: 3072. DOI: 10.1007/s11434-011-4671-0.

[20] 陈飞鸿，张锋，陈军宁，等. 基于 RRAM PUF 的轻量级 RFID 认证协议[J]. 计算机工程与应用，2021，57（1）：141-149.

[21] Crupi F, Kauerauf T, Degraeve R, et al. A novel methodology for sensing the breakdown location and its application to the reliability study of ultrathin Hf-silicate gate dielectrics[J]. IEEE Transactions on Electron Devices, 2005, 52(8): 1759-1765. DOI:10.1109/TED.2005.852544.

第 7 章　IP 核安全防护

随着芯片设计技术的发展和芯片产业的变革，知识产权（IP，Intellectual Property）核复用已经成为片上系统（SoC，System on Chip）、专用集成电路及 FPGA 设计中的重要方法，通过 IP 核复用能够有效提高芯片的设计开发及验证的工作效率，大幅缩短芯片的上市周期。然而，在 IP 核得到广泛应用的同时，针对 IP 核的非法盗用、恶意篡改等问题也日益凸显，成为行业亟待解决的问题。本章主要对 IP 核及其应用过程中出现的安全威胁及防护方法进行介绍。

7.1　引言

本节主要对 IP 核的基本概念、分类方法及其所面临的安全威胁和防护策略进行介绍。

7.1.1　IP 核的概念与分类

随着芯片的功能、性能的不断提高，芯片的规模尺寸及设计复杂度迅速增大。同时，市场对芯片的研发设计周期要求也越来越苛刻，从而造成了芯片设计复杂度和设计产能之间的巨大鸿沟。如果每次新的芯片产品都要求各个功能模块从零开始设计，并进行整合与验证，必定会导致芯片的开发周期越来越长、设计成本越来越高，而且产品的质量也更加难以控制。

在这种背景下，重复使用预先设计并验证过的芯片模块，被认为是最有效的方案，这能够解决芯片设计行业面临的上述问题，这些可重复使用的芯片模块就称为 IP 核。从定义上说，IP 核是指一种事先定义、经过验证可以重复使用的、能够完成某些功能的电路模块。

IP 核的主要来源包括：（1）芯片生产厂家自身积累的专用功能模块；（2）第三方 IP 核公司顺应 SoC 等芯片设计技术的发展，提供功能成熟的 IP 核；（3）EDA 厂商通过自主研发或购买获得的 IP 核，并将其集成到开发工具中，以便用户进行系统设计；（4）集成电路开发公司设计自己的 IP 核，有偿提供给其他公司使用。

IP 核的分类方法有很多种，下面将从设计流程、功能方面对其分类。

1. 基于设计流程的分类

根据设计流程，可以将 IP 核分为软核、固核和硬核三类。

（1）软核（Soft IP）。

在数字芯片设计的过程中，设计者会在系统规格制定完成后，利用硬件描述语言，按照所制定的规格，将系统所需的功能写成寄存器传输级（RTL，Register Transfer Level）的程序，这个 RTL 文件就称为软核。

由于软核是以源代码的形式提供的，因此具有较高的灵活性，并且与具体的实现工艺无关。其主要缺点是缺乏对时序、面积和功耗的预见性，而且自主知识产权不容易受到保护。软核可经用户修改，以实现所需的电路设计，它主要用于接口、编码、译码、算法和信道加密等对速度要求范围较宽的复杂系统。

（2）固核（Firm IP）。

RTL 程序经过仿真验证后，如果没有问题，则可以进行综合。设计者可以借助 EDA 工具，从标准单元库（Cell Library）中选取相对应的逻辑门，将 RTL 文件转换成以逻辑门单元形式呈现的网表文件，这个网表文件即固核。

固核是软核和硬核的折中，它比软核的可靠性要高，比硬核的灵活性要强，它允许用户重新定义关键的性能参数，有时内部连线也可以进行重新优化。

（3）硬核（Hard IP）。

网表文件经过验证后，可以进入物理设计阶段，包括布局规划（Floor Planning）、布局布线（Place & Routing）等环节，验证之后最终生成 GDSII 文件，即硬核。硬核的提交形式包括版图结构及配套工艺等相关文件。

硬核一般无法进行修改，且与制造工艺进行绑定，因此灵活性较差。同时，工艺升级后，相应的硬核需要重新进行物理设计和验证。相对于软核和固核，硬核的知识产权保护比较简单。

软核、固核及硬核的设计流程如图 7-1 所示。

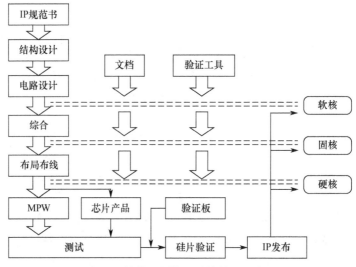

图 7-1　软核、固核和硬核的设计流程

2．基于集成方式及应用场景的分类

根据 IP 核在芯片中的集成方式及应用场景，通常可以将其分为以下 4 类。

（1）处理器类 IP 核，包括 MPU、CPU 等。

（2）存储器类 IP 核，包括 SRAM、DRAM、单次/多次可编程（OTP/MTP）存储器等。

（3）功能性 IP 核，包括模数/数模转换器（ADC/DAC）、DSP、音视频交叉存取（AVI，Audio Video Interleave/Interleaved）等。

（4）接口类 IP 核，包括 SPI、UART、USB、SATA、PCIe、HDMI 等。

7.1.2　IP 核面临的安全威胁

随着 IP 核的应用越来越广泛，其面临的安全威胁也日益加剧。目前，针对 IP 核的威胁包括破解许可证、盗用、过度生成及伪造等。一般地，IP 核供应商会采用许可证的方法锁定 IP 核，防止其被非法使用。然而，非法用户可以通过直接复制已授权的许可证，或者通过侧信道获取许可证密钥等方式来破解这类 IP 核的保护和认证机制。盗用则是指非法用户通过复制、篡改原始 IP 核设计，并进行芯片再生产的攻击。过度生产是指非可信的制造工厂通过生产超出预定生成目标的芯片来获取非法利益的行为。伪造是指生产质量低廉且与真实电路相似的集成电路。随着侧信道攻击、扫描链攻击及逆向工程等技术的发展，针对 IP 核的攻击和非法利用等问题也越来越突出。

为了保护 IP 核中的关键技术不被非法传播和利用，由美国推动建立的国际 IP 核标准化组织虚拟插座接口联盟（VSIA，Virtual Socket Interface Alliance）在其发布的《IP 核保护白皮书》（*Intellectual Property Protection: Schemes, Alternatives and Discussion*）中提出了三种原则性的方法：第一种是依靠知识产权法律的"威慑"（Deterrent）作用防止 IP 核的非法传播和使用；第二种是借助合同、契约与一些特定的技术措施，如用许可证协议（License Agreements）和加密（Encryption）等方法阻止 IP 核的非授权性使用，达到"防卫"（Protection）的效果；第三种是通过水印（Watermarking）和指纹（Fingerprinting）等技术手段，对 IP 核的合法性进行"检测"（Detection）和追踪。

随着我国集成电路产业的迅猛发展，对 IP 核的安全保护也日益受到人们的重视。在 2014 年发布的《国家集成电路产业发展推进纲要》中就指出要加强集成电路知识产权的运用和保护，支持产业联盟的发展。在 2020 年发布的《国务院关于印发新时期促进集成电路产业和软件产业高质量发展若干政策的通知》中又进一步强调了要严格落实集成电路知识产权保护制度。在全面借鉴以 VSIA 为代表的国际 IP 核标准化组织保护经验的基础上，我国还专门制定了《集成电路 IP 核保护大纲》等多项行业标准。

为了解决 IP 核受到的安全威胁，以及因此而产生的纠纷问题，学术界也在芯片设计的各个层级上对 IP 核的保护技术进行了大量研究，大致可以分为数字水印技术、逻辑混淆技术及芯片计量技术等。其中，数字水印技术是指将 IP 核的产权信息以不可感知的方式嵌入设计中以实现对 IP 核产权的保护，当发生产权纠纷时，能够证明芯片的所有权；逻辑混淆技术也称逻辑加密，是指通过许可证等方式来实现 IP 核的"加锁/解锁"机制，防止非法盗用、非授权使用及逆向工程攻击等；芯片计量技术是指采用计量方式对制造过程中生产的芯片数量进行有效控制，解决代工厂在非授权情况下过度生产的问题。

7.2　IP 核数字水印技术

数字水印技术最初在多媒体等领域进行应用，作为影视作品产权保护的一种技术手段，而 IP 核数字水印技术则是应用于 IP 核电路上的水印技术。在 IP 核的设计流程中，可以将用于产权鉴权的水印信息嵌入设计的不同层次，被嵌入的水印可用来证明 IP 核的产权归属，从而达到保护 IP 核产权的目的。IP 核数字水印技术的水印载体是设计的具体电路，与传统的多媒体数字水印具有很大的区别。IP 核数字水印具有以下 4 个特点。

（1）透明性。IP 核作为一种硬件电路，电路本身的延时和功耗等特性对 IP 核的功能、性能有较大的影响，而这些功能、性能也正是 IP 核价值的具体体现。因此，必须保证在水印嵌入以后，不会对原始 IP 核设计的性能产生负面影响，而且水印嵌入的位置应该具有较强的隐蔽性，不容易被攻击者发现，即 IP 核数字水印应该是透明的。

（2）安全性。对于嵌入水印后的 IP 核文件，应该能较好地抵抗攻击者的分析攻击。例如，逆向工程可以使攻击者通过分析 IP 核文件，找出水印位置并进行去除或破坏水印的完整性，因此 IP 核的数字水印应该具有较强的抗攻击能力。

（3）可靠性。目前，IP 核的应用场景及应用的芯片类型非常多，水印算法能否适用广大的 IP 核库并具有较高的可靠性，是评价 IP 核数字水印的重要指标。同时，水印算法在实际操作中也要做到方便嵌入和检测。

（4）性能开销。由于 IP 核产品具有特殊性，其电路设计对延时和功耗等有着特定的需求，水印嵌入后肯定会对原始设计或多或少地产生影响。如何在资源使用率、电路延时和功耗方面达到最优，也是衡量 IP 核数字水印技术的重要性能指标。

结合芯片设计流程，IP 核数字水印技术的基本框架如图 7-2 所示，图中左侧为"自顶而下"的基于 IP 核复用的芯片设计开发流程，右侧为 IP 核水印模型，主要包括数字水印生成、嵌入、检测提取三个阶段。结合芯片设计开发流程，水印的嵌入可在不同的抽象层次进行，包括行为级、结构级及物理级，而检测提取则可以在水印嵌入的同一层及所有较低的抽象层次上进行。

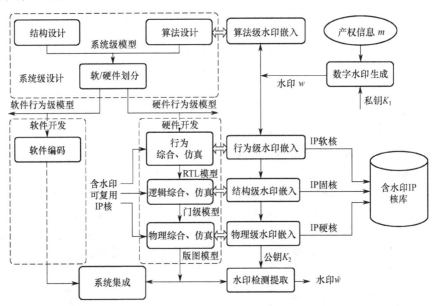

图 7-2　IP 核数字水印技术的基本框架

本节主要围绕数字水印技术中的生成、嵌入、检测提取三个阶段进行介绍。

7.2.1　数字水印生成

数字水印的生成过程就是在密钥 K 的控制下，由原始产权信息、认证信息、保密信息

或其他有关信息 m，生成适合嵌入原始 IP 核载体中的待嵌水印 w 的过程。

数字水印的生成算法已经比较成熟，就 IP 核数字水印而言，可以采用如下简单的生成算法。首先将文本或图像表示的原始产权信息转换成相对应的二进制代码；然后用一种公钥密码算法（如国密 SM2），以产权所有者的私钥对原始信息进行加密处理，即加上数字签名，以后在验证时则使用产权所有者的公钥对密文进行解密处理；之后采用单向 Hash 算法（如国密 SM3），将带有数字签名的信息生成一个 256 位的数字摘要，此即待嵌水印 w。Hash 算法的单向性保证了无法通过这 256 位的数字摘要反向得到完整的带数字签名的信息，而低重复率保证了两个不同的信息生成同一个数字摘要的可能性几乎为零。

为了进一步提高安全性，可以设立专门的第三方机构执行合法水印的生成和水印数据库管理，并在水印生成过程中加入认证信息和时间戳信息等。

7.2.2　数字水印嵌入原理及方法

在数字水印生成后，可以结合 IP 核的不同设计层次，进行数字水印的嵌入。本节主要对物理级、结构级、行为级和算法级的数字水印嵌入原理及方法进行介绍。

1. 物理级水印嵌入

在物理级水印嵌入技术中，基于约束的 IP 核水印方案是研究得最多的，其基本思想如图 7-3 所示，利用 IP 核开发过程中涉及的一些可满足性（SAT，Satisfiability）问题，由约束生成器将待嵌水印映射为一组附加的约束条件，并添加到原始约束条件中，将 SAT 问题的求解限制到一个更小的解空间，从而生成含水印的独特设计。

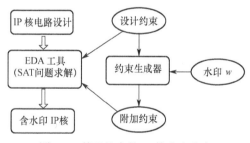

图 7-3　基于约束的 IP 核水印方案

下面介绍一个基于时序约束水印嵌入的具体例子。通过选择路径的时序约束为设计添加水印，可以用"副路径"时序约束代替全路径。假设一条路径由 c_1-c_2- ... -c_{10} 构成，其时序约束为

$$t(c_1 - c_2 - c_3 - ... - c_{10}) \leqslant 50\text{ns} \tag{7-1}$$

通过在原来的路径上确定一点作为两条"副路径"的边界（将原路径切分为两段），用两条"副路径"的约束代替原来的约束，如

$$\begin{cases} t(c_1 - c_2 - ... - c_5) \leqslant 30\text{ns} \\ t(c_6 - c_7 - ... - c_{10}) \leqslant 20\text{ns} \end{cases} \tag{7-2}$$

可以看出，上述两个约束能够满足最初的约束要求。在足够多的时序路径上加入这样的约束就相当于加入了作者的签名，这样的方案对于设计工具来说是透明的，并且提供了 IP 核所有者身份的强有力证明。

SAT 问题是典型的非确定性多项式（NP，Non-deterministic Polynomial）问题，对 NP 问题一般采用启发式方法求解，因此在基于约束的 IP 核水印方案中，可以利用现成的 EDA 软件工具进行实现，而且实现开销并不大。而攻击实现起来则比较困难，甚至可能与重新设计 IP 核的代价相当。

约束水印也存在一些缺点：（1）只有在嵌入水印的同一抽象层次时，水印才能被有效提取，因此其跟踪性能不好；（2）附加的约束条件会使生成的设计偏离最优解，甚至可能无解，而反复迭代会增大嵌入开销；（3）如果在争论 IP 核产权时，公开了约束生成器的约束生成算法，则其他含水印 IP 核的安全就会受到影响，尤其是水印的伪造会变得非常容易。

其实从实现角度而言，SAT 问题普遍存在于 IP 核设计的各个层次（包括算法级、行为级、结构级和物理级等），这些层次均可以利用现有的 EDA 工具进行实现。但是目前的研究成果主要集中在物理级：一方面是由于约束水印的可跟踪性不好，在物理级嵌入才能在物理级有效提取水印；另一方面是因为在物理级设计中，SAT 问题更为普遍。

在物理级，除约束水印技术外，还可以从更低层，通过修改 MOS 管的相关参数，实现水印信息的嵌入，如通过对 MOS 管 finger 数目（将 MOS 管做成叉指形状）进行奇偶控制来嵌入水印。这个过程一般分为三个步骤：（1）将初始水印作为种子，产生伪随机序列；（2）构造所选 MOS 管的连接关系图，根据 MOS 管在图中的位置、沟道类型、沟道宽度、互连路径等进行唯一排序；（3）将 MOS 管队列和伪随机序列对齐，根据伪随机码的二进制值设定相应 MOS 管 finger 数目的奇偶性。这种方法也可以拓展到标准库，不过一般会要求库中每个标准单元有多个不同的实例可供选择。

此外，也可以利用布线等信息来嵌入水印信息，根据网表结构图对信号线进行唯一的排序，然后根据其对应的伪随机序列值控制布线时过孔或弧线数目的奇偶性。

2. 结构级水印嵌入

在结构级水印嵌入技术中，同样可以采用约束水印的方案，即将数字水印映射为一组附加的约束条件并供给综合工具，进而控制结构级逻辑综合、优化和工艺映射过程，生成独特的设计输出。

同时还可以采用特定的方式对网表结构进行修改，以冗余添加/删除技术为例，其基本思想是当一个冗余的连接添加到电路网表上时，可能会产生一系列新的冗余连接，而删除这些新增冗余连接之后，得到的新电路功能与原电路相同，若仍满足延时等指标约束，则可以用新电路替换原有电路。根据冗余添加/删除技术，可以进行水印信息的嵌入。

例如，可以根据 256 位的水印确定网表中下一步需要添加的冗余连接，反复应用冗余添加/删除技术，最后即可生成独特的网表结构。

3. 行为级水印嵌入

在行为级水印嵌入方法中，最常用的是基于有限状态机（FSM，Finite State Machine）对时序电路添加水印的方法。其核心思想是在进行 IP 核设计时，利用有限状态机的冗余状态变迁嵌入水印。如图 7-4 所示，其中图 7-4（a）是原始设计的状态变迁图，如果想在该设计中嵌入水印信息 "10"，则可以像图 7-4（b）所示那样嵌入水印。q_0 状态与 q_4 状态之间原来并没有状态变迁，但可以添加一条新的状态变迁，其输入为 "00"，输出为 "1"。同理，也可以在 q_4 状态与 q_3 状态之间建立新的状态变迁，其输入为 "11"，输出为 "0"。当原始设计空闲的状态变迁比较少时，也可以通过扩充输入的位数来嵌入水印，图 7-4（c）表示将输入由 2 位扩充到 3 位来嵌入水印的过程。

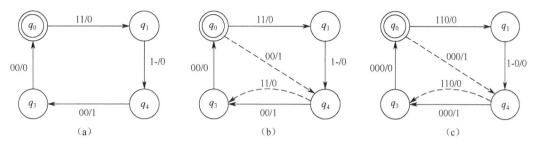

图 7-4　基于 FSM 的 IP 核水印嵌入方法

在行为级还可以通过扫描链，在测试电路中嵌入水印。当芯片处于测试模式时，IP 核将输出测试数据流，其中隐藏水印数据。目前，通过测试数据流有 5 种隐藏水印的方法：（1）先输出水印信息，然后切换到测试数据流输出；（2）在测试数据流输出中周期性地 "插播" 输出水印信息；（3）每输出 n 位测试数据，紧跟着输出 1 位水印数据；（4）将方法（3）中的 n 由某个伪随机序列指定；（5）将水印数据和测试数据进行异或运算后输出。由于测试电路是 IP 核的有机组成部分，甚至在流片封装之后也仍然需要对 IP 核进行测试，并能够将水印提取出来。因此，这个方案的最大好处是嵌入开销低、性能影响小且水印的检测很方便。该方案的缺点是水印完全嵌入测试电路中，一旦公开了水印嵌入方案，攻击者只需修改测试电路就可篡改水印。

4. 算法级水印嵌入

算法级水印嵌入需要结合 IP 核具体实现的算法特征，在不影响算法整体实现功能、性能的前提下，通过对算法的某些环节进行修改来实现水印的嵌入。下面以数字信号处理（DSP，Digital Signal Processing）算法 IP 核为例，介绍基于窗函数修改的水印嵌入方案。

用于快速傅里叶变换（FFT，Fast Fourier Transform）和滤波的窗函数可以用简单的数学公式来表达，因为窗函数的长度一般较大，所以可以在其中引入一些小的变化但不会影响算法的整体性能。设某个典型的长度为 N 的窗函数为 $\{\mathrm{win}_n, 0 \leqslant n \leqslant N-1\}$，其关于中点 $N/2$ 对称。首先，在窗函数中加入一个很小的噪声信号，得到一个新序列为 $\{\mathrm{win}_n^{\mathrm{new}} \mid \mathrm{win}_n^{\mathrm{new}} = \mathrm{win}_n + \alpha r_n, 0 \leqslant n \leqslant N-1\}$，其中 $\{r_n\}$ 是一个关于 $N/2$ 中心对称的、均值为 0 的随机序列，α 是一个很小的正数。然后设计者修改窗函数，嵌入一个长度为 P 的数字水印 $\{w_j, 0 \leqslant j \leqslant P-1\}$，其中 $P \leqslant N/2$。假定从窗序列的位置 win_i（$i+P \leqslant N/2$）处开始嵌入，为满足关于中点的对称性，可以依据式（7-3）进行嵌入

$$
\mathrm{win}_n^w = \begin{cases}
\mathrm{win}_n^{\mathrm{new}}, & 1 \leqslant n \leqslant i-1 \\
\mathrm{win}_n^{\mathrm{new}} + \beta w_{n-i}, & i \leqslant n \leqslant i+P-1 \\
\mathrm{win}_n^{\mathrm{new}}, & i+P \leqslant n \leqslant N/2 \\
\mathrm{win}_{N-n}^w, & N/2 < n \leqslant N-1
\end{cases} \tag{7-3}
$$

式中，β 为一个很小的正数；一般 α 和 β 的取值非常小（$<10^{-3}$），并不会对最终的结果造成影响。

在这种水印嵌入方案中，由于只有系统的原始设计者知道窗函数在修改中加入的噪声信息，因此未经授权的用户不可能得知嵌入在窗函数中的数字水印。

7.2.3　IP 核数字水印检测提取

在衡量 IP 核数字水印技术的标准中，除嵌入水印时对原始设计性能的影响外，还包括后续的水印跟踪性能。典型的 IP 核数字水印提取算法都需要所有者向验证者提供水印的位置信息，进而使验证者在争议 IP 核上根据提供的水印位置来提取水印。这个过程一般需要第三方公正机构在场，否则验证者很容易发生抵赖行为，图 7-5 描述了典型的 IP 核数字水印检测提取流程。

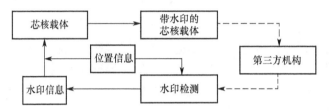

图 7-5　典型的 IP 核数字水印检测提取流程

这种方式存在一个明显的隐患，IP 核所有者在水印检测过程中，会将真实的水印信息交付验证者。然而，并没有任何措施保证验证者不会将真实的水印位置信息透露给其他人。一旦这种事情发生，市场上流通的 IP 核产品中的水印就会失去保密性。

为了解决上述检测存在的问题，可以采用基于零知识协议的 IP 核水印盲检测方案。这种方案的检测过程完全在网络上进行，不需要第三方机构的介入，是一种公开可验证的 IP 核数字水印检测算法。并且，这种方案在水印的检测过程中，声称者通过混淆真实水印的位置对 IP 核文件置乱，只提供验证者置乱后的水印位置信息，因此验证者在检测过程中不会知道水印真实的位置信息。

基于零知识协议的 IP 核数字水印盲检测方案是一个 N 轮的质询过程，其具体流程如图 7-6 所示。声称者为了隐藏真实的水印位置，对嵌入了水印的 IP 核设计进行位置置乱，置乱算法可以选择经典的 Hilbert 位置算法或者 Arnold 矩阵置乱算法等。IP 核数字水印盲检测主要分为以下两个验证部分。

P1：验证 IP 核的有效性。这主要是用来验证声称者发给验证者的 IP 核文件是否是有效的，因为声称者发送给验证者的文件是置乱后的 IP 核文件，完全有可能是声称者自己伪造的一个 IP 核文件，因此验证者需要验证这个置乱后的 IP 核文件的真实性。验证方法需要声称者把置乱算法的参数发送给验证者，验证者重新置乱原始 IP 核文件，如果两个置乱后的文件一致，则证明发送过来的 IP 核文件是有效的。

P2：验证水印的存在性。这主要是验证发送给验证者的 IP 核文件里是否存在用来进行产权区分的水印信息。这需要声称者把置乱后的水印位置信息发送给验证者，验证者根据发送过来的水印位置信息进行水印提取。在这一过程中，验证者不知道具体的 IP 核置乱参数，因此无法逆推出原始水印位置。

通过以上两种方式，可以成功地在水印检测过程中将真实的水印位置隐藏。可以看到，这个方案的安全性可以用 $1-(1/2)^n$ 来衡量，式中的 n 表示质询的轮数，当轮数 n 较大时，该方案能够保证较高的准确性。

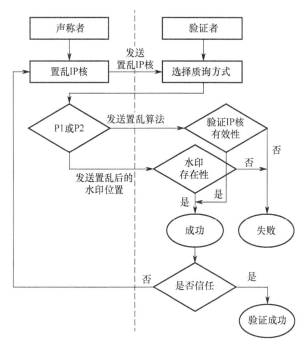

图 7-6　基于零知识协议的 IP 核数字水印盲检测方案流程

7.3　IP 核逻辑混淆技术

混淆（Obfuscation）的术语最初起源于计算机科学领域，程序开发者通过混淆保护程序代码，以防未经授权者进行阅读。Hachez 对代码混淆做了如下定义："对程序 P 进行转换，得到另一个程序 P'，其与 P 具有相同的行为，但 P' 的语义更难以理解，拥有更强的抵抗逆向工程的能力。"逻辑混淆则是该定义在硬件领域中的拓展，一般是指通过改变电路逻辑、控制单元或 IP 核设计的其他部分，使得 IP 核在制造或出售后无法立即使用，需要设计者进行解锁后才能够正常运行。逻辑混淆通常也称逻辑加密，逻辑混淆能保护 IP 核或芯片远离盗窃或克隆。

需要注意的是，逻辑混淆虽然称为逻辑加密，但并不是指利用某种加密算法对芯片的设计文件进行加密，而是指通过一定手段对芯片或 IP 核的功能进行隐藏。通常的手段是向原始的设计中插入一些额外的电路元素，从而隐藏 IP 核功能。为了让 IP 核设计呈现正确的功能，即产生正确的输出，必须向这些经过混淆的设计提供正确的密钥。假如密钥不正确，那么这些经过混淆的设计将执行错误的功能，即产生错误的输出。

根据电路类型的不同，逻辑混淆可以分为时序逻辑混淆和组合逻辑混淆。另外，也可以按照电路设计层级的不同，分为物理级逻辑混淆、电路级逻辑混淆等。在实际 IP 核设计中，一般将这些混淆技术进行联合使用，进行多级协同的混淆结构设计。本节主要对常用的时序逻辑混淆、组合逻辑混淆进行介绍，同时针对物理级逻辑混淆中最常用的门级伪装技术进行介绍。

7.3.1　时序逻辑混淆

在时序逻辑混淆技术中，目前最常用的是通过修改 FSM 进行实现的，其基本思想如图 7-7 所示，通过将一些额外的逻辑状态和跳转添加到原始的状态转移图中，达到隐藏电路功能的目的，只有提供正确的授权密钥，才能进入原始正确的状态转移图。在图 7-7 中，左侧为添加修改的混淆模型，右侧为原始正确的模型。在开始工作后，电路首先进入混淆模型，只有接收到授权密钥（K8、K9、K11），电路才会跳转到原始模型，实现正常的功能。而当授权密钥错误时，FSM 不能跳转到原始模型。为了改善混淆效果，混淆模型中的状态一般是可以相互跳转的。

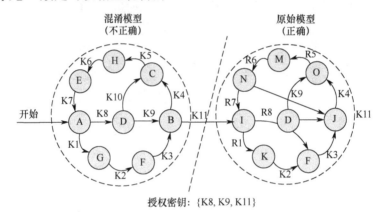

图 7-7　基于 FSM 修改的时序逻辑混淆技术

在基于 FSM 修改的时序逻辑混淆技术实现过程中，有多条不同的技术路径。其中一种是通过在原始 FSM 状态数的基础上，大量增加一些新的状态及跳转，如图 7-8 所示。芯片上电时，可以通过物理不可克隆函数或随机数决定芯片状态及所处的初始状态，由于新增的状态数目非常庞大，因此上电后的初始状态很可能属于新添加的 FSM 状态（如 S_5），这时芯片将无法正常工作。为了使 FSM 从初始的非正常状态跳转到原始 FSM 的正常状态，必须向 FSM 提供一个特定的输入，即只有提供一个正确的密钥才能使电路进入正常工作状态（如 S_5 依次跳转 S_6—S_7—S_0）。

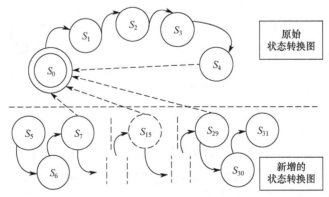

图 7-8　在原始状态转换图中新增转换状态

　　由于上述方法添加状态的数目较多，整体的资源开销会比较大，因此，另一种思路是只向原始的 FSM 中添加少量的状态，并通过选择一些原始状态进行复制以实现 FSM 的修改。如图 7-9 所示，其中 $S_0 \sim S_5$ 为原始 FSM 的状态，复制其中的 S_2，得到 3 个复制状态 S_2'、S_2''、S_2'''。这些复制状态与原始状态拥有相同的跳转连接，即前一状态均为 S_1，后一状态均为 S_3。因此 FSM 从 S_1 跳转到 S_3 需要两步；在第一步中 S_1 跳转到哪一个状态由物理不可克隆函数（PUF）的响应值决定；第二步跳回到状态 S_3，由输入密钥与 PUF 共同决定。

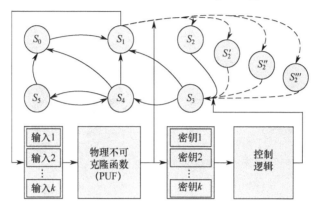

图 7-9　在原始状态转换图中复制增加新状态

　　具体的电路实现如图 7-10 所示，PUF 响应的前两位为 "00"，因此 FSM 会从状态 S_1 跳转到状态 S_2。为了使 FSM 从 S_2 跳转到 S_3，需要的输入条件为 "01"。因为只有设计者知道整个修改后 FSM 的结构及跳转路径，为了让 IP 核正常运行，使用者需要向设计者申请密钥，来与 PUF 响应的后两位进行异或运算，获得使 FSM 从 S_2 跳转到 S_3 的值，从而进行解锁。

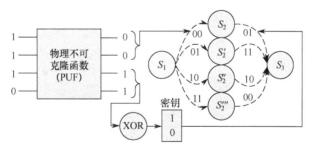

图 7-10　基于状态复制的解锁机制

　　为了进一步提升基于 FSM 逻辑混淆的安全性，还可以通过动态状态映射的方法来保护正常工作模式下的原始有效状态。正常模式下的每个原始状态 S_x 的转换都需要通过密钥认证，如果将错误的密钥应用于 FSM，则正常状态将跳转到黑洞状态 B_x。每个黑洞状态与周围的黑洞状态相邻，组成黑洞集群。一旦进入黑洞集群，FSM 就再也不会返回到正常状态，输出在黑洞状态不断循环，用于保护所有正常状态。

　　下面以 AES 算法的芯片实现为例，介绍动态状态映射方法。图 7-11 所示为设计的 AES 状态机模型，其中 KS 为状态控制密钥，混淆状态和有效状态之间可以互相转换，黑洞状态和有效状态之间不能转换。

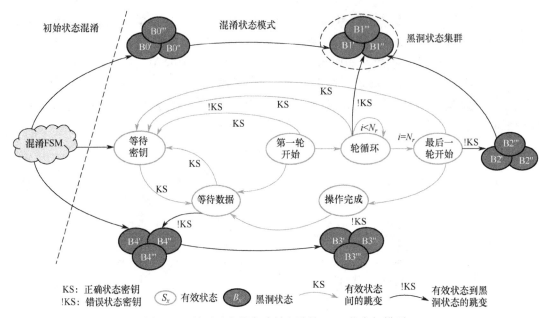

图 7-11　基于动态状态映射方法的 AES 状态机模型

AES 算法安全混淆加密电路结构如图 7-12 所示，输入明文和密钥均为 128 位的 D_{in} 和 Key，输出密文为 128 位的 D_{out}。加密操作如下。

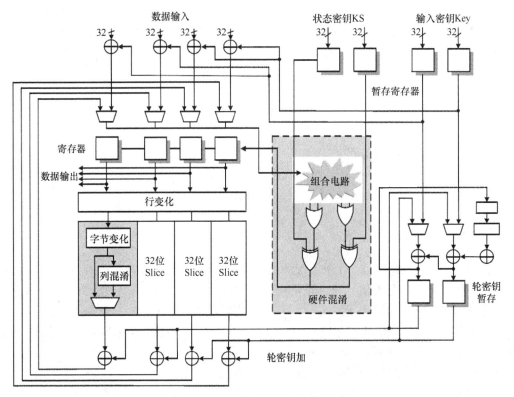

图 7-12　AES 算法安全混淆加密电路结构

（1）初始化第 1 轮状态和密钥的第 1 轮 Key，判断状态密钥 KS，错误进入黑洞状态，正确进入步骤（2）。

（2）N_{r-1} 轮中间运算。每轮的运算过程如下：①分别执行行移位、字节代替、列混淆和轮密钥加操作；②判断状态密钥 KS，错误时 D_{out} 输出取反，正确时输出 D_{out}，进行状态的下一行计算。

（3）最后一次轮运算，先将状态前 3 行复制到状态最后 3 行，然后将状态进行字节变化，将状态的当前行与密钥的最后一轮密钥进行异或操作。当 KS 正确时，输出 D_{out}，完成整体操作；当 KS 错误时，将 D_{out} 按位取反后输出。

7.3.2　组合逻辑混淆

组合逻辑混淆技术可以分为两类：逻辑加密（Logic Encryption）和逻辑置换（Logic Permutation），下面将分别进行介绍。

1. 逻辑加密

在组合逻辑混淆技术中，最初是通过插入异或门/异或非门（XOR/XNOR）隐藏 IP 核设计的功能的。通常，这些新插入的逻辑门称为关键门，关键门的其中一个输入信号称为控制信号，通过这些控制输入，可以将逻辑门配置为缓冲器或反相器。如图 7-13 所示，该电路使用了 G_1、G_2 作为关键门，输入信号 $I_1 \sim I_6$ 为功能输入，K_1 与 K_2 作为密钥信号与关键门相连。当使用正确的密钥值（$K_1 = 0$，$K_2 = 1$）时，电路产生正确的输出，否则将输出错误的值。

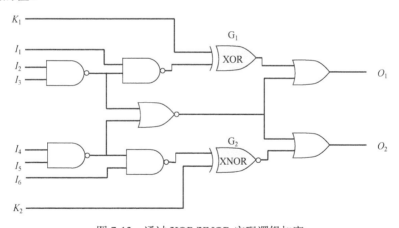

图 7-13　通过 XOR/XNOR 实现逻辑加密

如果只是简单地插入 XOR 或 XNOR，当面对逆向工程攻击时，攻击者能较为容易地通过关键门的类型推断出密钥值。因此，为了提高安全性，可以利用摩根定律将部分 XOR 替换为 XNOR 或反相器（也可以将部分 XNOR 替换为 XOR 或反相器），同时将反相器布局在远离关键门的位置，从而提高电路复杂度和攻击难度。

另外，也可以通过增加可重构的逻辑单元来实现逻辑加密。如图 7-14 所示，逻辑信息自下向上流动，在输入到输出的每条路径都设置一个逻辑障碍（LB，Logic Block），从而把输入与输出分隔开，其中逻辑障碍可以采用查找表（LUT，Look-Up Table）实现。当执行正确的密钥时，信息流不会被打断，如图 7-14 中黑色的直箭头所示；若密钥不正确，则障碍将会阻止信息的流动，使数据呈倾斜流动，如图 7-14 中弯曲的黑色箭头所示。

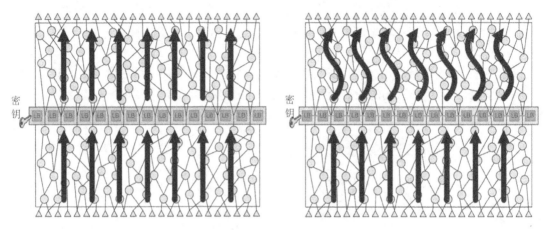

图 7-14 基于可重构逻辑障碍的逻辑加密

2. 逻辑置换

逻辑置换是采用置换网络实现输入和输出的映射的，如图 7-15 所示，方框内是一个置换网络，用于实现输入和输出的对应连接关系，网络的连接状态由密钥 Key 控制，当密钥正确时，置换网络能够实现正确的输入和输出映射关系；当密钥错误时，输入和输出的映射关系也是错误的。

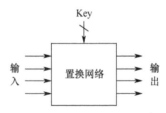

图 7-15 逻辑置换结构示意图

在逻辑置换中，其核心部分是置换网络的设置，目前主流的置换网络可以分为阻塞置换网络（BPN，Blocking Permutation Network）和非阻塞置换网络（NBPN，Non-Blocking Permutation Network）两种。

其中，BPN 只能实现部分输入和输出的连接关系，典型 BPN 包括蝶形网络（Butterfly Network）和欧米伽网络（Omega Network），其结构如图 7-16 所示。该图中每个方块都表示一个 2-2 的网络开关，开关状态分为直通和交叉，实际工作中的状态是由 1 位的控制字决定的，多个开关的控制字就构成了密钥 Key。因此，密钥 Key 的位数与开关数目直接相关。图 7-16 中的网络各有 12 个开关，因此密钥可能的取值共有 2^{12}=4096 种。

NBPN 可以实现输入和输出的所有可能连接，其中较为典型的是 Clos 网络和 Multiplexer（MUX）网络。Clos 网络结构如图 7-17 所示，由三级构成，每级都包括多个交叉开关矩阵（Crossbar）。MUX 网络如图 7-18 所示，内部通过多路选择器或者传输管实现输入和输出的任意连接。

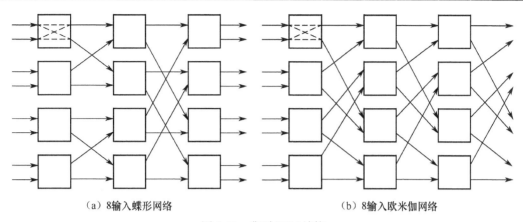

（a）8 输入蝶形网络　　　　　　　　　（b）8 输入欧米伽网络

图 7-16　典型 BPN 结构

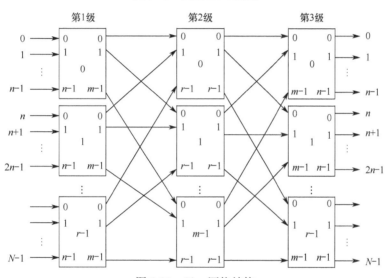

图 7-17　Clos 网络结构

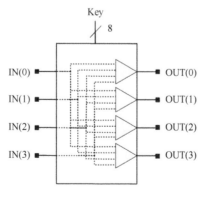

图 7-18　MUX 网络

7.3.3　基于门级伪装的逻辑混淆

门级伪装技术是指通过对标准单元库进行重新设计，把多个不同功能的标准单元伪装成在物理上极其相似的单元，使得在面临逆向攻击时，攻击者很难对不同单元进行区分，从而实现防护效果。同时，在伪装技术中还可以通过向芯片的空闲空间中填充无用的标准单元或者无用的连接，达到欺骗攻击者的目的，而这些额外填充的单元不具有任何有效的逻辑功能。如图 7-19 所示，对于标准的 NAND 和 NOR 单元，通过版图能够对其进行明显区分，伪装之后，二者在版图层面非常相似，但功能是不同的。

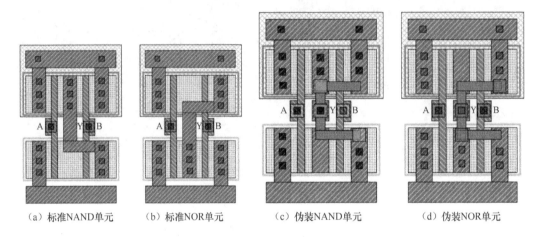

（a）标准NAND单元　　（b）标准NOR单元　　（c）伪装NAND单元　　（d）伪装NOR单元

图 7-19　门级伪装示例

这类伪装单元一般是通过真假触点实现的，如图 7-20 所示，其中真触点横跨于金属 M1 和多晶硅之间，能够实现真实的电气连接，而假触点则在中间有一个间隙，用于伪造连接。但是当自顶向下对二者进行观察时，很难进行区分。

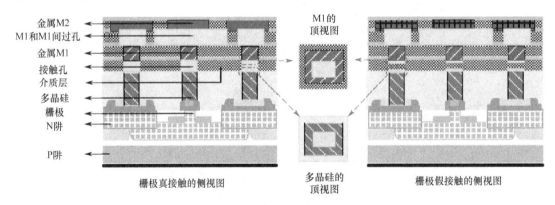

图 7-20　伪装单元门电路的横截面

在门级伪装中，较为典型的是可配置 CMOS 单元，如图 7-21 所示，该单元拥有 19 个触点，每个触点均可配置为真、假接触，如表 7-1 所示，通过真、假触点的不同组合，伪装门可以执行三种不同的逻辑功能：NAND、NOR 或 XOR。例如，当触点 2、4、6、8、11、12、16、17 为真，触点 1、3、5、7、9、10、13、14、15、18、19 为假时，伪装的 CMOS 单元执行 NAND 门的功能。

当攻击者执行自上而下的逆向攻击时，他无法检测到一个触点是真的还是假的，因为从芯片的俯视图来看，即使采用光学和电子显微镜观察分析，真、假触点也是一样的。所以，这种可配置 CMOS 单元在攻击者眼里都是一样的。

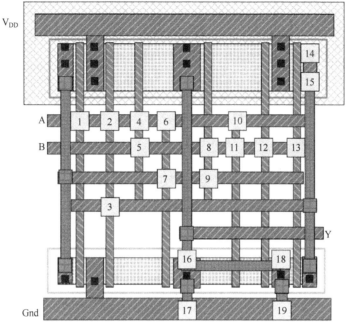

图 7-21　可配置 CMOS 单元

表 7-1　可配置 CMOS 单元实现的功能及对应的接触特性

功　　能	接　　触	
	真　　实	虚　　假
NAND	2、4、6、8、11、12、16、17	1、3、5、7、9、10、13、14、15、18、19
NOR	2、5、6、11、12、18、19	1、3、4、7、8、9、10、13、14、15、16、17
XOR	1、3、4、7、9、10、12、13、14、15、18、19	2、5、6、8、11、16、17

电路伪装技术极大地降低了 IP 核被逆向工程破解的风险，攻击者通过解剖芯片提取出伪装后的电路网表如图 7-22 所示，由于伪装单元的功能未知，可能是任意一种二输入门电路，因此容易导致攻击者难以识别或引起判断出错，最终无法得到正确的电路网表。然而电路伪装技术一般需要工艺上的支持，往往应用于定制化芯片。

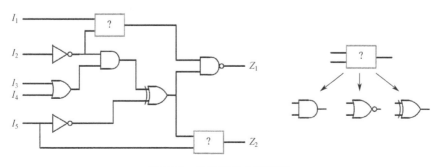

图 7-22　伪装后的电路网表

7.4　芯片计量技术

在现有的芯片设计生产模式下，设计公司通常会将芯片的生产外包给不受信任的代工厂，从而可能产生芯片盗版和过度生产等问题，为了解决这些问题，芯片计量技术应运而生。芯片计量技术在本质上是一套安全协议，其最早由加利福尼亚大学伯克利分校的Koushanfar 等于 2001 年提出，该技术可以使芯片设计人员精确计数制造的芯片数量，或者通过远程操控的方法使芯片工作，实现对制造芯片的有效控制。根据实现机制的不同，可以将芯片计量技术分为被动式和主动式两类，如图 7-23 所示，本节将对这两类芯片计量技术进行介绍。

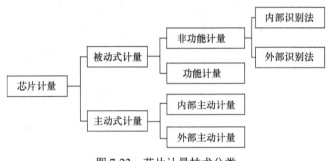

图 7-23　芯片计量技术分类

7.4.1　被动式芯片计量

在被动式芯片计量技术中，根据是否与功能有关，可以分为被动式非功能计量技术和被动式功能计量技术。其中，被动式非功能计量技术已经应用了很多年，该技术是通过在每个芯片上制备唯一的 ID 或者将 ID 存储在芯片内的非易失性存储器中来实现的，较为典型的例子是 Intel 在奔腾III处理器中包含了唯一序列号。然而通过这两种方法生成的芯片 ID可以很容易地被攻击者删除或复制。此外，这两种方法也不能防止代工厂恶意制造过多的芯片，因为它们可以对 ID 进行复制并内置于过度制造的芯片中。

为了克服上述芯片计量技术存在的不足，需要在芯片内部引入不可复制的 ID，其中较为典型的是采用第 6 章介绍的物理不可克隆函数（PUF），利用 PUF 的物理不可克隆性，能够生成属于芯片的唯一 ID。对于这种在原始芯片/IP 核设计中引入新的附加电路结构，将其划分为外部识别方法。同时，还有内部识别方法，其是指利用芯片或 IP 核自身的特点进行 ID 生成。

下面以两输入与非门（NAND2）电路为例介绍内部识别方法，如图 7-24（a）所示，电路中包含 4 个 NAND2 门，图 7-24（b）是对 NAND2 进行不同输入时泄露电流的大小，当输入为"11"时泄露电流最大。在现代的深亚微米工艺中，由于工艺的随机波动，每个门电路都有自己的独特性，不同 NAND2 门的电流泄露特性会有显著不同。图 7-24（c）给出了两个芯片中对应 NAND 电路的泄露电流大小，其值为与图 7-24（b）中的值进行归一化处理后得到的缩放因子，可以看到不同芯片的电流值差异巨大。对于不同芯片而言，当输入的向量不同时，其功耗特性也有显著差异，如图 7-24（d）所示。由于芯片中特定电路的泄露电流是可以测量的，因此可以利用泄露电流的缩放因子构造芯片的特定 ID。例如，如果电流缩放因子小于 1，则对应 ID 为 0，否则对应 ID 为 1，根据这一规则 IC 1 的 ID 为 0111，IC 2 的 ID 为 1010。

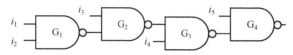

（a）包含4个两输入NAND的电路

NAND2	
输入	泄露电流/nA
00	37.84
01	100.3
10	95.7
11	454.5

（b）NAND2中不同输入的泄露电流

门	缩放因子	
	IC 1	IC 2
G_1	0.5	2.4
G_2	1.3	0.6
G_3	2.1	4
G_4	3	0.9

（c）两个不同IC的泄露电流缩放因子

输入向量	泄露电流/nA	
	IC 1	IC 2
00011	1391	2055
10101	2082	1063
01110	1243	2150
11001	1841	1905

（d）不同输入向量的泄露电流

图 7-24　基于 NAND 泄露电流的内部识别方法

对于被动式功能计量技术，其将芯片的计量与功能融合在一起，例如，可以将各个芯片的控制路径唯一化，从而使每个芯片都有一个特定的内部控制序列。尽管其有内部的差异，但是来自同一个设计和模型的所有芯片的输入和输出特性是相同的。在具体实现过程中，可以在芯片内部嵌入一小块可编程逻辑，对于芯片内的典型数据通路，可以用多条控制路径进行控制，而具体选择哪条控制路径，则在芯片生产之后，由可编程的路径进行编程确定。

7.4.2　主动式芯片计量

与被动式芯片计量技术相比，主动式芯片计量技术不仅可以使用唯一且不可克隆的方式标记芯片，还提供了一个有效的机制来控制、监督、锁定和解锁芯片生产。根据实施机制，主动式芯片计量技术可以进一步分为内部主动式芯片计量技术和外部主动式芯片计量技术。

在内部主动式芯片计量技术中，一般在芯片设计的功能规范上实现芯片的锁定和解锁机制。其中，典型的方法是通过对芯片内部的有限状态机进行修改实现，其方法与 7.3.1 节中的时序逻辑混淆类似，通过在芯片原始设计的有限状态机中添加若干状态，使芯片的上电状态处于这些添加的状态中，而芯片如果想从上电状态进入正常工作状态，则需要输入正确的密钥序列。

外部主动式芯片计量技术则需要利用外部的非对称加密技术完成对芯片的认证，只有认证成功的芯片才可以正常工作，而认证的实现需要在 IP 核设计中增加额外的控制信号。

图 7-25 是主动式芯片计量方法的整体流程，首先设计者使用高层次设计描述，确定插入芯片锁定的位置，之后在芯片的设计阶段（RTL、综合、布局布线等）按照常规流程进行，并将生产的 GDSII 版图文件交付代工厂。由于芯片内部设定了锁定机制，因此每个芯片在制造完成以后被唯一地锁定。在测试阶段，制造商从每个芯片中扫描出独特的标识信息并将其发送给设计者，而设计者可以计算出每个芯片的解锁序列并对芯片进行解锁操作。

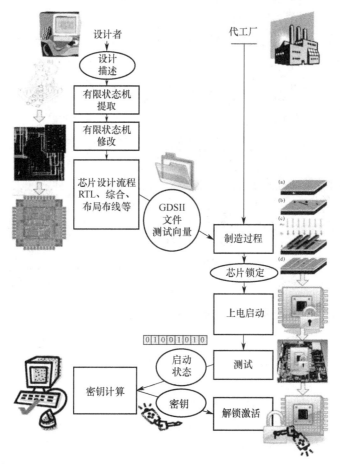

图 7-25　主动式芯片计量方法的整体流程

7.5　本章小结

在现有芯片产业模式下，IP 核发挥着越来越重要的作用。本章首先介绍了 IP 核的基本概念和分类方法，概括分析了 IP 核面临的安全威胁；之后重点围绕 IP 核数字水印技术、IP核逻辑混淆技术及芯片计量技术三个方面详细介绍了针对 IP 核的安全防护方法。随着芯片技术的发展，针对 IP 核的防护只有从更多方面进行统筹考虑，包括芯片设计技术、交互认证技术、商业模式、法律法规等，才能实现更好的防护效果。

参 考 文 献

[1]　楼偶俊，祁瑞华，邬俊，等. 数字水印技术及其应用[M]. 北京：清华大学出版社，2018.

[2]　Kahng, Andrew B, et al. Constraint-based watermarking techniques for design IP protection[J]. IEEE Transactions on Computer-Aided Design of Integrated Circuits and Systems, 2001, 20(10): 1236-1252. DOI: 10.1109/43.952740.

[3]　Kahng A B, Lach J C, Mangione-Smith W H, et al. Watermarking techniques for intellectual property

protection[C]// Proceedings Design and Automation Conference. San Francisco, CA, USA: IEEE, 1998: 776-781. DOI: 10.1145/277044.277240.

[4] Rajendran J, Pino Y, Sinanoglu O, et al. Logic encryption: a fault analysis perspective[C]// Design Automation and Test in Europe Conference & Exhibition (DATE). Dresden, Germany: IEEE, 2012: 953-958. DOI: 10.1109/DATE.2012.6176634.

[5] 李立威. 防御逆向攻击的逻辑混淆电路设计[D]. 宁波：宁波大学，2019.

[6] 潘钊. 面向密码算法 IP 固核的状态混淆研究[D]. 宁波：宁波大学，2019.

[7] Roy J A , Koushanfar F, Markov I L. EPIC: Ending Piracy of Integrated Circuits[C]// Design, Automation and Test in Europe. Munich, Germany: IEEE, 2008: 1069-1074. DOI: 10.1109/DATE.2008.4484823.

[8] Baumgarten A, Tyagi A, Zambreno J. Preventing IC piracy using reconfigurable logic barriers[J]. IEEE Design and Test of Computers, 2010, 27(1): 66-75. DOI: 10.1109/MDT.2010.24.

[9] Zamanzadeh S, Jahanian A. Higher security of ASIC fabrication process against reverse engineering attack using automatic netlist encryption methodology[J]. Microprocessors and Microsystems, 2016, 42(3): 1-9. DOI: 10.1016/j.micpro.2015.11.017.

[10] Rajendran J, Sam M, Sinanoglu O, et al. Security analysis of integrated circuit camouflaging[C]// Proceedings of the ACM conference on computer and communications security. New York, USA: Association for Computing Machinery, 2013: 709-720. DOI: 10.1145/2508859.2516656.

[11] Koushanfar F. Introduction to Hardware Security and Trust [M]. New York: Springer, 2011.

[12] Yousra M. Alkabani, Farinaz Koushanfar. Active hardware metering for intellectual property protection and security[C]// Proceedings of 16th USENIX Security Symposium on USENIX Security Symposium. USA: USENIX Association, 2007: 1-16.

[13] 张慧. 安全可靠的主动式 IC 计量技术研究[D]. 哈尔滨：哈尔滨工业大学，2020.

[14] RAO V V, Savidis I. Parameter biasing obfuscation for analog IP protection[C]// Proceedings of IEEE International Symposium on Hardware Oriented Security and Trust (HOST). Mclean, VA, USA: IEEE, 2017: 161. DOI: 10.1109/HST.2017.7951825.

[15] Sengupta A, Kachave D, Roy D. Low cost functional obfuscation of reusable IP cores used in CE hardware through robust locking[J]. IEEE Transactions on Computer-Aided Design of Integrated Circuits and Systems, 2019, 30(8): 604-616. DOI: 10.1109/TCAD.2018.2818720.

[16] ZHANG J. A practical logic obfuscation technique for hardware security[J]. IEEE Transactions on Very Large Scale Integration Systems, 2016, 24(3):1193-1197. DOI: 10.1109/TVLSI.2015.2437996.

[17] Azriel L, RAN G, Gueron S, et al. Using scan side channel to detect IP theft[J]. IEEE Transactions on Very Large Scale Integration Systems, 2017, 25(12):3268-3280. DOI: 10.1109/TVLSI.2017.2715188.

[18] Lee J, Tebranipoor M, Plusquellic J. A low-cost solution for protecting IPs against scan-based side-channel attacks[C]// IEEE VLSI Test Symposium. Berkeley, CA, USA: IEEE, 2006: 94-99. DOI: 10.1109/VTS.2006.7.

[19] ZHANG J, LIN Y, LIU Y, et al. FPGA IP protection by binding finite state machine to physical unclonable function[C]// International Conference on Field Programmable Logic and Applications. Porto, Portugal: IEEE, 2013: 1-4. DOI: 10.1109/FPL.2013.6645555.

[20] Maes R, Schellekens D, Verbauwhede I. A pay-per-use licensing scheme for hardware IP cores in recent SRAM-based FPGAs[J]. IEEE Transactions on Information Forensics & Security, 2012, 7(1): 98-108. DOI: 10.1109/TIFS.2011.2169667.

[21] Koushanfar F. Provably secure active IC metering techniques for piracy avoidance and digital rights management[J]. IEEE Transactions on Information Forensics & Security, 2012, 7(1): 51-63. DOI: 10.1109/TIFS.2011.2163307.

第8章 处理器安全防护

处理器作为现代计算机的核心基础，自诞生以来，在逻辑结构、运行效率及功能外延上取得了巨大发展，但随之而来的安全问题也日益增多，成为众多攻击者的主要攻击目标。本章首先对处理器的基本工作机制、安全模型及面临的安全问题进行分析，之后重点围绕基于缓存的时间侧信道攻击及瞬态执行攻击进行阐述，最后对中央处理器的安全防护技术进行介绍。

8.1 引言

如图 8-1 所示，在计算机体系结构中，中央处理器（CPU，Central Processing Unit）作为运算和控制的核心，是信息处理、程序运行的最终执行单元，同时负责对所有硬件资源（如存储器、输入/输出单元等）进行控制调度。计算机系统中所有软件层的操作最终都将通过指令集映射为 CPU 的操作。

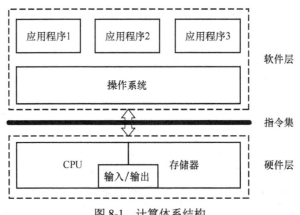

图 8-1 计算体系结构

1971 年，Intel 将运算器和控制器集成在单个 4004 微处理器芯片上，标志着 CPU 的诞生，之后 CPU 技术得到了飞速发展。1978 年，8086 处理器的出现奠定了 X86 指令集架构，随后 8086 系列处理器被广泛应用于个人计算机终端和服务器中。1989 年发布的 80486 处理器实现了 5 级标量流水线，标志着 CPU 的逐步成熟，也预示着传统处理器发展阶段的结束。1995 年 11 月，Intel 发布了 Pentium 处理器，该处理器首次采用超标量指令流水结构，同时引入了指令的乱序执行和分支预测等技术，大大提高了处理器的性能，因此，超标量指令流水线结构一直被后续处理器继承，如 Intel 的 Core 系列及 AMD 的 K9、K10 等处理器。此外，为了满足操作系统的上层工作需求，现代处理器也进一步引入了诸如并行化、多核化、虚拟化及远程管理等功能，不断推动着上层信息系统向前发展。

CPU 在蓬勃发展的同时也带来了诸多的安全问题，如 1994 年出现在 Pentium 处理器上的浮点除错误（FDIV，Floating Point Divide），其会导致浮点运算中的除法出现计算错误；1997 年，Pentium 处理器上的 F00F 异常指令可导致 CPU 宕机；2011 年，Intel 处理器可信执行技术（TXT，Trusted eXcution Technology）存在缓冲区溢出问题，可被攻击者用于权限提升；2017 年，Intel 管理引擎（ME，Management Engine）组件中的漏洞可导致远程非授权的任意代码执行；2018 年，熔断（Meltdown）和幽灵（Spectre）两个 CPU 漏洞几乎影响到过去 20 年制造的每种计算设备，使存储在数十亿台设备上的隐私信息存在被泄露的风险。随着针对 CPU 的安全问题不断暴露，针对 CPU 的安全性技术研究也越来越受到人们的重视。

8.2　CPU 的工作机制

本节主要针对 CPU 的基本处理流程、流水线、乱序执行及分支预测等技术进行介绍，同时由于目前针对 CPU 的攻击都会借助缓存实现，因此本节也对缓存和共享内存的概念进行简要介绍。

8.2.1　CPU 处理流程

一般地，CPU 处理指令的流程分为以下 5 个阶段：取指、译码、执行、访存和写回。如图 8-2 所示，CPU 内部可分为控制单元、运算单元和寄存器单元，结合 5 个阶段，具体工作流程如下。

（1）取指（IF，Instruction Fetch），即将一条指令从主存储器中取到指令寄存器的过程。在 CPU 中，采用程序计数器（PC，Program Counter）指示当前指令在内存中的位置。在一条指令被取出后，程序计数器中的数值将根据指令字长度自动递增，如图 8-2 中的①所示。

（2）译码（ID，Instruction Decode），即指令取出后，指令译码器按照预定的指令格式，对取到的指令进行拆分和解释，识别区分出不同的指令类别及获取操作数的方法，如图 8-2 中的②所示。

（3）执行（EX，Execute），是指 CPU 根据译码得到的指令，通过运算单元执行相应的运算操作或计算第（4）步所需的访存地址，如图 8-2 中的③所示。

（4）访存（MEM，Memory Access），其根据指令需要和执行阶段得到的访存地址进行存储器的读/写访问操作，如图 8-2 中的④所示。

（5）写回（WB，Write Back），其作为 CPU 处理的最后一个阶段，把执行指令后的运行结果数据写回到 CPU 内部的寄存器中，以便被后续的指令快速访问，如图 8-2 中的⑤所示。

在指令执行完毕、结果数据写回之后，若无意外事件（如结果溢出等）发生，则计算机将从程序计数器中取得下一条指令地址，并开始新一轮的循环。

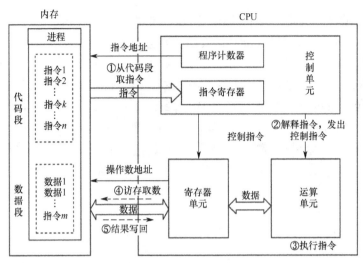

图 8-2　CPU 的处理流程

1. 指令流水线

在上面描述的 5 个阶段 CPU 处理流程中，在实际应用中 CPU 的硬件利用率较低。例如，在执行译码时，其他 4 个阶段都是空闲的，为了提升处理器的利用效率和吞吐率，现代的处理器中都会采用流水线技术。流水线技术的本质是一种时间上的并行运算，利用指令执行的不同阶段使用不同硬件这一特点，实现在单位时间内提交更多的指令，其因与工厂中生产流水线十分相似而得名。如图 8-3 所示，当没有采用流水线时，每个周期 T 只执行指令 i 的一个阶段操作，执行完一条指令需要 5 个周期，之后进行下一条指令 $i+1$ 的操作，10 个时钟周期只能执行两条指令；而当采用流水线时，在执行完指令 i 的取指后，不需要等待指令 i 执行结束，即可进入指令 $i+1$ 的取指阶段，如此可实现多条指令的并行操作，在10 个时钟周期可以执行 6 条指令，大幅提高了处理器整体的吞吐率。理论上，在没有流水线停顿的情况下，可以实现一个时钟周期执行一条指令。

指令序列	时钟数									
	T_1	T_2	T_3	T_4	T_5	T_6	T_7	T_8	T_9	T_{10}
指令 i	IF	ID	EX	MR	WB					
指令 $i+1$						IF	ID	EX	MR	WB

（a）无流水线的指令执行过程

指令序列	时钟数									
	T_1	T_2	T_3	T_4	T_5	T_6	T_7	T_8	T_9	T_{10}
指令 i	IF	ID	EX	MR	WB					
指令 $i+1$		IF	ID	EX	MR	WB				
指令 $i+2$			IF	ID	EX	MR	WB			
指令 $i+3$				IF	ID	EX	MR	WB		
指令 $i+4$					IF	ID	EX	MR	WB	
指令 $i+5$						IF	ID	EX	MR	WB

（b）采用流水线的指令执行过程

图 8-3　采用流水线和无流水线的指令执行过程对比

2. 乱序执行

乱序执行（Out-Order Execution，OOE）技术是指 CPU 允许根据寄存器等电路单元状态及指令间是否存在依赖关系、是否可提前执行等具体情况，将可以提前执行的指令立即发送到相应的电路单元执行，在此过程中，指令的实际执行顺序可能与程序中的指令顺序有差异，但运算结果要按照原有程序指令的顺序进行重新排列才能最终输出。在顺序执行中，一旦出现指令依赖情况，流水线就会停止，采用乱序执行的主要目的是避免由运算数据未到位造成的等待，即不将流水线完全阻塞，而是预先执行流水线中不受当前状态影响的指令，从而充分利用 CPU 的内部电路资源，使其尽可能满负荷运转，相应的 CPU 运行程序速度也能得到提升。下面从执行流程上详细介绍顺序执行和乱序执行的区别。

处理器顺序执行的步骤如下。

（1）指令获取；

（2）若数据准备好，则将指令发送至合适的功能单元；若数据没有准备好（当前时钟周期内数据不可获取，通常需要从主存储器读取数据），则处理器等待数据到达（一般数据到达寄存器后视为数据准备完成）；

（3）指令在相应功能单元执行；

（4）功能单元将运算结果写回寄存器。

处理器乱序执行的步骤如下。

（1）指令获取；

（2）指令被发送至执行缓冲区（也称保留站，是一个指令序列，用于寄存器重命名以消除数据相关性）；

（3）指令在缓冲区中等待运算对象的到达，一旦数据准备好，相应指令就可无视指令顺序离开缓冲区（指令可以比静态代码中位于自己前面的指令更早离开缓冲区）；

（4）指令被分配至合适功能单元执行；

（5）将运算结果放入一个结果序列中；

（6）只有在该指令位置之前的所有指令都将其结果写入寄存器后，当前指令的结果才被允许写入寄存器（该过程也称 Retire，即退役）。

图 8-4 为支持乱序执行技术的指令流水线的实际执行状况，在指令 i 处理异常的过程中，指令 $i+1$、$i+2$、$i+3$ 可以在指令 i 异常处理过程中继续执行并提交。然而，一旦指令 i 的异常处理结果要求回滚，则指令 i 的所有后续指令就都会停止，已提交的执行结果都会清除，如寄存器清零等。

指令序列	时钟数									
	T_1	T_2	T_3	T_4	T_5	T_6	T_7	T_8	T_9	T_{10}
指令 i	指令执行					处理异常				回滚
指令 $i+1$			指令执行				提交			回滚
指令 $i+2$				指令执行				提交		回滚
指令 $i+3$					指令执行				提交	回滚

图 8-4　支持乱序执行技术的指令流水线的实际执行状况

3．分支预测和推测执行

分支预测（BP，Branch Prediction）和推测执行（SE，Speculation Execution）是 CPU 动态执行技术中的主要内容，其目的都是提高 CPU 的运算速度。推测执行依托分支预测基础，在分支预测程序确定是否分支后所进行的处理就是推测执行。

当 CPU 在处理一个分支指令时，有可能产生跳转，从而打断流水线指令的处理，因为处理器无法确定该指令的下一条指令，直到分支指令执行完毕。一般地，流水线越长，处理器的等待时间便越长，而分支预测技术就是为了解决这一问题而出现的。简单来说，分支预测就是处理器在程序分支指令执行前预测其结果的一种机制。采用分支预测时，处理器会猜测进入哪个分支的可能性更大，并且基于预测结果提前执行取指、译码等操作。如果猜测正确，就能节省时间；如果猜测错误，则从头再来，刷新流水线，回到正确的地址处重新开始执行取指、译码等操作。

8.2.2　缓存和共享内存

1．缓存

在现有的计算机体系结构下，CPU 操作数据的速度与主存储器（常为 DRAM）数据读/写速度之间的差距日益增大（处理器从寄存器文件中读取数据比从主存中读取数据几乎要快 100 倍）。为了解决该问题，现有的解决方式是在主存储器和 CPU 寄存器之间引入高速缓存（Cache）作为数据暂时的集结区域，用于存放处理器近期可能会需要的数据，如图 8-5 所示。

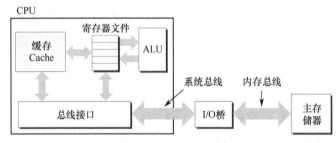

图 8-5　高速缓存存储器

现代处理器的 Cache 通常是层次化的，每个层次的 Cache 容量大小是不一样的，以 X86 架构的 CPU 为例，最早只有一级缓存（L1 Cache），L1 Cache 的访问速度与寄存器接近。而随着 CPU 性能的不断提升，在 L1 Cache 与主存储器间又逐渐引入了容量更大的 L2 Cache 和 L3 Cache。图 8-6 为 Intel 酷睿处理器的 Cache 架构，其中 L1 Cache 被每个核心单独占有，容量最小、速度最快，其内部根据缓存内容又分为数据 Cache 和指令 Cache。L2 Cache 容量大一些，但速度慢一些，一般情况下每个核心上都有一个独立的 L2 Cache。L3 Cache 容量最大，也称最后一级缓存（LLC，Last Level Cache），一般在多核 CPU 中 L3 Cache 是所有核心共有的。

在 CPU 开始执行任务时，它首先在 L1 Cache 中寻找所需的数据，如果未找到数据，则再从更外层的 L2 Cache 和 L3 Cache 中寻找。如果在 Cache 中找到所需的数据（也称为命中），则不经主存直接从 Cache 中返回该数据；如果没有在 Cache 中找到数据（也称为缺失），则需要先把主存中相应的数据载入 Cache，再将其返回处理器。在 Intel 处理器中，L3 Cache 最重要的特征是具有包容性，即所有在 L1 Cache 和 L2 Cache 里的数据都会存在于 L3 Cache 中。

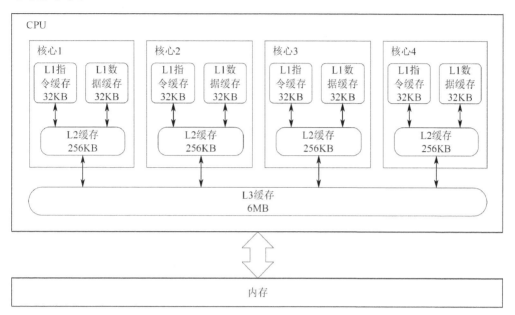

图 8-6 CPU 中的缓存架构（Intel Ivy Bridge）

Cache 与内存之间进行交互时是以块（Block）为基本单位的，Cache 中存储的内容是内存块的副本，一个内存块通常对应 Cache 中的一个缓存行（Cache Line）。Cache 与内存的映射方式有三种：直接映射缓存（DMC，Direct Mapped Cache）、全相联缓存（FAC，Fully Associative Cache）和多路组相联缓存（MSAC，Multiway Set Associative Cache），这三种方式各有优缺点，现代处理器一般采取多路组相联缓存设计。

在多路组相联缓存结构中将 Cache 按组（Set）进行划分，每个 Cache 组都包含 N 个缓存行，也称为 N 路（Way）组相连。内存数据以地址为索引分别映射到不同的 Cache 组中，系统根据 Cache 的替换策略再选择具体映射在哪一路中，路数 N 也称为 Cache 的相联度。

图 8-7 给出了地址为 32 位、容量为 8 个字、块大小为 1 个字、相联度 N 为 2 的两路组相联缓存的硬件结构。在该缓存中有 4 个组，因此需要根据存储器地址中的 2 位组号进行组的选择，同时由于块大小为一个字（包含 4 字节），因此需要根据地址中的 2 位偏移量（最后 2 位）进行字节的选择，32 位地址中剩余的 28 位为标志位。在图 8-7 中，每路由有效位（Valid）、标志位（Tag）和数据块（Data）组成，其中有效位用来表示该路是否有效，标志位用于比较两路中哪一路存储了目的数据，数据块用来存储目标数据。Cache 从选定的组中读取所有两路中的缓存行，检查标志位和有效位以确定是否命中。如果其中一路命中，则多路选择器从此路选择数据。

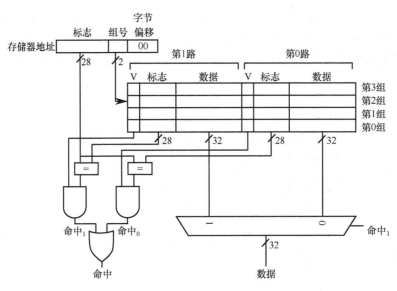

图 8-7　两路组相联缓存的硬件结构

2. 共享内存

　　共享内存的特征是允许两个不相关的进程访问同一个逻辑内存。作为进程之间共享数据和传递信息的一种卓有成效的方式，共享内存还能减少内存占用，这在本质上是一种内存复用的思路。如图 8-8 所示，进程可以将同一段共享内存映射到自己的地址空间中，它们都可以访问共享内存中的地址。而如果某个进程向共享内存写入数据，那么所做的改动将会立即影响可以访问同一段共享内存的其他进程。系统对于共享页的映射，采用的是写入时复制（CoW，Copy on Write）方案，即将改动过的数据延后写入内存中。两个进程共享内存页，也就会导致共享同一个处理器上的 Cache 部分。

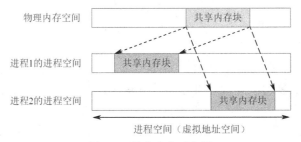

图 8-8　共享内存示意图

　　在操作系统中存在一种内存优化机制，即对于共享库，操作系统会将存储该库的同一段物理内存映射到每个应用进程的地址空间中。该机制独立于某个文件的打开和访问方式，因此，攻击者可以通过映射一段二进制代码来获取受害程序的共享内存。Linux 系统在编程上提供的共享内存方案有三种：mmap 内存共享映射、XSI 共享内存和 POSIX 共享内存。假设有一个目标进程 2，为了让它和事先构造的恶意进程 2 进行内存共享，可以采用 mmap 内存共享映射方法，将内存映射函数 mmap 应用到目标可执行文件，令其进入恶意进程 2 的虚拟地址空间，完成映射文件的内存共享。

8.3　CPU 的安全模型与安全问题分析

8.3.1　CPU 的安全模型

CPU 作为计算机信息处理和程序运行的最终执行单元，将上层软件的操作通过指令集映射为对硬件资源的直接操作。为了维护信息系统的安全，上层软件和操作系统对不同的资源和操作都基于 CPU 的安全模型设计了相应的安全机制。CPU 的安全模型是上层软件和操作系统安全机制的根本保证，一旦 CPU 的实现违背了安全模型，就会使上层信息系统的安全机制无法得到保证，进而发生安全风险。CPU 的安全模型随着 CPU 的发展也在不断演变，目前主要分为特权级模型和隔离模型，下面分别进行介绍。

1. 特权级模型

特权级模型是指 CPU 在对资源进行操作的过程（访问存储器或执行指令）中，分为不同的特权级。不同特权级代表了 CPU 的不同工作层次，即拥有不同的操作权限，对应能够操作的资源也是不一样的。按照安全设定，低特权级无法访问或修改高特权级的资源。

在 80286 系列处理器之前，CPU 并不存在特权级模型，访存采用的是简单的分段模型，操作系统无法判断是否应该允许当前程序执行某些危险的指令。从 80286 处理器开始，Intel 引入了保护模式，特权级是保护模式中的一个重要概念。在保护模式中，CPU 采用了段保护机制，一个程序需要用到哪些段，需要通知操作系统，由操作系统登记到描述符表中，并注明段界限、类型等属性。通过描述符中的特权级标志位将权限分为 4 级，即 Ring 0～Ring 3。其中，Ring 0 为操作系统内核层，用于管理操作系统内核，拥有访问操作系统所有资源的权限；Ring 3 为用户层，为用户程序提供运行环境，拥有访问用户所有资源的权限；Ring 1 和 Ring 2 为设备驱动层（由于应用得较少，一般不予考虑）。后来随着虚拟化技术的引入，又加入了虚拟机监控器层（Ring-1 层），用于在宿主机上管理虚拟机，拥有访问所有虚拟机资源的权限。1990 年，Intel 在 386SL 处理器中加入系统管理模式后，引入了系统管理模式层（Ring-2 层），用于对处理器进行电源管理及提供系统安全等功能。2008 年，Intel 推出英特尔管理引擎（IME，Intel Management Engine）技术后，又增加了英特尔管理引擎层（也称 Ring-3 层），用于对处理器进行直接管理，可以访问计算机的所有硬件资源，至此完整的特权层级构建完毕，如图 8-9 所示。

2. 隔离模型

隔离模型是指 CPU 在处理不同的对象时，对于资源的操作是相互隔离的。按照安全设定，不同对象之间的操作在未授权时是互相不可见的。根据对象层次的不同，其可分为进程间的隔离、虚拟机间的隔离及超线程之间的隔离。

CPU 能够支持多任务同时运行，其基础是 CPU 的隔离模型。CPU 隔离模型负责保证任务之间相互隔离、互不影响。自 80386 处理器引入虚拟内存以来，段页式内存管理机制使每个进程都拥有独立的虚拟地址，相互隔离、互不影响。在虚拟化技术下，各个虚拟机之间也是相互隔离的。Intel 在 2002 年引入超线程技术后，利用特殊的硬件指令，把 1 个物理内核模拟成 2 个逻辑内核，可同时执行 2 个线程，这 2 个线程之间也是相互隔离的。在虚拟化技术下，不同客户机可以同时运行在虚拟机监控器下，这依赖于 CPU 对于虚拟机技术的硬件支持，通过提供虚拟机陷入和陷出的机制保证基本的隔离，如图 8-10 所示。

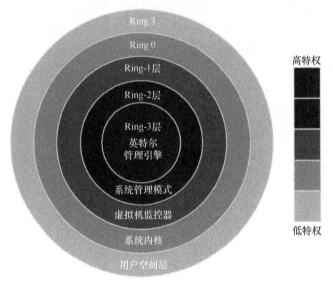

图 8-9　特权级模型

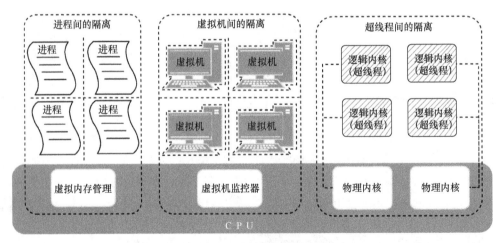

图 8-10　CPU 隔离模型

通过对上述 CPU 安全模型的分析可知，随着 CPU 的发展、新技术的不断引入，CPU 安全模型不断丰富，其结构也更加复杂，在 CPU 中实现上述安全模型也更加困难。CPU 的安全模型是上层软件和操作系统安全机制的根本保证，一旦 CPU 的实现违背了安全模型，就会使上层信息系统的安全机制无法得到保证，存在严重的安全风险。

8.3.2　CPU 的安全问题分析

和复杂的软件系统一样，CPU 也普遍存在安全问题。在本书中 CPU 的脆弱性问题分为三类，分别是 CPU 实现违背指令集架构（ISA，Instruction Set Architecture）设计的问题、

CPU 实现违背安全模型的问题及 CPU 中的后门问题，下面将分别进行介绍。

1. 违背 ISA 设计的问题

ISA 是计算机的一个抽象模型，其定义了计算机编程人员所需的所有信息，包括数据结构、操作语义、指令集及输入/输出模型。一个 ISA 可以通过多种方式实现，不同的实现方式可能使得计算机在性能、成本上不一致，例如，Intel P6 和 AMD K7 实现了同一套 X86 指令集，但是处理器的内部设计是不一样的，如图 8-11 所示。ISA 是 CPU 设计的蓝图，计算机编程人员根据对 ISA 的理解在上层使用高级语言进行程序编程，CPU 负责完成 ISA 的底层实现，所以 CPU 在实现过程中如果违背 ISA 的设计，就会出现程序中非预期的问题。

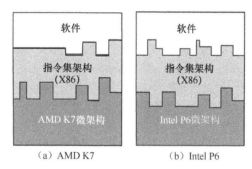

图 8-11　指令集架构、微架构和软件之间的关系

违背 ISA 设计是指 CPU 在指令执行过程中未能按照厂商提供给上层开发人员的既定描述准确地执行指令。以 1994 年 Intel Pentium 处理器中的 FDIV 除法缺陷为例，FDIV 指令在一定情况下执行结果有误，其原因是处理器中的除法表存在错误，不能按照既定 ISA 的设计针对输入提供准确的输出。1997 年，Pentium 处理器上的 F00F 异常指令缺陷也属于此类问题，其原因在于异常信号的处理存在问题。

此类问题一直存在于各种处理器中，CPU 厂商对于此类问题会定期发布产品的勘误表。勘误表是对 CPU 产品的错误进行统计并公开相关信息的文档。通过收集和统计 2007 年到 2015 年的处理器勘误表，可以发现这类错误的发生原因纷繁复杂，按照 CPU 的工作机制，依据导致的结果可将此类问题分为 5 种类型，如表 8-1 所示。

表 8-1　CPU 实现违背 ISA 设计的问题分类表

错 误 类 别	错 误 定 义
寄存器的错误更新	指令执行过程中，出现了寄存器的错误更新，不符合该指令的 ISA 设计
执行错误的指令	指令执行过程中，出现了错误的转移，导致执行错误的指令，不符合 ISA 设计
错误的内存访问	指令执行过程中，出现了错误的内存访问，不符合该指令的 ISA 设计
错误的执行结果	指令执行过程中，出现了错误的执行结果，不符合该指令的 ISA 设计
异常相关	指令执行过程中，出现了异常信号相关，属于该指令 ISA 设计之外的信号

通过分析 Intel、AMD、ARM（Advanced RISC Machine）处理器的勘误信息，发现 AMD 的勘误条目累计已经达千余条，Intel 每个版本的勘误信息平均有 150 余条，而 ARM 由于 RISC 指令较为简单，因此勘误信息稍少一些，平均每个系统的勘误条目也有 20 余条。但就勘误信息的危害程度而言，普遍对于上层软件及操作系统安全的影响较小，只有部分错

误可能导致 CPU 出现挂起的情况，而且随着 CPU 的不断更新和升级，出现挂起导致宕机的错误也越来越少。因此，CPU 实现违背 ISA 设计的问题可以视为 CPU 实现中的缺陷，这通常是处理器开发人员在对某条指令实现时，对一些特殊情况没有考虑周全引起的。

2. 违背安全模型的问题

针对 CPU 违背安全模型而产生的安全性问题是近年来研究的重点，其类型也非常多，其中较为经典的是基于缓存的时间侧信道攻击及基于瞬态执行的熔断（Meltdown）和幽灵（Spectre）攻击，这两类攻击都是利用 CPU 自有的硬件属性且通过软件绕过相关的系统安全机制实现攻击的，本节将对这两类攻击进行重点介绍。

（1）基于缓存的时间侧信道攻击。

在访问内存时，已经缓存的数据访问会非常快，而没有缓存的数据访问比较慢，缓存侧信道攻击就是利用缓存引入的时间差异而进行攻击的方法。在基于缓存的时间侧信道攻击中，通过对 Cache 进行操纵，并把时间作为 Cache 命中与否的判断依据，根据 Cache 是否命中进一步推测出所需的数据。目前，基于缓存的时间侧信道攻击包括 Evict+Reload、Prime+Probe、Flush+Reload 等，本书将在 8.4 节进行详细介绍。

（2）瞬态执行攻击。

在 CPU 中，被乱序执行和推测机制错误执行的指令，由于回滚保护机制，错误执行的指令结果不会在架构级别上显示，因此常称为瞬态指令。在 CPU 运行过程中，几乎任何指令都可能引发异常（如页表错误或者一般的保护错误等），由于异常延时处理机制，处理器会乱序执行瞬态指令。对于推测机制，每次推测错误时都会执行瞬态指令。因此，这些瞬态指令在实际工作中是被执行过的，但是它们的执行结果却从未提交到架构级别，这种情况称为瞬态执行。

虽然瞬态指令的执行不会影响架构状态，也无法在架构上观察到，但微架构状态可能会发生变化。瞬态执行攻击就是通过探测微架构状态的变化，并将其转换为架构状态来提取敏感信息的。从广义上说，这也属于侧信道攻击的范畴。熔断和幽灵就是两个典型的利用瞬态执行实现攻击的案例。本书将在 8.5 节进行详细介绍。

3. CPU 中的后门问题

CPU 是计算机等信息系统硬件层中的核心部件，一旦被植入后门，就会导致严重的安全问题。后门具有权限高、隐蔽性强的特点，在信息安全领域具有很高的研究价值。现有的 CPU 后门问题主要分为基于处理器中未公开指令的后门和基于处理器微代码的后门。

（1）基于处理器中未公开指令的后门。

CPU 对计算机的操作都是通过指令来进行的，ISA 是沟通硬件和软件的桥梁。由于处理器具有复杂性，处理器厂商在设计 CPU 时，若加入隐藏的、不公开的指令，则应用开发人员很难察觉。一般这类指令被处理器厂商用于对 CPU 进行调试等操作，但是这些指令也存在后门的风险。2018 年 Black Hat 大会上，C. Domas 发现了 VIA C3 处理器中的后门问题，是典型的基于未公开指令的后门。VIA C3 CPU 有将近 20 年的历史，被用于工业自动化、POS 终端、ATM 和医疗设备等领域，该后门问题危及数千万设备的安全。

（2）基于处理器微代码的后门。

微代码是处理器硬件上的一个虚拟层，被广泛地应用于现代处理器中。微代码可以将

X86 中的复杂指令预先分解为几步微操作以适应硬件流水线，提高处理器的效率，同时微代码也为 CPU 提供了更新补丁的机制。微代码机制普遍被各大 CPU 厂商采用，但其一直作为处理器厂商的私有技术，具体工作细节没有公开，仅公开了部分专利资料。

2014 年，美国亚利桑那州立大学的 D. Chen 等对 X86 处理器的微代码进行了安全性的分析，指出了其可能的攻击面。2017 年，在 USENIX Security 会议上，Koppe 等对 X86 处理器微代码进行逆向分析，还原了微代码语法结构，并完成了自定义的微代码更新，实现了微代码级别的可远程触发的木马。

8.4　基于缓存的时间侧信道攻击

基于缓存的时间侧信道攻击是指通过监控指定程序的 Cache 访问行为，推断出该程序的敏感信息，其核心是利用 Cache 命中和缺失的时间差实施攻击。在 Cache 侧信道攻击中通常包含 1 个目标进程和 1 个间谍进程，目标进程即被攻击的进程，间谍进程是指在 Cache 中探测关键位置的恶意进程。通过探测，攻击者可以推断目标进程的 Cache 行为信息。

目前，基于缓存的时间侧信道攻击主要包括时序驱动（Time-driven）缓存攻击、访问驱动（Access-driven）缓存攻击和踪迹驱动（Trace-driven）缓存攻击等。其中，时序驱动缓存攻击是指攻击者通过观察某一次计算运行的整体时间来推测目标程序的 Cache 命中和缺失的数量，从而实现攻击。踪迹驱动缓存攻击是指攻击者在目标进程运行时，通过观察大概的 Cache 行为来推测哪些内存访问产生了 Cache 命中，从而实现攻击。访问驱动缓存攻击是指攻击者判定目标进程运行时访问指定 Cache 组的情况，进而推测出目标进程所访问的敏感数据。在这三类攻击中，访问驱动攻击的攻击粒度更细，在实际中应用得更为广泛。

基于缓存的时间侧信道攻击在实施阶段通常包括三个步骤：驱逐（Eviction）、等待（Wait）和分析（Analysis）。在第一个步骤中，间谍进程将目标进程的探测地址从 Cache 中驱逐出去；在第二个步骤中，间谍进程等待指定的时间，让目标进程有可能访问探测地址；在最后一个步骤中，间谍进程分析确定目标进程是否已经访问了探测地址，通过重复上述步骤，采集大量时间数据并进行分析，即可实现攻击。

根据实施阶段中的攻击策略，可以将基于缓存的时间侧信道攻击分为基于冲突（Conflict-based）的攻击和基于复用（Flush-based）的攻击，如表 8-2 所示。其中，在基于冲突的攻击策略中，间谍进程创造 Cache 冲突以驱逐包含目标进程探测地址的缓存行；在基于复用的攻击策略中，间谍进程可以访问探测地址（如当探测地址在共享库中时），因此攻击者只需执行 clflush 类指令（X86 架构）就可以将探测地址从缓存中驱逐出去，clflush 指令保证了这些地址被写回内存，并且当缓存访问时是缺失的。

表 8-2　依据攻击策略对基于缓存的时间侧信道攻击进行分类

攻 击 策 略	攻 击 类 型	攻 击 策 略	攻 击 类 型
基于冲突的攻击	Evict+Time Prime+Probe Evict+Reload Evict+Prefetch Alias-driven Attack	基于复用的攻击	Flush+Reload Flush+Flush Flush+Prefetch Invalidate+Transfer

　　本节将对基于冲突攻击中的"清除+重载"（Evict+Reload）和基于复用攻击中的"刷新+重载"（Flush+Reload）进行介绍。

8.4.1　Evict+Reload 攻击

　　Evict+Reload 攻击是一种典型的访问驱动下的 Cache 侧信道攻击，其主要针对 L1 Cache 获取敏感信息。该攻击的原理是：攻击者利用 Cache 组相联的特点，构建一个针对目标进程缓存行的驱逐集（Eviction Set），该集合能把指定 Cache 组中的所有缓存行进行清除和检查，由于间谍进程和目标进程共享 Cache，间谍进程可以探查到该 Cache 组中哪个缓存行被目标进程重新加载，进而推测出目标进程在执行过程中访问了哪些数据。

　　Evict+Reload 攻击的具体实施分为三个步骤：（1）间谍进程利用冲突地址填满 Cache 组中的所有缓存行，将目标进程可能要访问的数据从该组中清除；（2）间谍进程等待目标进程访问该 Cache 组；（3）间谍程序访问探查地址并测量访问时间，通过访问时间确定目标进程是否访问了该探查地址。

　　图 8-12 是一个在 6 路组相联 Cache 中实施 Evict+Reload 攻击的示意图。在 T_0 时刻，目标进程将探查地址加载到 Cache 的某一行中；在清除阶段（T_1），间谍进程利用冲突地址清除该组中包括探查地址在内的所有行；在等待阶段（T_2），间谍进程等待目标进程访问探查地址；在分析阶段（T_3），间谍进程访问探查地址并测量访问时间。此时，由于目标进程在 T_2 时刻访问了探查地址，因此间谍进程再次访问时会产生一个命中。而在下一个循环（T_4、T_5、T_6）中，目标进程在时刻 T_5 没有访问探查地址，所以当间谍进程在时刻 T_6 访问探查地址时，会产生一个缺失，进而需要从主存中读取数据，此时访问的时间相比于命中时较长。通过访问时间，间谍进程很容易确定目标进程是否访问了该探查地址，进而推断出敏感数据。例如，给出一串由 0 和 1 构成的比特串，当值为"1"时，数值加 1，否则查看下一位。那么间谍进程只需获知在每次循环中，目标进程是否访问了"加 1"这个操作的探查地址，即可推断出该比特串的具体数值。

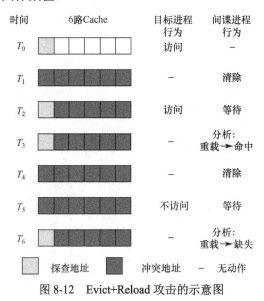

图 8-12　Evict+Reload 攻击的示意图

8.4.2 Flush+Reload 攻击

Flush+Reload 攻击可以从包括 L3 在内的各级 Cache 中清除内容，实施条件依赖间谍进程和目标进程之间的共享内存页面。在 Intel 处理器中，用户进程可以使用 clflush 指令刷新可读和可执行的页面，这就使得攻击者可以通过刷新与目标进程共享的页面来实施攻击。由于 clflush 指令可以从整个 Cache 层次架构中清除指定的内存块，因此攻击者使用 clflush 指令频繁地刷新目标内存位置，通过测量重新加载该内存块的时间，确定目标程序是否同时将该内存块缓存到 Cache 中。

Flush+Reload 攻击的具体实施由三个步骤组成：（1）被监控的内存块从 Cache 中刷新；（2）间谍程序等待目标程序访问该内存块；（3）间谍程序重新加载被刷新的内存块并测量加载时间。

如图 8-13（a）所示，如果目标进程在步骤 2 没有访问被刷新的内存块，那么被刷新出 Cache 的数据将不会重新被缓存，因此在步骤（3）被重新加载的时间较长。图 8-13（b）表示目标进程在步骤（2）访问被刷新的内存块，此时该内存块会缓存到 Cache 中，因此在步骤（3）被重新加载的时间较短。通过测量重新加载时间即可判断该内存块是否被目标进程访问过。

在 Flush+Reload 攻击中，间谍进程无法确定目标进程访问的具体时间，只能设置一个等待时间进行等待并测量，等待时间的设置对攻击的成功率有重要的影响。若时间设置得较短，如图 8-13（c）所示，目标进程访问的时间可能与间谍进程重新加载的时间重叠，且在间谍进程开始进行重新加载后目标进程才开始访问该内存块。此时，目标进程访问该数据时会直接使用间谍进程已重新加载的数据，而不会再从内存中读取。所以，攻击者认为受害者在等待阶段并没有访问该内存块，从而检测错误。目标进程访问的时间与间谍进程重新加载的时间也可能发生重叠，如图 8-13（d）所示，但此时目标进程先访问被刷新的内存块，且在访问未结束时，间谍进程开始重新加载该内存块。由于目标进程已经访问该内存块，因此间谍进程无须从内存中再访问该内存块，且重新加载与目标进程访问同时结束，此时重新加载的时间比从内存中加载该内存块的时间短，但比从 Cache 中加载的时间长。虽然延长等待时间可以降低由时间重叠导致的检测错误率，但也降低了攻击粒度。一种解决方案就是对访问频率高的内存块（如循环体）进行刷新和重新加载，如图 8-13（e）所示，在等待时间内尽可能多地让目标进程访问内存块。

由于 Flush+Reload 攻击使攻击者可以确定哪些具体的指令被执行及哪些具体的数据被受害者访问，因此其被广泛地应用于加密算法的破解中。例如，利用运行在不同内核的虚拟机共享物理资源这一特性，对目标虚拟机实施 Flush+Reload 攻击获取敏感数据。目前，已经有报道利用该类攻击方法对目标虚拟机中运行的 OpenSSL 1.0.1 中的 AES 算法进行了攻击。除此之外，利用 Flush+Reload 攻击也可以提取击键信息，从而获得受害者访问的网页及鼠标使用的痕迹等。

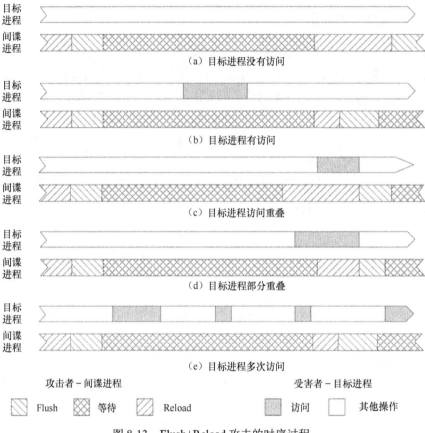

　　（a）目标进程没有访问

　　（b）目标进程有访问

　　（c）目标进程访问重叠

　　（d）目标进程部分重叠

　　（e）目标进程多次访问

攻击者－间谍进程　　　　　　　　　受害者－目标进程

Flush　　　等待　　　Reload　　　访问　　　其他操作

图 8-13　Flush+Reload 攻击的时序过程

8.5　瞬态执行攻击

　　在 8.3.2 节中已经对瞬态执行攻击的基本概念进行了介绍，对于该攻击，其实现主要包括两部分：瞬态指令执行和隐蔽信道传输，如图 8-14 所示。其中，瞬态指令执行包括两个关键组件：（1）触发瞬态执行的原语，用来在微架构路径下进入瞬态执行；（2）时间窗口，即进行瞬态执行的时间，以便通过隐蔽信道传输信息。

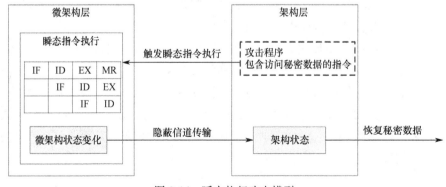

图 8-14　瞬态执行攻击模型

基本的瞬态执行攻击流程如下：（1）选择合适的原语触发瞬态指令的执行，即为瞬态指令创造足够的时间窗口来完成下一步的所有操作；（2）为了实现攻击，瞬态指令序列必须访问攻击者想要获取的秘密数据并对其进行计算编码，与此同时，微架构状态受到影响而发生变化；（3）使用隐蔽信道负责将数据从微架构状态传输到持久架构状态，进而恢复秘密数据。

1. 触发瞬态执行的原语

微架构瞬态执行攻击基本使用两种不同的触发原语：基于乱序执行和基于推测机制。其中，基于乱序执行是由异常之后的乱序执行操作触发瞬态执行，主要包括虚拟内存异常、异常读取等。基于推测机制则包括分支推测、推测性存储、推测性加载和地址推测等，其中，分支推测利用了程序控制流中的时间和空间局部性，在推测是否采用条件分支或者在推测间接分支的目标时可能触发瞬态执行。表 8-3 对这些原语进行了归纳，攻击者可以利用这些原语触发瞬态执行，进而实现攻击。

表 8-3　攻击分类及对应的触发瞬态执行的原语

分　类	攻 击 名	触发瞬态执行的原语
基于乱序执行的瞬态执行攻击	Meltdown Foreshadow L1 Terminal Fault-OS/SMM L1 Terminal Fault-VMM	虚拟内存异常
	Spectre-NG LazyFP Spectre-NG Variant 3a Meltdown-PK	异常读取
基于推测机制的瞬态执行攻击	Spectre v1 Spectre v1.2	控制流错误推测
	Spectre v2	分支目标注入
	BranchScope	定向分支推测
	Spectre v1.1	推测性的缓冲区溢出
	Spoiler	推测性加载
	Spectre-NG V4	推测存储绕过
	ret2spec	运行时优化返回地址推测
	Spectre-RSB	返回堆栈缓冲区推测

2. 瞬态执行的时间窗口

假设触发瞬态执行的起始时间为 T_1，瞬态执行的结束时间（CPU 正常处理异常或验证推测结果的时间）为 T_2，$T_1\sim T_2$ 为瞬态执行的时间窗口。瞬态执行的时间窗口有两个主要限制因素：流水线中瞬态指令的最大数量及 CPU 正常处理异常或验证推测结果的最大延时（需要从周期和指令两个维度去考虑）。因此，时间窗口越长，可以执行的指令数量越多，攻击的成功率越大；相反，如果时间窗口很短，瞬态执行无法完成访问秘密数据并对其编码的操作，导致竞争失败。

本节将以熔断漏洞攻击和幽灵漏洞攻击为例，对瞬态执行攻击进行介绍。

8.5.1 熔断漏洞攻击

2018 年 1 月，Google Project Zero 团队对外公布了熔断（Meltdown）漏洞，该漏洞影响了几乎所有采用了乱序执行技术的 Intel 处理器，部分 ARM 处理器（如 ARM Cortex A15、ARM Cortext A57 等）也不例外。利用此漏洞，低特权用户可以访问内核的内容，获取本地操作系统底层的信息，从而导致口令及敏感信息的泄露，同时对虚拟化技术下的云平台各租户的敏感信息也构成了威胁。

对于熔断漏洞的成因，其根源在于 CPU 中的乱序执行机制允许低特权级的进程在短暂的时间窗口内临时访问高特权的内存，该设计违背了 CPU 安全模型中的权限机制。尽管乱序执行的错误恢复机制将会恢复错误指令导致的结果，但是通过侧信道的方式可以从 Cache 状态中恢复信息，从而窃取数据。下面具体介绍熔断攻击的实现过程。

1. 构造数据泄露通道

熔断漏洞攻击（简称熔断攻击）的核心指令序列如表 8-4 所示，第 1 行为注释行，其中寄存器 rcx 用于存储内核地址，rbx 是一个用户空间数组 qword 的首地址，该数组的缓存情况用于探测高特权数据。第 2 行是对 rax 寄存器清零。代码的核心是从第 4 行开始的，其中第 4 行代码是将内存中地址为 rcx 的高特权数据（8 位）加载到 rax 寄存器的低 8 位 al 中（rax 寄存器为 64 位）。第 5 行代码是将加载到 rax 中的高特权数据左移 12 位（相当于乘以 4096，即乘上一个 4KB 页面的大小），也就是将获得的高特权数据当作页号处理。第 7 行代码访问用户空间数组 rbx+rax 位置的值，并将其存储到 rbx 寄存器，由于 rbx 是用户空间数组的首地址，rax 可视作数组偏移量，即将 rax 作为索引，访问数组中的某元素，考虑到 rax 的值以页面大小为间隔，因此以不同 rax 的值作为索引访问的用户数组元素不会落在内存中的同一页面（page）上，从而使这些数据对应到 Cache 中不同的行。

表 8-4　熔断攻击的核心指令序列

	汇编指令序列
1	;rcx = kernel address, rbx = probe array
2	xor rax, rax
3	retry:
4	mov al, byte[rcx]
5	shl rax, 0xc
6	jz retry
7	mov rbx, qword[rbx + rax]

看似第 5～7 行指令的执行都依赖第 4 行指令的结果，但是现代处理器提出了寄存器重命名技术以尽量解除指令的依赖关系。因此，在第 4 行指令运行期间，为了充分利用流水线，后续第 5～7 行指令也开始解码为微指令发射执行，执行期间相应微指令会在保留站中等待所需数据（内核地址数据）的到达，一旦数据出现在数据总线，微指令就可以执行然后按顺序退役。

第 4 行指令由于是访问内核数据，事实上是属于非法访问，其微指令执行会引发一个

Seg-Fault 的错误，该微指令退出期间会处理指令执行期间发生的异常，因此逻辑上攻击程序应于第 4 行指令终止运行，即第 5～7 行指令都不会被执行。然而实际中，得益于乱序执行技术的发展，在处理第 4 行指令引发的异常时，后续正常指令都有可能已经执行完成并等待将结果提交至寄存器层面（第 7 行指令的执行依赖第 4 行指令的寄存器结果，因此如果第 4 行指令的异常处理发生在第 7 行指令之前，rax 在第 7 行指令执行前被清零，那么第 7 行指令的执行结果不会产生 Cache 命中，因此第 6 行指令加入了对于 rax 为 0 的判断，一旦攻击失败，就应尽早重新实施攻击，可以提高攻击速度）。

尽管异常处理会清除第 4 行指令及其后续指令寄存器层面的提交结果，但是缓存层面的痕迹不会随之清除。第 7 行指令的执行结果在微体系结构留下的痕迹可以作为数据泄露的通道，与基于缓存的侧信道攻击配合，完成高特权数据获取。

2. 利用数据泄露通道获取数据

获取微体系架构的隐藏数据属于侧信道攻击的范畴，以 8.4 节提到的 Flush+Reload 攻击为例，攻击程序在构建隐蔽通道之前会将用户空间探测数组在所有缓存层级的痕迹删除。然后构建隐蔽通道，此时高特权数据作为探测数组的索引值存在 Cache 结构中，攻击程序再次访问用户空间数组所有的 Cache 行，并测量每个 Cache 行的访问时间，用时最短的数据是经过缓存的，根据该数据所在的位置可以推测出高权限数据的值。

总体来说，熔断攻击流程可以分为三个模块：初始数据准备模块、构造数据泄露通道模块和侧信道攻击获取数据模块。

初始数据准备模块是指攻击程序使用缓存清除指令将攻击程序用户空间探测数组 qword 对应的 Cache 中的数据驱逐，此时攻击程序监控的内存区域所对应的 Cache 都是无效的。

构造数据泄露通道模块是指攻击程序主动访问内核空间地址并将访问结果作为用户空间数组 qword 的索引对数组元素进行访问。qword 数组的访问结果会在 Cache 中留下访问痕迹（对应物理地址所在的数据块会被载入 Cache 中，下次再访问对应数据时，Cache 会命中，访问速度会大大加快）。

侧信道攻击获取数据模块是指攻击程序处理完访问内核空间地址产生的 Seg-Fault 以后主动访问用户空间探测数组，并对每个数组元素的访问过程进行计时，用时明显较短的元素表明在此位置发生了 Cache 命中，根据命中的 Cache 行所在的位置可以推断出索引的值，而这个数组的索引值就是攻击程序试图访问的内核空间的数据。

8.5.2 幽灵漏洞攻击

在熔断漏洞出现的同时，Google project zero 团队同时公布了幽灵（Spectre）漏洞，此漏洞几乎影响了所有的现代处理器，涉及的厂商包括 Intel、AMD 及 ARM 等，比熔断漏洞的涉及范围更加广泛。利用此漏洞，普通用户可以读取计算机中所有的内存信息，会导致口令及敏感信息的泄露，同时威胁到虚拟化云平台各租户敏感信息的安全性。虽然幽灵漏洞和熔断漏洞同样是基于侧信道的信息泄露型漏洞，但是其内在原因并不相同。幽灵漏洞是由现代处理器中采用的提升处理器效能的分支预测机制存在的缺陷所致的。

对于幽灵漏洞的成因，其根源在于 CPU 中的分支预测机制允许低特权级的进程在短暂的时间窗口内临时访问高特权的内存，该设计违背了 CPU 安全模型中的权限机制。尽管分支预测的错误恢复机制将会恢复执行错误分支指令导致的结果，但是通过侧信道的方式可以从 Cache 的状态中恢复信息，从而窃取数据。

幽灵漏洞攻击（简称幽灵攻击）实现过程的核心代码如表 8-5 所示，array1 为无符号字节数组，长度为 array1_size，第二字节数组 array2 为 1MB。整个代码整体看起来是正常的，当 x 小于 array1 的长度的时候，循环能够顺利执行。在执行过程中，CPU 会检查对数组的访问边界，发现越界即会产生异常，如 array1[x]×4096 的值大于 array2 的边界，就会产生异常。

表 8-5　幽灵攻击实现过程的核心代码

程序序列
1　　if (x < array1_size)
2　　y = array2[array1[x] × 4096];

假设我们要攻击获取一个秘密数据，其存储地址为 secret，而该地址并不在 array1 和 array2 的访问空间范围内，正常情况下是不能对 secret 地址进行访问从而得到秘密数据的。如果这里令 a=secret−array1，那么可以用 array1[a] 来表示 secret 地址存储的数据，然而由于 a 的值超出了 array1 可访问的地址空间，因此直接将 a 赋给 x 进行取值会产生异常。

在幽灵漏洞攻击过程中，首先对 CPU 中的分支预测进行训练，即设定 x 的值满足循环条件并多次执行循环，此时 CPU 中的分支预测模块会认为下一个循环也满足循环条件而去预执行这个循环。这时将 a 的值赋给 x，分支预测器按照"惯性"会预测本次循环为执行，因此 CPU 会预执行这个循环体，然后将 secret 地址存储的数据读出来，并将其作为地址去访问 array2，但是最终发现循环不应该被执行，于是刚才取出来的值将会被作废，但是这个 secret 地址的值已经被存入缓存。之后，与熔断漏洞类似，可以采用基于缓存的时间侧信道攻击方法进行信息提取，从而实现攻击。

8.6　CPU 的安全防护技术

针对 CPU 出现的安全性问题，现行的防御方法一般都是有针对性地构建防护策略，并发布安全公告、提供相应的安全补丁，利用微代码对中央处理器进行更新。随着 CPU 安全问题的不断出现，处理器厂商也开始关注在处理器设计中加入防护机制，其中最重要的是安全隔离技术，其基本思想是在芯片系统中构建一个专门的安全隔离的运行环境，以保证安全应用的正常执行和数据隐私。下面将对漏洞防御策略和安全隔离技术进行介绍。

8.6.1　漏洞防御策略

针对芯片架构中的安全漏洞，一般需通过隔离攻击者与受害者程序，或者干扰攻击者观察微体系结构状态的改变，目前的主要方法包括禁用特定模块、隔离、随机化及降低攻击者分析能力等。下面分别进行简要介绍。

（1）禁用特定模块。

针对安全隐患，禁用有风险的模块是最直接的方法，但是已有的硬件模块大多对处理器性能有显著的提升。例如，禁用缓存后，处理器性能与内存吞吐量之间的"剪刀差"又凸显出来，处理器性能将大打折扣。

（2）隔离。

通过软件或硬件的方法将攻击者与受害者隔离，防止他们共享硬件或者软件资源。这样，攻击者将无法直接读取受害者的数据，无法影响受害者的执行流程，也无法观察共享资源的变化而推出敏感信息。

（3）随机化。

在现有的硬件漏洞中，攻击者之所以能由微体系结构状态的变化分析出敏感信息内容，是因为其微体系结构状态的变化方式固定，且每个状态本身对应特定的敏感信息。对此，可以通过使缓存结构状态的变化方式发生随机化，或者使微体系结构状态与敏感信息之间的对应关系发生随机变化，从而解决此问题。例如，通过随机化缓存地址与缓存行之间的映射关系，攻击者便无法准确分析出哪些数据被缓存，进而也无法实施攻击。

（4）降低攻击者分析能力。

在攻击过程中，需要借助特定的方法进行观察。比如，在绝大部分的缓存侧信道与推测执行攻击中，攻击者往往根据微体系结构状态改变导致的时间差分析出隐含的敏感信息，因此，可以直接削减用户程序获得时间的精度，使攻击者无法从时间差中获得有效的信息。

除以上几种方法外，攻击者还可以依据不同的攻击特征，指定不同的防御方法。例如，针对推测执行侧信道攻击，可以防止推测执行过程中对于微体系结构状态的改变，从而避免信息泄露。针对分支预测器目标地址被恶意训练的攻击，可以通过将跳转分支转化为其他指令，从而直接避免受害者程序被恶意诱导。针对预取器固定预取规则分析出敏感信息的特征，可以引入随机预取方案，避免攻击者从中分析出受害者的访问规律。

针对上述介绍的相关防御策略，本节以推测执行攻击为例，讲述防御策略在真实防御机制中的应用。推测执行攻击的步骤主要包括：①攻击者诱使受害者推测执行特定的代码片段；②在推测执行过程中首先访问敏感数据；③依据敏感数据，改变微体系结构的状态；④通过侧信道的方法从微体系结构状态的变化中分析出敏感信息。

针对推测执行攻击的步骤，可以分别列出以下防御目标：①防止恶意训练并堵塞可疑的推测执行；②隔离共享资源；③防止推测执行改变微体系结构状态；④防止攻击者从微体系结构改变中分析出敏感信息。针对这 4 种防御目标，可以提出不同的防御方案。

（1）防止恶意训练并堵塞可疑的推测执行：针对幽灵漏洞中攻击者恶意训练分支预测器现象，可以设计为不同的程序分配不同的分支预测器资源。但这种方法会导致较大的硬件开销，因此通过引入随机的方式更新分支预测器，也可以达到轻量隔离的效果。堵塞可疑的推测执行可以通过在推测执行前插入 FENCE 指令，这种方法本质上为禁用推测执行，这会带来较大的性能开销。

（2）隔离共享资源：Cache 资源不再由所有进程共享，根据不同的进程进行 Cache 资源的切割，以实现物理隔离。除此之外，还可以通过软件方法标注对应的敏感信息，并在程序执行过程中动态地随机化敏感信息的内存分布，这会干扰攻击者直接访问敏感信息。

（3）防止推测执行改变微体系结构状态：可以通过引入单独的硬件或在发现错误推测

执行后回滚微体系结构状态，从而防止通过侧信道攻击将微架构状态的变化传递到体系结构层面上来。

（4）防止攻击者从微体系结构改变中分析出敏感信息：通过降低用户获得时间的精准度，可以降低攻击者感知微体系结构状态变化的能力。

8.6.2　安全隔离技术

安全隔离技术是为了抵御不可信软件和系统漏洞对系统造成的损害，通过在处理器内部构建专门的安全隔离的运行环境，来实现代码完整性维护、安全机制实施及系统安全的检测和防护的。目前，根据系统中隔离机制实现方式的不同，安全隔离技术可以分为硬件隔离技术、软件隔离技术及系统级隔离技术三类。

1．硬件隔离技术

硬件隔离是指通过设计专门的安全硬件模块，构建一个相对安全的硬件隔离环境，并将系统中的关键数据、密钥等信息存储于安全硬件模块中。由于构建隔离环境的访问控制是由硬件实现的，因此从软件层面很难绕过这种隔离机制进行攻击。

目前，在完全基于硬件隔离的实现方式中，最主要的技术是在芯片内部或者外部集成专用的安全协处理器，用于处理系统中的一些关键数据或者提供安全的加/解密功能，这类技术也称基于安全协处理器的隔离技术，较为典型的是可信平台模块（TPM，Trusted Platform Module），其是以集成的专用微控制器（安全协处理器）形式存在的。TPM 的技术规范由可信计算组织（TCG，Trusted Computing Group）编写，并持续修订，最新的 TPM 2.0 版本已于 2016 年 9 月发布。TPM 拥有一个与运行系统完全隔离的物理空间，经常作为一个独立的芯片位于主板上，并通过总线与主处理器相连。如图 8-15 所示，TPM 内部含有随机数发生器、存储设备、密码引擎及保护电路等，具备预定义的安全功能，通常用来存储系统状态、密钥、密码和证书等重要的敏感信息。TPM 被认为是下一代安全计算的基础，诸如英特尔的可信执行扩展技术和 AMD 的安全虚拟机技术均需要 TPM 1.2 版本以上的可信平台模块作为可信根予以支持。

我国出于国家信息安全战略方面的考虑，并不使用 TPM 模块，而是自主研发了可信密码模块（TCM，Trusted Cryptography Module）予以代替。TCM 和 TPM 的设计原理大致相同，由中兴、联想、长城、方正等厂商联合推出，同时得到国家密码管理局的大力支持。TCM 既能为系统平台和软件提供基础的安全服务，也能为各类硬件平台（如服务器、个人计算机、嵌入式设备等）建立更为安全可靠的系统平台环境。

2．软件隔离技术

软件隔离是指基于软件的方式构建一个相对安全、可信的隔离运行环境，将需要保护的软件、代码和敏感数据放在隔离环境中。软件隔离依据实现方法的不同，可分为虚拟化技术、沙箱技术（Sandbox）和蜜罐技术（Honeypot）等。

以虚拟化技术为例，其是通过抽象一个虚拟的软件或硬件接口来保证软件程序能够运行在一个虚拟出来的环境中的，其实质是再现整个物理硬件平台并作为一个虚拟机来运行一个应用，其中由虚拟化的监控程序来抽象硬件资源和分配资源给虚拟机（VM，Virtual

Machine）。监控程序在执行抽象的过程中也会造成一定的系统性能损耗。虚拟化技术可以在系统的各个层次上实现，包括硬件虚拟化、操作系统虚拟化及应用程序虚拟化等。

典型的硬件虚拟化架构如图 8-16 所示，通过使用虚拟化技术能够抽象出多个虚拟硬件抽象层，从而隔离多个客户端操作系统，比较典型的虚拟机是 Xen 和 KVM（Kernel-based Virtual Machine）。其中 Xen 是一个开源的虚拟机监视器，主要运行在裸机上，而 KVM 是 Linux 内核中的一个非常小的模块，并使用 Linux 自身的调度器进行管理。

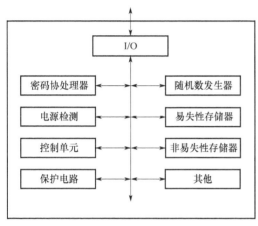

图 8-15 TPM 基本结构图

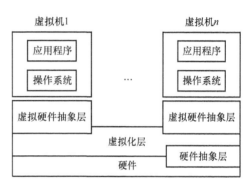

图 8-16 硬件虚拟化架构

3. 系统级隔离技术

基于纯硬件或纯软件的安全隔离技术都存在各自的局限性，为此目前更为广泛采用的是系统级隔离技术，它是通过体系结构提供的双域执行环境来提高系统内核与应用的安全性的，典型实例包括面向嵌入式领域的 ARM TrustZone、TI 公司的 M-Sheild，面向 PC 领域的 Intel TXT（Trusted eXcution Technology）和 SGX（Software Guard Extensions）及 AMD 的 SVM（Security and Virtual Machine）等技术平台，这类系统级隔离技术既能够提供相当的隔离性，又具备较好的灵活性，本节以 ARM TrustZone 为例进行介绍。

TrustZone 是由 ARM 公司提出的一种面向嵌入式设备的安全隔离架构，该架构实现了可信执行环境（TEE，Trusted Execution Environment）和普通执行环境（REE，Rich Execution Environment）的隔离。如图 8-17 所示，其中 REE 是安装和执行用户应用程序的地方，对设备功能的访问权限是受限的，而 TEE 是安全程序运行的地方，能够访问所有资源，二者通过硬件方式隔离，可以确保 REE 中的资源不能访问 TEE 的资源。

TrustZone 架构为处理器增加了一种新的模式，称为监控模式，用于管理 TEE 与 REE 之间的切换。当不同环境需要切换时，监控模式首先保存当前的环境状态，然后恢复待切换的环境状态。两种环境均包含用户模式和特权模式，而监控模式处于 TEE 中，REE 进入监控模式的方式只能通过中断或调用专用指令，而 TEE 环境下可以直接对当前程序状态寄存器（CPSR，Current Program Status Register）进行配置以进入监控模式。TEE 和 REE 两种环境中的地址映射可以独立配置，这使得操作系统可以分别执行内存管理。TrustZone 中访问隔离的具体实现方式是在总线上增加 1 位的安全标志位（NS，Non-Secure），当主从设备通信时，将主设备的安全状态传递给从设备。由总线或者从设备对 NS 进行译码后，判断此次访问是否符合规则，如果是不受信主设备试图访问安全从设备，则拒绝此次访问。

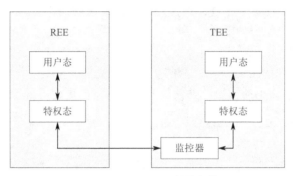

图 8-17   TrustZone 整体架构

TrustZone 技术利用对外部资源和内存资源的强隔离来提高系统的安全性，这些隔离包括中断隔离、芯片内部 RAM 和 ROM 隔离、外置 DRAM 隔离及外设隔离等。在中断隔离中，支持 TrustZone 技术的处理器利用 TZIC（TrustZone Interrupt Controller）组件作为中断源控制器，控制所有的外部中断源。通过 TZIC 可以将特定的中断源设置为安全中断源，而设定为安全的中断源会被送到 TEE 中进行处理。对芯片内部 RAM 和 ROM 进行隔离主要是通过 TrustZone 存储适配器（TZMA，TrustZone Memory Adapter）和 TrustZone 防护控制器（TZPC，TrustZone Protection Controller）来实现的。TZMA 将内部 RAM 和 ROM 分成安全区和非安全区，安全区的大小由 TZPC 组件控制。当 CPU 访问芯片内部 RAM 和 ROM 时，TZMA 会判定当前访问是否为非法访问，如果是非法访问，将会拒绝该访问请求。片外 DRAM 的隔离是通过 TrustZone 地址空间控制器（TZASC，TrustZone Address Space Controller）组件实现的，通过 TZASC 组件可以编程，将 RAM 分成安全区和非安全区，实现原理同内部 RAM 类似。

8.7   本章小结

随着 CPU 技术的不断发展完善，新的处理器的安全问题也在不断出现，了解 CPU 的发展趋势与工作机制，并积极应对随之而来的新挑战对信息安全问题至关重要。本章对 CPU 的工作机制及出现的安全问题进行了分析和介绍，同时围绕典型的时间侧信道攻击、瞬态执行攻击进行了阐述，并对相应的 CPU 安全防御机制进行了概述。目前，对于如何构建安全可信的中央处理器，学界和工业界还没有一致认可的方案，而且由于 CPU 出现的安全漏洞是无法预测的，利用一种技术防御所有的漏洞几乎是不可能的。因此，针对处理器的安全防护还有很多内容有待研究。

参 考 文 献

[1] 石伟，刘威，龚锐，等. 微处理器内安全子系统的安全增强技术[J]. 计算机工程与科学，2021，43（8）：1353-1359.

[2] 魏强，李锡星，武泽慧，等. X86 中央处理器安全问题综述[J]. 通信学报，2018，39（S2）：151-163.

[3] Osvik D A, Shamir A, Tromer E. Cache attacks and countermeasures: the case of AES[C]// Topics in Cryptology - CT-RSA. Heidelberg, Berlin: Springer, 2006, 3860: 1-20. DOI: 10.1007/11605805_1.

[4] CHEN D D, Ahn G J. Security analysis of X86 processor microcode microarchitecture[R]. USA: Phoenix, 2014.

[5] Koppe P, Kollenda B, Fyrbiak M, et al. Reverse engineering X86 processor microcode[C]// Proceedings of the 26th USENIX Conference on Security Symposium. USA: USENIX Association, 2017: 1163-1180. DOI: 10.5555/3241189.3241280.

[6] YAN M, Gopireddy B, Shull T, et al. Secure hierarchy-aware cache replacement policy (SHARP): Defending against cache-based side channel attacks[C]// ACM/IEEE 44th Annual International Symposium on Computer Architecture (ISCA). Toronto, Canada: IEEE, 2017: 347-360. DOI: 10.1145/3079856.3080222.

[7] 唐文娟. 针对 Cache 攻击的动态随机化防御方法研究[D]. 长沙：湖南大学，2018.

[8] Yuval Yarom, Katrina Falkner. Flush+Reload: a high resolution, low noise, L3 cache side-channel attack[C]// Proceedings of the 23rd USENIX conference on Security Symposium. USA: USENIX Association, 2014: 719-732. DOI: 10.5555/2671225.2671271.

[9] 苗新亮, 蒋烈辉, 常瑞. 访问驱动下的 Cache 侧信道攻击研究综述[J]. 计算机研究与发展，2020，57（4）：824-835.

[10] Irazoqui G, Eisenbarth T, Sunar B. S$A: A shared cache attack that works across cores and defies VM sandboxing and its application to AES[C]// IEEE Symposium on Security and Privacy. San Jose, CA, USA: IEEE, 2015: 591-604. DOI: 10.1109/SP.2015.42.

[11] Yossef Oren, Vasileios P Kemerlis, Simha S, et al. The spy in the sandbox: practical cache attacks in java script and their implications[C]// Proceedings of the 22nd ACM SIGSAC Conference on Computer and Communications Security. New York, USA: Association for Computing Machinery, 2015: 1406-1418. DOI: 10.1145/2810103.2813708.

[12] Moritz Lipp, Michael Schwarz, Daniel Gruss, et al. Meltdown: reading kernel memory from user space[C]// Proceedings of the 27th USENIX Conference on Security Symposium. USA: USENIX Association, 2018: 973-990. DOI: 10.5555/3277203.3277276.

[13] 李沛南. 处理器的安全漏洞及防御策略研究[J]. 科技与创新，2021（19）：44-46,48.

[14] Kocher P. Spectre attacks: exploiting speculative execution[C]// IEEE Symposium on Security and Privacy (SP). San Francisco, CA, USA: IEEE, 2019: 1-19. DOI: 10.1109/SP.2019.00002.

[15] 刘雪琴. Meltdown 攻击的主动防御方法研究[D]. 天津：天津大学，2019.

[16] 周亦敏, 隋伟鑫. ARM 架构中 TrustZone 安全处理技术的研究[J]. 微计算机信息，2008，24（36）：69-71.

[17] 郑显义, 史岗, 孟丹. 系统安全隔离技术研究综述[J]. 计算机学报，2017，40（5）：1057-1079.

[18] 唐迪. 面向轻量级嵌入式设备的安全隔离机制研究与设计[D]. 郑州市：战略支援部队信息工程大学，2018.

[19] 刘志强. 基于双核隔离的安全 SoC 架构及关键技术研究与设计[D]. 郑州市：战略支援部队信息工程大学，2018.

第9章　存储器安全防护

在信息时代，数据作为信息的载体，其价值不断凸显，并逐渐演变为一种核心资产。相应地，数据安全问题也已经成为事关国家安全与经济社会发展的重大问题。存储器作为数据的主要存储承载介质，面临的安全威胁日益突出，已经成为恶意攻击者的首选目标。本章围绕存储器芯片，首先介绍常见存储器的基本原理，之后针对典型的易失性存储器、非易失性存储器及新型存储器的攻击与防护技术进行介绍。

9.1　引言

存储器作为一类重要的芯片，其种类非常多，如图 9-1 所示，本节将存储器分为两大类，即随机存储器（RAM，Random Access Memory）和顺序存储器（SAM，Serial Access Memory）。其中，随机存储器是按地址存取数据的，但其等待延时通常与地址无关。而顺序存储器是按顺序存取数据的，所以其不需要地址，顺序存储器主要包括队列和移位寄存器等。在应用中，由于顺序存储器没有地址，通常规模较小，而随机存储器规模可以根据需要进行变化，更加灵活，应用也更加广泛，因此本章主要围绕随机存储器进行介绍。

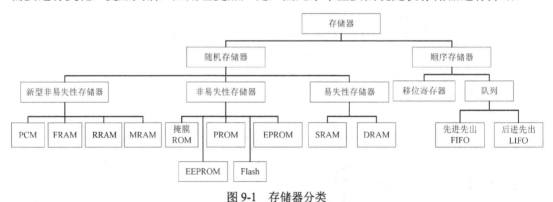

图 9-1　存储器分类

随机存储器通常可以分为只读存储器（ROM，Read-Only Memory）或者读/写存储器（Read/Write Memory），这里需要注意的是，读/写存储器通常被混淆地称为随机存储器 RAM，而其实 ROM 也随着技术的发展，能够进行数据的写入操作。因此，目前对随机存储器而言，更为准确的分类方法是根据断电之后数据是否丢失，分为易失性存储器（Volatile Memory）和非易失性存储器（Non-volatile Memory），其中，易失性存储器只在供电时保持内部数据，断电之后数据消失，而非易失性存储器在断电后也能长期保持数据。

与时序单元一样，易失性存储器采用的存储单元也可以进一步划分成静态（Static）结构和动态（Dynamic）结构，分别对应静态 RAM（SRAM，Static RAM）和动态 RAM（DRAM，Dynamic RAM）。SRAM 单元一般采用某种形式的反馈结构保持数据的状态，而 DRAM 则通过存取晶体管中存放在浮空电容上的电荷来表示状态。对于 DRAM 来说，即使存取晶体管关断，浮空电容上的电荷也会逐渐泄露，因此必须周期性地读出和重写动态单元以刷新它们的状态。一般来说，SRAM 速度较快并且不容易出现问题，相应地，其需要占据更大的芯片面积。

非易失性存储器主要包括掩膜 ROM、PROM、EPROM 等，其中掩膜 ROM 的内容是由制造期间的硬布线决定的，因而不能改变。可编程 ROM（PROM，Programmable ROM）可以在制造后编程一次，它采用专门的编程高电压熔断芯片上的熔丝进行编程。可擦除可编程 ROM（EPROM，Erasable Programmable ROM）通过在浮栅上存储电荷进行编程，它的擦除是通过将其在紫外线下曝光几分钟以移去浮栅上的电荷来完成的，擦除之后 EPROM 又能重新编程。电可擦除可编程 ROM（EEPROM，Electrically Erasable Programmable ROM）与 EPROM 很类似，但它可以用片上电路在几微秒内完成擦除。闪存（Flash）是 EEPROM 的一种变化类型，它每次都对整个存储模块而不是对单个存储位进行擦除，由于在若干大的存储模块之间共享擦除电路，因此它能减小每位的面积。由于 Flash 存储器具有很高的密度并且易于在芯片系统内在线重新编程，因此其已经成为现代 CMOS 电路中主流的非易失性存储器。

近年来，随着多核和多线程技术的广泛应用及工艺的不断演进，处理器的性能不断提升。然而，存储器的性能提升速度远落后于处理器，使处理器和存储器之间的性能差距逐渐拉大，存储技术已经成为制约计算机性能提升的瓶颈之一。得益于半导体技术的迅速发展，一些新型非易失性存储器逐渐诞生，其通常具有数据存取速度快、存储密度高、数据掉电不丢失及静态功耗低等优点。根据实现机制的不同，目前的新型非易失性存储器主要包括相变存储器（PCM，Phase-Change Memory）、铁电随机存储器（FRAM，Ferroelectric RAM）、阻变随机存储器（RRAM，Resistive RAM）和磁阻随机存储器（MRAM，Magnetic RAM）等。

对于存储器芯片而言，其内部电路结构通常是以阵列的形式存在的，设一个存储阵列包括 2^n 个字（word），每个字有 2^m 位，每个位存放在存储单元中。图 9-2 显示了一个包含 16 个 4 位字（$n=4$，$m=2$）的小容量存储阵列结构。图 9-2（a）为其最简单的设计，其中每个字形成一行，所有字中同一位置的各位形成一列。行译码器根据地址使一条字线有效从而启动其中一行。在读操作期间，该字线上的单元驱动位线，位线在该存储器被访问之前可以预先置于一个已知电平值。列电路通常包括放大器或缓冲器用来检测数据。一个典型的存储阵列可以有成千上万或几百万个字，但每个字只有 8～64 位，因而会导致它的版图又高又细，很难适合芯片的平面布局，并且它的垂直方向布线很长，从而导致它的速度很慢。因此，阵列常常会被折叠成较少的行，但有较多的列。如果折叠后存储器的每行包含 2^k 个字，那么该阵列在物理上被组织成了 2^{n-k} 行，每行有 2^{m+k} 列（或位）。图 9-2（b）显示了一个对折（$k=1$）的存储阵列，它有 8 行和 8 列。列译码器控制在列电路中的一个多路开关，用来在该行中选出 2^m 位作为要存取的数据。较大容量的存储器一般都由多个较小的子阵列构成，所以字线和位线都保持相当短的长度，并且速度较快，功耗也较低。

存储器对于数据的操作可以分为三部分：数据交互、数据存储及数据销毁。为保护敏感信息不被窃取，高安全等级存储器需要在这三部分都实现安全。当数据交互时，使用者只有通过安全认证才能访问存储数据，实现"访问安全"。在数据存储过程中，存储器可以识别乃至抵御来自外部的攻击，从硬件层级防止存储数据被直接或间接窃取，实现"存储安全"。在数据销毁时，存储器能够减弱乃至消除自身数据残留现象的影响，确保销毁后的数据无法通过现有手段恢复，实现"销毁安全"。

本章针对典型易失性存储器、非易失性存储器及新型非易失性存储器，围绕数据的访问安全、存储安全及销毁安全等方面进行介绍。

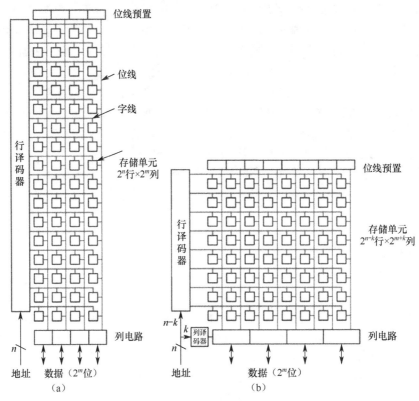

图 9-2　存储阵列结构

9.2　易失性存储器的攻击与防护

在易失性存储器中，SRAM 因速度快而通常作为中央处理器的缓存，而 DRAM 因存储密度大且成本较低而通常作为内存。本节主要以 SRAM 为例，介绍易失性存储器的攻击与防护技术。

9.2.1　SRAM 结构与工作原理

一般地，SRAM 内部结构可以划分为存储阵列与外围控制电路两部分。如图 9-3 所示，存储阵列主要由预充电电路和存储单元阵列组成；外围控制电路由行列/地址译码器、读/写控制单元、输入数据处理电路和灵敏放大器组成，它们分别实现对存储单元的寻址、数据写入、读出等操作。

存储单元是 SRAM 的核心部分，决定了 SRAM 的基本特性。最基本的六管 SRAM 的数据锁存单元是由两个"嵌套"反相器构成的（一个反相器的输出/输入分别接到另一个反相器的输入/输出），数据锁存单元的输入/输出是通过位线选择开关与字线连在一起的。只要 SRAM 存储了信息，其数据锁存单元的输入/输出就为一对互补的数字逻辑电平。图 9-4 为六管 SRAM 存储单元电路结构及版图结构，其中 NMOS 管 MN1、MN2 和 PMOS 管 MP1、MP2 共 4 个管子构成一对交叉耦合的反相器，NMOS 管 MN3、MN4 为传输管，即位线选择开关。

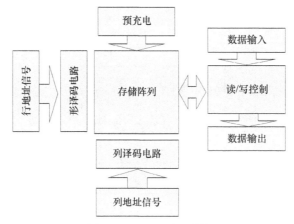

图 9-3　SRAM 系统结构

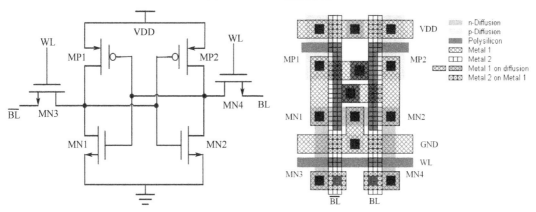

图 9-4　六管 SRAM 存储单元电路结构及版图结构

六管 SRAM 存储单元在进行读/写操作时，还需要预充电电路的配合，如图 9-5 所示，基本的存储单元在水平方向上共享字线（WL），在垂直方向上共享位线（BL）。在读/写之前，PRE 信号连接到 3 个 PMOS 管的栅极，当 PRE 为低电平时，3 个 PMOS 管导通，MP3、MP4 将位线 BL 和 BLB 与 VCC 相连，使得 BL、BLB 电位上升到高电平。其中 MP5 为平衡管，用于保持 BL 和 BLB 电位相等，这样就完成了预充电过程。在整个过程中，字线为低电平，位线被预充到高电平，存储单元中数据保持不变。

在读过程中，字线为高电平，打开位线选择开关，连接到存储单元低电压节点的位线被放电，而连接到存储单元高电压节点的位线则保持高电平不变。两个位线上有足够的电压差能被灵敏放大器识别，即可读出数据。完成数据的读出后，字线变为低电平，位线被预充电至高电平，为下次读/写做准备。在写过程时，位线 BL 和 BLB 被拉到指定的电平，之后字线变为高电平，通过存储单元的传输管改写存储单元内节点的状态，实现数据写入。

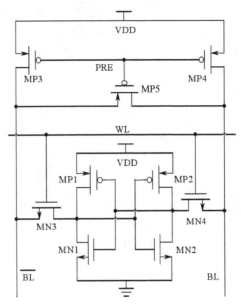

图 9-5　含预充电的 SRAM 存储单元结构

9.2.2　SRAM 的数据残留攻击

目前，针对 SRAM 的攻击主要是基于数据残留的物理攻击。SRAM 在断电之后，内部的数据会随着电荷的泄放而逐渐消失，然而这种数据消失是需要一定时间的，在某些特定条件下，数据消失的时间会很长，从而给予攻击者足够的时间来进行数据恢复。SRAM 数据残留的本质是 SRAM 数据锁存单元的输入/输出存在电容（包括栅电容与寄生电容等），在断电后所存储的电荷不能立刻消散。SRAM 在断电的情况下，位线选择开关随即断开（变为低电平），SRAM 存储单元上存储的信息被"锁"在数据锁存单元的输入/输出电容上，不能快速彻底泄放，会残留一段时间。

一般地，在对 SRAM 进行残留数据攻击前，首先要对芯片进行逆向工程，去除芯片的封装结构。在这个过程中，要保证芯片内部结构的完整及封装去除后芯片仍能正常工作，具体的封装去除方法可以参考 4.2.1 节的相关内容。在封装去除后，即可对 SRAM 进行攻击。

1. 低温冷冻延长数据残留时间

SRAM 数据残留并不是稳定的状态，电荷泄露需要一定时间，但并不会长久保存。因此，攻击者首先要做的是如何让 SRAM 残留电荷保存更长的时间，从而给后续的攻击留下时间。对于 MOS 管而言，随着温度的降低，栅电荷的复合率和扩散速率都会显著下降，从而使电荷泄露的时间变长。因此，将断电后的 SRAM 置于很低的温度下，其内部的数据将继续保持一段时间，而且随着温度的降低，数据的保存时间会越来越长。

图 9-6 为剑桥大学 Sergei P. Skorobogatov 针对不同的 SRAM 芯片开展的数据残留时间与温度关系的测试实验，可以看出，在室温下 SRAM 中数据残留的时间非常短暂，大部分芯片的残留时间都短于 1s。随着温度的降低，数据残留时间会急剧延长，当温度降至−50℃

时，所有芯片的数据残留时间都在 10s 以上，部分芯片的数据残留时间可超过 10 万秒。

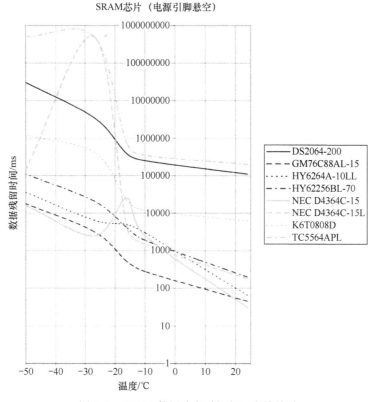

图 9-6　SRAM 数据残留时间与温度的关系

2．数据读取

对于 SRAM 中的数据进行读取可以采用第 4 章介绍的微探针等攻击方法。本节将从另一个角度，采用光学探测和电磁探测等方法，实现对 SRAM 中存储数据的探测。

通过光学探测的方法能获取芯片内部的结构，甚至能得到芯片中存储的数据。例如，可以将红色激光（波长为 650nm）聚焦到芯片表面，红色激光的光子能量大于硅禁带宽度（1.12eV），因此会在芯片内部激发出载流子（电子空穴对），即可以在芯片内部产生激发电流。如果将光子打到 MOS 管的沟道区域，那么由于激发产生的载流子和电流，MOS 管的沟道电阻会减小，对于原来处于导通状态的沟道而言，这个减小的电阻是可以忽略不计的，但是对于原来处于关断状态的沟道来说，减小的电阻就会带来非常明显的影响。利用这一原理就可以区分存储器单元的状态。

在具体攻击过程中，将激光光束聚焦在晶体管上，利用激光扫描成像中的光束感应电流技术（OBIC，Optical Beam Induced Current）采集图像，就能读出存储的逻辑状态。图 9-7（a）所示为 SRAM 存储器未加电压时扫描得到的图像，由于有源区对外界施加的光照比较敏感，在图中呈现出深色区域，该图像可以作为后续分析的参考图像。当对 SRAM 上电并进行数据存储时，其扫描结果如图 9-7（b）所示，通过观察分析可以得到，在同一个沟道区域位置，如果顶部更亮，那么单元存储的逻辑值为"1"，而底部更亮的单元存储的逻辑值为"0"。因此，图 9-7（b）中图像对应的存储值如表 9-1 所示。

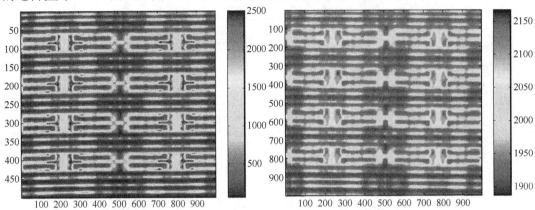

（a）SRAM 未加电压时　　　　　　　　　（b）SRAM 加电压时

图 9-7　不同工作状态下 SRAM 的激光扫描成像结果

表 9-1　SRAM 存储单元的逻辑值

1	1	0	0
1	1	1	0
1	1	1	1
1	1	1	1

通过电磁感应的方法同样也能进行数据探测。只需在测试仪微探头上缠绕几百圈导线就能制成一个带电磁感应功能的简易微探头。若在线圈中加一个交变电流，探头上缠绕的线圈就会产生磁场，其磁力线在探头顶端处汇合。当将电磁感应测试微探头放置在离芯片表面几微米处时，探头处的磁场就会在芯片内部产生电磁涡流，将 SRAM 锁存单元中的 PMOS 管与 NMOS 管有源区的离子极化，其极化程度跟电磁涡流的强度与有源区极化离子的活跃程度有关。有源区极化离子的活跃程度直接跟 SRAM 存储的信息（"0"或者"1"）相关。根据晶体管有源区的极化程度就可以知道 SRAM 存储的信息。

总体来说，不管是光学读取还是电磁感应攻击，都是通过攻击 SRAM 断电后存在数据残留这一漏洞进而实现信息窃取的。

9.2.3　SRAM 的安全防护机制

通过对 SRAM 物理攻击机制的研究可以看到，只要 SRAM 存在断电后的数据残留现象，就会留下安全隐患，不可能完全保障 SRAM 中的数据安全，而最安全的方法应该是在攻击者窃取数据之前就对自身数据进行擦除以防止泄密。解决 SRAM 断电后的数据残留问题，就是要想办法在攻击者进行恶意探测前将 SRAM 锁存单元中的数据电荷尽快清除或者改写。

目前，解决 SRAM 数据残留问题的防护思路有两种：一种是将六管 SRAM 锁存单元中的残留数据电荷"中和"掉；另一种是在断电或者遭受攻击时迅速将 SRAM 中的存储数据进行改写，下面分别进行介绍。

（1）中和六管 SRAM 锁存单元中的残留数据电荷。

既然造成 SRAM 数据残留问题的根本原因是被"锁"在数据锁存单元中的电荷无法彻底泄放，那么如果在 SRAM 数据锁存单元中设计一个断电后可以将数据电荷"中和"掉的电路，当 SRAM 正常工作时，"中和"控制电路不影响 SRAM 的数据存储和读取；只有当 SRAM 处于异常的工作状态（掉电或被攻击）时，"中和"控制电路才将 SRAM 数据锁存单元中的电荷"中和"掉，从而解决 SRAM 存储器的数据残留问题，达到防止断电后攻击的目的。

（2）改写 SRAM 中的存储数据。

这一思路基于 SRAM 处于异常的工作状态（断电或被攻击）时，如果在很短的时间内（如小于 100ns）能将 SRAM 锁存单元中的信息清零或者改写，那么可以解决 SRAM 原始信息的残留问题，并达到防止 SRAM 中机密信息被窃取的目的。这种解决 SRAM 数据残留问题的基本方法就是将 SRAM 中存储的数据尽快破坏，以使"冻结"在 SRAM 锁存单元中的数据毫无价值。

9.2.4　SRAM 的安全防护设计

针对 9.2.3 节提出的两种思路，下面介绍具体的实现方法。

1. 中和法

从六管 SRAM 的数据存储原理中可以看到，无论 SRAM 单元中储存的数据值是"0"还是"1"，SRAM 数据锁存单元的两个反相器输入（输出）永远都是一对互补的逻辑信号，即其锁存单元两个端点的电势差为一个电源电压值。在断电后，两个端点由于存储电荷的残留量不同，电势也是不同的。如果在 SRAM 锁存单元的两个端点之间建立一个低阻通路，那么 SRAM 锁存单元的两个端点就会变成一个等势体，攻击者将无法通过物理攻击的方法（如光学读取或电磁攻击等）分辨出 SRAM 存储单元中电荷残留的活跃区域，即无法分辨出存储的是"0"还是"1"，这就意味着 SRAM 中的残留信息被清除了，保证了 SRAM 信息的安全性。

中和法的电路实现如图 9-8 所示，在 SRAM 正常工作的情况下，"清零开关" S 是断开的，不会影响 SRAM 的读/写操作；而在 SRAM 断电后（MN3 和 MN4 开关断开），"清零开关" S 导通，在 Q 和 QB 之间建立一个低阻通路，将 Q 端和 QB 端存储的数据电荷"中和"掉。

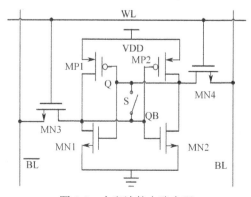

图 9-8　中和法的电路实现

在具体实现方式上，由于 SRAM 的电路与版图结构是密切相关的，为了不增加 SRAM 电路的复杂性，可采用单管作为"清零开关"。其中单管可以采用低阈值器件实现。例如，可以采用阈值电压约为 200mV 的耗尽型 PMOS 管作为图中的"清零开关"，其栅极与电源相连，在正常情况下，"清零开关"是断开的；在电源电压降为 0V 后，其栅极电压也随之变为 0V，此时"清零开关"导通，在 Q 端与 QB 端之间就建立了低阻通路，SRAM 锁存单元的两个端点就变成等势体，其残留的数据电荷将被清除。然而这种方法的实现需要对 SRAM 标准单元进行修改，并不适用于基于标准单元库的超大规模集成电路设计。

2. 改写法

当 SRAM 处于异常的工作状态（断电或被攻击）时，首先需要对攻击事件进行检测。因此必须在标准 SRAM 中集成一个检测攻击的模块。此模块的功能有两个：一是完成对电源电压的检测；二是完成对物理攻击的检测。对电源电压的检测是保证电源电压断开时，能发出一个检测信号，立即启动改写电路将 SRAM 存储器内容进行全部改写，以防止断电后攻击者对 SRAM 存储器的攻击。而物理攻击的检测电路同样也是当检测到物理攻击时发出一个检测信号，立即启动改写电路将 SRAM 存储器内容进行全部改写，防止攻击者获取 SRAM 存储器中的内容。

由于检测电路与改写电路都可能在电源断电后才进行工作，因此需要保证在完成操作之前对这两部分电路供电，故而 SRAM 存储器内部还需提供一个"内置"的电源，即自建电源模块。当检测电路模块检测到了异常状态时，会立即发出一个改写 SRAM 存储数据的信号，并切换电源，通过自建电源模块给检测与改写电路供电，在很短的时间（如小于 100ns）内完成对 SRAM 锁存单元的改写，彻底破坏 SRAM 中存储的原始数据，达到 SRAM 内信息不被攻击者获取的目的。具体工作流程如图 9-9 所示。

（a）正常工作模式   （b）异常工作模式

图 9-9　改写法的工作流程

在具体的电路实现方面，整个电路的架构如图 9-10 所示，包括自建电源模块、防攻击检测与控制电路模块及带改写功能的 SRAM 存储电路模块。其中，防攻击检测与控制电路模块主要用于检测电源的变化及环境的变化并输出相应信号，因此其内部至少需要集成两个传感采样电路，一个用来检测电源的变化，另一个用来检测环境的变化，如探针接触等。这两个检测电路检测到断电及攻击事件之后，能立即输出一个信号并控制其他相应电路完成功能。

自建电源模块主要实现能量存储及转化。一般来说，芯片内部能够存储能量的器件有电感和电容，其中电感存储的是电流能量，而电容存储的是电压能量。由于保持电流并不特别容易，加之普通 CMOS 工艺制备的电感 Q 值并不高，而且需要占据巨大的面积，因此电感作为片上储能元件并不是一种很好的选择。一般以电容为核心构建自建电源模块，然而片上电容可以存储的能量是有限的，当能量下降时，电容两端的电压差迅速下降。因此，能量转换电路需要具有很高的响应速度。

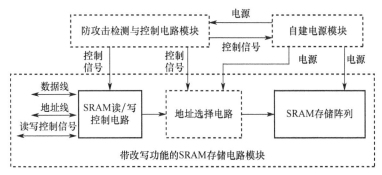

图 9-10　改写法的电路架构

带改写功能的 SRAM 存储电路模块在原有 SRAM 存储电路模块中，增加了相应的地址选择电路，其位于 SRAM 存储阵列和 SRAM 读/写控制电路之间。防攻击检测与控制电路模块能够通过增加的地址选择电路，直接对 SRAM 单元的字线和位线进行操作，从而降低电路的动态功耗。

总体来说，改写法主要从 SRAM 模块着手，在尽量不改动标准 SRAM 存储阵列的同时，用模块化的思路建立一个与 SRAM 模块相互融合的数据改写系统。

9.3　非易失性存储器的攻击与防护

在 9.1 节中已经介绍了非易失性存储器包括掩膜 ROM、PROM、EPROM、EEPROM 和 Flash 等。从电路结构上来说，如图 9-11 所示，非易失性存储器大部分是依据浮栅晶体管进行构建的，其中 EPROM 采用沟道热电子注入进行编程，一旦编程完成，就只能采用强紫外线照射来擦除。EPROM 进行编程和读操作时，是以字节为单位进行寻址的，各字节都能单独寻址，但用紫外线进行擦除时，整个存储器区域都会受到影响。同时，紫外线擦除也存在时间长、耐久性不好和可靠性不高等问题。EEPROM 编程和擦除都可以用电信号来控制，同时也是以字节为单位进行操作的，它的存储单元由两个晶体管组成，一个是存储晶体管，另一个是选通晶体管。相比于 EPROM 的一个管子，EEPROM 也称两管存储器，EEPROM 功能的完善是以牺牲面积为代价的。

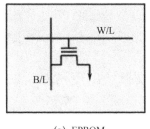
(a) EPROM

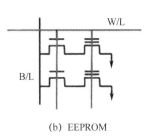
(b) EEPROM

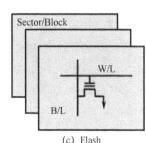
(c) Flash

图 9-11　典型非易失性存储器结构

　　Flash 是目前应用得最广泛的非易失性存储器,Flash 存储器相当于 EPROM 和 EEPROM 的技术组合, 其也是以浮栅结构为基础的, 但与 EEPROM 不同的是, Flash 的擦除不是以字节为单位进行的, 而是以扇区为单位进行的。这虽然不如 EEPROM 灵活, 但省去了选通晶体管, 单元面积显著减小, 密度更高。本节主要以 Flash 为例进行攻击与防护技术的介绍。

9.3.1　Flash 结构与工作原理

　　Flash 存储器以浮栅晶体管为基本存储单元, 如图 9-12 所示, 浮栅晶体管将数据以电荷的形式存储于浮栅中, 通过浮栅中电子的数目可以区分浮栅晶体管存储的值。当浮栅上存储大量电子时, 晶体管的阈值电压提高, 若在控制栅上加入读取电压, 则浮栅晶体管处于截止状态, 读出数据为 "0"。当浮栅上无电子或者电子数目较少时, 阈值电压较低, 若控制栅上加入读取电压, 浮栅晶体管导通, 读出数据为 "1"。

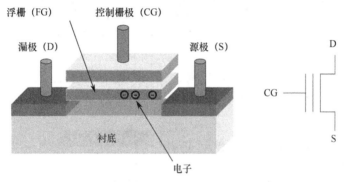

图 9-12　浮栅晶体管结构及电路符号

　　对于 Flash 的每个存储单元而言, 其有两种状态:一种是写(Program, 又称编程), 通过向浮栅中注入电荷来实现;另一种是擦除(Erase), 通过移除电荷实现。从原理上说, Flash 主要有两种数据写入技术:一种是沟道热电子注入(CHEI, Channel Hot Electron Injection), 主要通过源极向浮栅充电;另一种是 F-N 隧道效应(FNT, Fowler-Nordheim Tunneling), 通过硅衬底向浮栅充电。对于擦除来说, 一般 Flash 都是采用 F-N 隧道效应将电子注入衬底中的。

　　Flash 根据内部单元排布及与位线连接关系的不同, 可以分为 Nandflash 和 Norflash 两类, 其电路截面如图 9-13 所示。在 Norflash 中, 存储单元以并联的方式与位线(Bitline)相连, 方便对每一位进行随机存取, 而 Nandflash 的存储单元是串联在一起的。从工作原理上来说, Norflash 是通过沟道热电子注入来对浮栅进行充电的, 通过 F-N 隧道效应进行放电, 而 Nandflash 则充电和放电都是通过 F-N 隧道效应实现的。

　　对于 Flash 存储器而言, 其擦除操作是按块执行的, 经过擦操除作后, 一个数据块中所有的存储单元都变为数据 "1"。由于 Flash 只能通过擦除操作才能将 "0" 变为 "1", 因此 Flash 在编程时, 只能对已经擦除的单元进行操作。事实上, Flash 的编程操作一般包括擦操作和写操作两部分, 经过擦操作后, 目标数据块中所有的存储单元都变为数据 "1", 之后再进行数据写入。

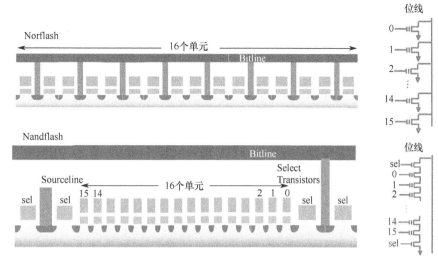

图 9-13   Norflash 和 Nandflash 结构对比

9.3.2   Flash 的数据残留现象

对于 Flash 存储器而言，在断电状态时其内部的数据不会丢失，执行擦除操作后会使数据全部变为逻辑 "1" 以掩盖存储的信息。然而，浮栅晶体管是以电荷的形式存储信息的，执行写入操作后浮栅上会积聚电子，擦除操作会使浮栅中的电子数目减少，但一般并不会将写入浮栅的电子全部擦除，而是仍有部分电子残留在浮栅上。虽然残留电子的数目无法直接检测，但是浮栅上残留的电子会体现在阈值电压等器件参数的变化上，从而使得 Flash 存储器虽然经过擦除，但其阈值电压、浮栅电荷量等物理参数仍存在差异。攻击者可以利用阈值电压或漏电流等芯片级的检测技术识别这种差异，从而恢复 Flash 存储器中的原始数据。Flash 的数据残留现象示意图如图 9-14 所示。

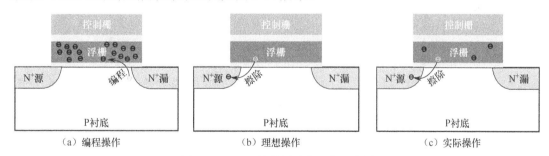

（a）编程操作   （b）理想操作   （c）实际操作

图 9-14   Flash 的数据残留现象示意图

2001 年，IBM 公司 T.J.Watson 研究中心的 Peter Gutmann 等首次提出利用阈值电压检测有可能区分未编程过的单元和经过一次写/擦操作的单元。2005 年，剑桥大学的 Sergei P. Skorobogatov 通过实验得到了如图 9-15 所示的 Flash 擦除次数与阈值电压的关系曲线，对于完全擦除的 Flash 而言，浮栅中没有残留电子，因此其阈值电压不会随着擦除次数而发生变化，始终维持在一个较低的值。而对于编程过的 Flash，其浮栅中有残留电子，随着擦除次数的增多，残留电子的数目会逐渐减少，阈值电压逐渐降低。该实验数据证明了在 Flash

存储器中，未编程单元和编程过的单元经过一次擦除操作后存在明显的阈值电压差（可达0.5V）；经过连续多次擦除，阈值电压差值仍然能够区分。

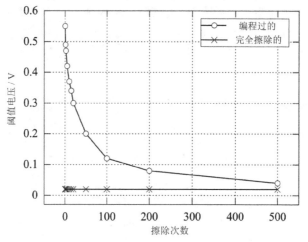

图 9-15　Flash 擦除次数与阈值电压的关系曲线

可以进一步结合浮栅晶体管阈值电压模型进行分析

$$V_{TH} = K - \frac{Q_{FG}}{C_{CG}} \tag{9-1}$$

式中，K 为常数，Q_{FG} 为浮栅电荷，C_{CG} 为控制栅和浮栅之间的电容。由于浮栅中的电荷主要为电子，而电子的电荷是负数，因此浮栅电荷也是负数。由阈值电压模型可知，浮栅电荷的绝对值越小，即浮栅电子数越少，浮栅晶体管的阈值电压就越小。

除利用阈值电压变化外，也可以利用扫描电子显微镜（SEM，Scanning Electron Microscope）对浮栅中的电荷进行观察。如图 9-16 所示，对 Flash 芯片从背面进行逆向解剖，将沟道区域及隧穿氧化层区域暴露，同时采用 SEM 对 Flash 晶体管进行表征，由于隧穿氧化层很薄，因此 SEM 得到的二次电子信息会与浮栅中残留电子相关，最终 SEM 获得的芯片照片也能够反映浮栅中电子的状态。根据实验数据可以得到，浮栅中的电子越多，SEM 得到的照片中该区域的亮度越大。因此，可以根据 SEM 照片中的亮度分布推断出 Flash 中的数据残留状况。如图 9-17 所示，通过合理控制 SEM 的扫描参数，可以得到 Flash 存储器明暗相间的扫描结果，从而推断出内部残留数据的情况。

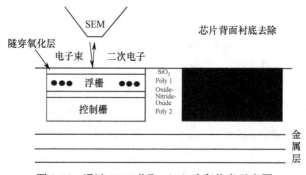

图 9-16　通过 SEM 获取 Flash 残留信息示意图

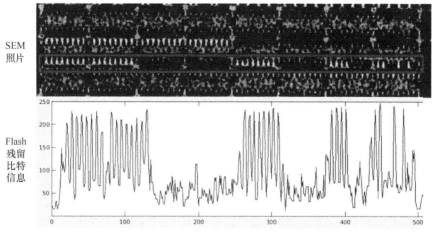

图 9-17　SEM 攻击 Flash 的结果

　　由上述分析可以看出，通过 Flash 中的电子残留可以对其内部数据进行恢复。在现代信息系统的应用中，很多敏感信息（如密码口令、加密密钥等）都是通过 Flash 等非易失性存储器进行存储的，因此，Flash 的数据残留问题给整个信息系统的安全带来巨大隐患。

9.3.3　Flash 的数据销毁技术

　　目前针对 Flash 数据残留的应对措施主要包括物理销毁和逻辑销毁。其中，物理销毁是指利用外力作用彻底破坏存储设备，主要包括利用化学腐蚀、暴力粉碎等手段完全破坏Flash 的内部结构；而逻辑销毁则主要通过页覆写和块删除覆盖等方式清除数据。本节主要以逻辑销毁为主进行介绍。

　　Flash 数据残留主要是由存储数据与残留电子数之间存在一定关联造成的，因此逻辑销毁的目标就是破坏存储数据和残留电子数的相关性。相应地，可采取的技术途径主要有两类：第一类是加入一些随机因素，使得相关性被破坏；第二类是减弱这种相关性，在现有的技术条件下，使这种相关性不能被检测出来。对于第一类途径，浮栅单元隧道氧化层的非理想因素、擦除电压、擦除时间等都会影响残留电子数，其中隧道氧化层的非理想因素受工艺影响，外部添加随机因素不易实现，而擦除电压受存储器高压产生电路的控制，擦除时间受存储器时序控制单元的控制，都能够加入随机因素。一般地，擦除时间相比于擦除电压更容易被修改，因此针对擦除时间的研究更多。对于第二类途径，一般采用多次覆写某些序列的方式使浮栅电子数多次发生改变，从而减弱乃至掩盖原有的相关性。下面将分别对基于随机时间和基于深度覆写序列的 Flash 数据销毁技术进行介绍。

1. 基于随机时间的 Flash 数据销毁技术

　　在 Flash 数据擦除过程中，浮栅残留电子数与擦除时间呈负相关关系，擦除时间越长，残留电子数越少。现有非易失性存储器的擦除时间都是固定的，经过擦除操作后，浮栅残留电子数的改变量几乎相同，对于阈值电压的影响也基本相同。因此，攻击者能够对 Flash进行攻击从而恢复数据。为了提高擦除安全性，可以使擦除时间具有一定的随机性，进而使残留电子数也具有一定的随机性，从而破坏残留电子数与擦除数据之间的相关性，增加攻击者恢复数据的难度。

在基于随机时间的擦除方法设计中，首先需要结合具体的 Flash 芯片实现工艺，确定该工艺条件下最优的擦除时间，以保证采用该擦除时间能够完全将每个数据单元擦除至规定值，而 Flash 的实际擦除时间应该是在确定的最优擦除时间基础上叠加一个随机时间。经过最优擦除时间后，各存储单元的浮栅电子数都会下降至某一规定值以下，由于电子数量变化接近，因此残留电子数与原存储值仍然具有相关性。在此基础上，再通过随机擦除时间，将残留电子数随机改变，破坏了残留电子数与原存储值的相关性。

Flash 存储器基本架构如图 9-18 所示。在擦除操作过程中，由时序控制电路控制高压产生电路，产生擦除用的高压，施加在需要擦除数据的浮栅晶体管上。经过一定的擦除时间再撤除高压，完成擦除过程。擦除高压一般施加固定时间，该固定时间可确保所有单元完成擦除，因此需要在该固定时间上叠加随机时间，才能在确保擦除效果的前提下，使擦除时间整体上呈现出随机性。由于擦除时间受时序控制电路的控制，因此只有对时序控制电路中与擦除时间控制相关的部分进行修改，才可实现随机擦除时间。

随机时间的构建方法非常多，最简单的方法是采用随机数发生器进行构建。整个实现流程如图 9-19 所示。时序控制电路在接收到擦除命令后，立即启动随机数生成电路，产生一个随机数码值，然后将该随机数码值与固定数值叠加，形成最终的随机擦除时间，将该数值装载到减法计数器中作为计数器初值。擦除操作开始，擦除高压施加在浮栅单元上，且计数器的计数值同步递减。当计数器的计数值减为 0 时，擦除操作停止。时序控制电路验证擦除是否合格，擦除合格，则本次擦除操作结束，否则重新进行本次擦除操作。

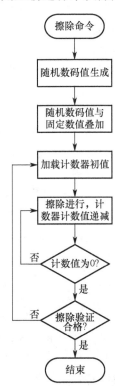

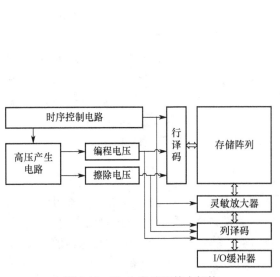

图 9-18　Flash 存储器基本架构　　　　图 9-19　基于随机时间的 Flash 数据销毁流程图

2. 基于深度覆写序列的 Flash 数据销毁技术

由于数据残留现象是擦除过程中浮栅上的电子移除不完全造成的，因此通常认为的数据安全销毁思想是采用多次擦除操作，将浮栅中更多的电子进行移除。但是一味减少电子数目，并不一定是最优的改变浮栅电子数目差异的方法，即使经过上百次擦除操作，阈值电压差值也依然可以分辨。因此，需要将编程操作与擦除操作相结合，才能在最短的时间内通过最优的覆写序列，将浮栅中残余电子数的差异性快速减小至不可识别的状态。

对一些存储不同序列的 Flash 单元组（即 Flash 已经经过这些序列的操作）分别进行"EE"和"EP"覆写，其中 E 代表将 Flash 单元擦为"1"，P 代表将 Flash 单元编程为"0"，并记录阈值电压值，结果如表 9-2 所示。以"EPEP"与"EPEE"为例，经过"EE"覆写后，阈值电压都会降低，但二者的阈值电压差值为 0.891V。而经过"EP"覆写后，阈值电压虽然都升高了，但二者的阈值电压差值为 0.352V，差值要小于经过"EE"覆写的差值，其他情况下也是如此。究其原因，是因为在执行 P 操作时，大量电子涌入浮栅中，使浮栅中的电荷接近可容纳的上限，原本的差异性更容易被掩盖。

因此，在实际的 Flash 数据销毁过程中，需要对浮栅单元进行多次擦除或编程操作，使浮栅电荷经过多次改变，差异性逐渐被抹平，减弱残余电子数与销毁数据的相关性，使得这种相关性在现有技术条件下无法被检测到。

表 9-2　Flash 经过"EE"覆写和"EP"覆写后的阈值电压值变化

擦除前		"EE"覆写		"EP"覆写	
存储序列	V_{TH}/V	V_{TH}/V	ΔV_{TH}/V	V_{TH}/V	ΔV_{TH}/V
"EPEP"	9.129	2.197	0.891	9.127	0.352
"EPEE"	2.203	1.306		9.479	
"EPEEP"	8.844	2.198	1.157	9.128	0.284
"EPEEE"	1.663	1.041		9.412	
"EEPEP"	9.130	2.199	0.893	9.127	0.352
"EEPEE"	2.201	1.306		9.479	
"EPEPEEP"	8.798	2.194	1.155	9.126	0.285
"EPEPEEE"	1.661	1.039		9.411	

9.4　新型存储器的安全技术

在 9.1 节中已经介绍了新型非易失性存储器主要包括 PCM、FRAM、RRAM 和 MRAM 等，这些新型存储器与传统存储器的性能参数对比如表 9-3 所示。在新型非易失性存储器中，PCM 和 RRAM 是基于原子层级重构来改变阻值的，优点是有较大的阻值窗口，但是读/写速度和读/写可靠性相对较差。MRAM 则基于对电子"自旋"的控制，具有高密度、高性能和高耐久性等优势，被认为是新型存储技术中的主要候选对象之一。

然而，这些新型存储器的应用和其固有的部分特性也带来了一些安全隐患，这些隐患能够被攻击者利用，造成敏感信息泄露并危及整个系统的完整性、保密性和安全性。本节将以 MRAM 为例，介绍新型非易失性存储器面临的安全威胁及相关的攻击和防护设计方法。

表 9-3　各类存储器的性能参数对比

器 件	最小单元尺寸	读延迟	写延迟	耐久性/周期	静态功耗
HDD	N/A	5ms	5ms	>10^{15}	1W
SLC Flash	4～6 F^2	25μs	500μs	10^5～10^4	0
DRAM	6～10 F^2	50ns	50ns	>10^{15}	刷新功耗
PCM	4～12 F^2	50ns	500ns	10^9～10^8	0
STT-MRAM	6～50 F^2	10ns	50ns	>10^{15}	0
RRAM	4～10 F^2	10ns	50ns	>10^{11}	0

9.4.1　MRAM 结构与工作原理

如图 9-20 所示，MRAM 的核心结构包括一个磁性隧道结（MTJ，Magnetic Tunnel Junction）和一个访问晶体管。MTJ 呈铁磁层/绝缘层/铁磁层的"三明治"结构，上、下两层分别由磁性材料（如 CoFeB）制成，其中一个层的磁化方向是固定的，称为固定层（PML，Pinned Magnetic Layer），另一个层的磁化方向是可以改变的，称为自由层（FML，Free Magnetic Layer），在上、下磁层中间为隧穿氧化层，材料通常为 MgO。

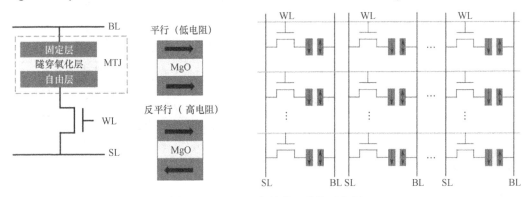

图 9-20　MRAM 存储单元结构示意图

在 MRAM 存储器阵列中，存储比特是由单元的电阻状态决定的，当固定层和自由层的磁化方向一致时，称为"平行状态"（parallel），MTJ 的隧道磁阻（TMR，Tunnel Magneto-Resistance）为低，存储状态"0"；当磁化方向不一致时，称为"反平行状态"（Anti-Parallel），TMR 为高，存储状态"1"。数据的写入通过切换自由层的磁化方向来实现，读取则通过使电流流过 MTJ 来测量磁阻大小实现。图 9-20 也给出了由 MRAM 存储单元构成的存储阵列，其中访问晶体管的栅极与字线（WL）相连，形成"1T1M"的结构来实现存储单元的选择。图中 BL 为字线，SL 为源线，当电流从位线流向源线时，实现对 MTJ 的写"0"操作；当电流从源线流向位线时，实现对 MTJ 的写"1"操作。

早期的 MRAM 采用外部磁场控制存储单元，在这种技术下读/写容易受干扰且单元结构难以继续缩小尺寸。后来 MRAM 逐渐发展出了自旋转移扭矩 MRAM（STT-MRAM，Spin Transfer Torque MRAM）、自旋轨道扭矩 MRAM（SOT-MRAM，Spin Orbit Torque MRAM）和电压控制各向异性 MRAM（VCMA-MRAM，Voltage Controlled Magnetic Anisotropy MRAM）等类型，它们有各自的特点和应用场景。

尤其是 STT-MRAM 的出现在推动 MRAM 商业化的进程中具有重要意义，其是一种纯电学的 MJT 写入方式，基本原理如图 9-21 所示。电流从固定层流向自由层时，首先获得与固定层磁化方向相同的自旋角动量，该自旋极化电流进入自由层时，与自由层的磁化相互作用，导致自旋极化电流的横向分量被转移。由于角动量守恒，被转移的横向分量将以力矩的形式作用于自由层，迫使它的磁化方向与固定层接近，该力矩称为自旋转移扭矩。同理，对于相反方向的电流，固定层对自旋的反射作用使自由层磁化获得相反的力矩，因此，被写入的磁化状态由电流方向决定。

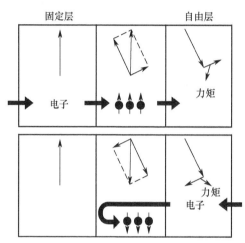

图 9-21　自旋转移扭矩基本原理

自旋转移扭矩依靠电流实现磁化翻转，写入电流密度大概为 $10^6 \sim 10^7 A/cm^2$，而且写入的电流可随工艺尺寸的缩小而减小，克服了传统磁场写入方式的缺点，因而被认为是实现磁隧道结纯电学写入方式的最佳候选方案。

9.4.2　针对 MRAM 的攻击技术

MRAM 作为一种新型非易失性存储器，其内部数据断电后不会丢失，而且上电后能够迅速做出响应，MRAM 的这些特点使其更加容易遭受各种恶意攻击。目前，随着 MRAM 等新型非易失性存储器的逐渐成熟和产业化推广，针对这类存储器的攻击研究也不断增多。首先，可以借鉴传统的攻击方式，如采用逆向工程等方式对 MRAM 中存储的数据进行提取，由于 MRAM 中的存储数据与 MTJ 等效电阻密切相关，因此只要能够定位到 MTJ 位置，并使用探针测得其阻值就可获取存储的信息。

同时，这类新型存储器具有一些固有特性，也衍生出一些新的攻击方法。本节主要针对 MRAM 的读/写非对称特性，介绍针对该类存储器的侧信道攻击技术。

以 STT-MRAM 为例，其写入电流的变化与存储的数据密切相关。从前面得知，MTJ 的等效电阻在状态“1”时为高，在状态“0”时为低。图 9-22（a）显示了当前一个存储值为单比特“0”，写入“1”时的器件消耗电流波形。刚开始时 MTJ 阻值为低，此时电流维持在一个较高水平，成功写入后，MTJ 转变为高阻状态，电流降到一个较低的水平值。与之相应地，图 9-22（b）显示了当前存储值为“1”的情况下写入“0”时的消耗电流波形，在这种情况下，电流最初是比较低的，在成功写入后电流增大。总体来说，"0→1" 和 "1→0" 的写入电流波形可以分为三个阶段：初始状态、转变过程和新状态。从图 9-22（a）和图 9-22（b）的转变过程对比中可以发现，"0→1" 的转变过程电流变化得更显著，电流的幅值变化大于 10μA，而 "1→0" 的转变电流只变化了 3μA 左右。针对写过程，对于 "0→0" 和 "1→1" 来说，因为 MJT 阻值状态不变，所以写入电流波形是相对稳定的。

同样在读操作中，由于 MTJ 阻值不同，因此读 "0" 和读 "1" 也有明显的差异。如图 9-22（c）所示，在两个读取过程中，电流的波形变化趋势较为相近，但是峰值读取电流有较为明显的不同。

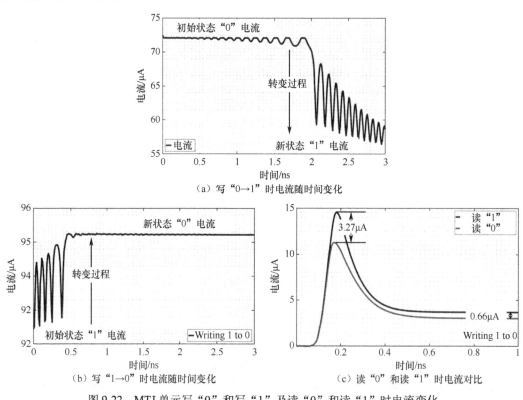

（a）写 "0→1" 时电流随时间变化

（b）写 "1→0" 时电流随时间变化　　　　（c）读 "0" 和读 "1" 时电流对比

图 9-22　MTJ 单元写 "0" 和写 "1" 及读 "0" 和读 "1" 时电流变化

以图 9-23 所示的芯片框架为例，其中，处理器主要完成 AES 算法的加/解密运算操作，STT-MRAM 用于存储中间计算结果、密钥及密文等信息，通过在 STT-MRAM 下面串联一个小电阻可测量其消耗的能量信息。

在上述芯片中，加载给定明文和密钥，执行完整的 AES-128 算法，所采集到的 STT-MRAM 消耗的电流信息如图 9-24 所示，其中 R_i 代表 AES-128 算法的第 i 轮运算。由于 STT-MRAM 中 "0→1" 和 "1→0" 的 1 比特写电流通常由三个阶段组成，相应的每轮运算中，128 位的总写入电流也呈现出明显的三个阶段。同时，由于 "0→1" 比 "1→0" 的电流变化更显著，因此总的写入电流也由 "0→1" 占主导且呈现下降为主的趋势。

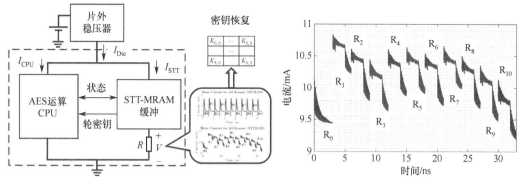

图 9-23　包含 CPU、STT-MRAM 缓存的
芯片架构及攻击示意图

图 9-24　STT-MRAM 在 AES-128 各轮运算中
写操作的能量消耗

由于 STT-MRAM 读取和写入过程中的能量消耗与数据状态存在非常明显的相关性，因此采用侧信道攻击技术即可对其进行攻击。图 9-25 为采用相关能量分析的攻击结果（原理过程见 2.2.5 节），如果攻击 STT-MRAM 的数据写入过程，采集 300 条能量迹曲线即可恢复 1 字节的密钥，对于 STT-MRAM 的数据读取过程的攻击效率则更高，采集 40 条能量迹曲线即可恢复 1 字节的密钥。

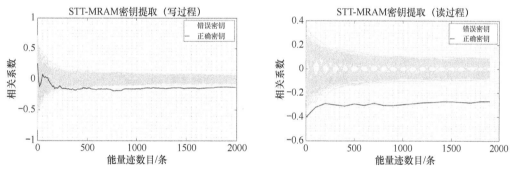

图 9-25　针对 STT-MRAM 的侧信道攻击结果

9.4.3　MRAM 的侧信道防护技术

从 9.4.2 节分析中可得到，在 MRAM 中读和写操作的电流具有明显的不对称性，这种不对称导致了数据和功耗之间具有显著的相关性，因而容易受到侧信道攻击的影响。因此在进行防护设计时，基本思想是进行功耗平衡，减少功耗对数据的依赖性。其具体实现方法有很多，本节主要以互补操作技术为例进行介绍。

互补操作的基本原理是在读/写过程中，使 MTJ 同时对待处理的逻辑值及相应的互补值进行操作，从而实现功耗平衡。为了实现该功能，需要对 STT-MRAM 的标准单元进行更改，如图 9-26 所示，设计的标准单元包含两个总是处于互补状态的 MTJ 单元：MTJ-1 和 MTJ-2，控制信号包括 BL、SL、WL 和 WL_R。读/写过程的等效电路如图 9-27 所示，对于写操作，WL_R 始终关闭，当字线 WL 有效时，电流从 BL 流入，经 MTJ-1 和 MTJ-2 后从 SL 流出，MTJ-1 和 MTJ-2 保持串联状态。因此，无论是"0→1"还是"1→0"，两个 MTJ 中总是一个为高阻态、另一个为低阻态，对外呈现的总电阻值基本不变。对于读操作，

WL_R 会打开，电流分别从 BL、SL 流入，分别经过 MTJ-1 和 MTJ-2 后从 WL_R 控制的 N3 管流出，两个 MTJ 保持并联状态，由于 MTJ 总是一个为高阻态、另一个为低阻态，因此对外呈现的总阻值也是不变的。

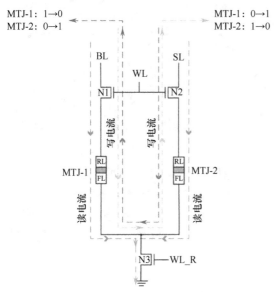

图 9-26　基于互补操作的 STT-MRAM 单元　　　图 9-27　基于互补操作的 STT-MRAM 单元读/写过程的等效电路

对于互补操作的 STT-MRAM 单元，其读/写过程对外呈现的总电阻值保持不变，因此电流变化过程也会比较接近，如图 9-28 所示，整个单元能够呈现较强的抗侧信道攻击的防护能力。

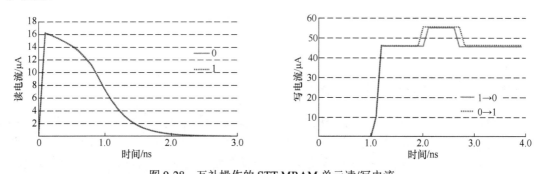

图 9-28　互补操作的 STT-MRAM 单元读/写电流

9.5　本章小结

本章对存储器的基本原理和分类进行了归纳总结，并从易失性存储器、非易失性存储器及新型存储器三个方面，围绕 SRAM、Flash、MRAM 的攻击和防护技术进行了详细阐述。随着大数据、人工智能等技术的发展，数据已经成为一种生产资料，对现代信息社会产生重要影响。而数据存储器作为数据的存储载体，其技术也在不断发展，新型存储器不断涌现。由于针对数据存储器的攻击技术越来越多，存储器面临的安全威胁日益突出，因此，仍需要进一步对存储器的安全防护技术进行系统研究，并建立相关的规范标准，为新时代的数据安全提供支撑。

参 考 文 献

[1] Weste Neil, Harris D. CMOS VLSI Design: A Circuits and Systems Perspective[M]. NewYork: Addison Wesley, 2010.

[2] Sergei Skorobogatov. Low temperature data remanence in static RAM[R]. Cambridge: University of Cambridge, 2002.

[3] Samyde D, Skorobogatov S, Anderson R, et al. On a new way to read data from memory[C]// International IEEE Security in Storage Workshop. Greenbelt, MD, USA: IEEE, 2002: 65-69. DOI: 10.1109/SISW.2002. 1183512.

[4] Gandolfi K, Mourtel C, Olivier F. Electromagnetic analysis: concrete results[C]// International Workshop on Cryptographic Hardware and Embedded Systems. Heidelberg, Berlin: Springer, 2001: 251-261. DOI: 10.1007/3-540-44709-1_21.

[5] Skorobogatov S. Data remanence in flash memory devices [C]// International Workshop on Cryptographic Hardware and Embedded Systems. Heidelberg, Berlin: Springer, 2005: 339-353. DOI: 10.1007/ 11545262_25.

[6] Courbon F, Skorobogatov S, Woods C. Reverse engineering flash EEPROM memories using scanning electron microscopy[C]// International Conference on Smart Card Research and Advanced Applications. Cham, Switzerland: Springer, 2017: 57-72. DOI: 10.1007/978-3-319-54669-8_4.

[7] 辛睿山. 抗物理攻击安全存储关键技术研究[D]. 天津：天津大学，2019.

[8] 程鹏，白国强. EEPROM 的扫描电镜探测和探针攻击[J]. 微电子学与计算机，2016，33（3）：37-40，45.

[9] Courbon F. Challenges and examples of in-situ memory content extraction techniques[C]// IEEE International Conference on Electronics, Circuits and Systems (ICECS). Bordeaux, France: IEEE, 2018: 493-496. DOI: 10.1109/ICECS.2018.8617941.

[10] 白月，殷加亮，郭宗夏，等. 低功耗自旋电子器件技术路线及展望[J]. 微纳电子与智能制造，2021，3（1）：104-128.

[11] 姚佳伦，杨雨梦，陈昊瑜. 用于存算一体的磁性随机存储器概述[J]. 功能材料与器件学报，2021，27（6）：525-535.

[12] 赵巍胜，王昭昊，彭守仲，等. STT-MRAM 存储器的研究进展[J]. 中国科学：物理学力学天文学，2016，46（10）：70-90.

[13] Ben Dodo S, Bishnoi R, Tahoori M B. Secure STT-MRAM bit-cell design resilient to differential power analysis attacks [J]. IEEE Transactions on Very Large Scale Integration (VLSI) Systems, 2020, 28(1): 263-272. DOI: 10.1109/TVLSI.2019.2940449.

[14] Dmytro Apalkov, Alexey Khvalkovskiy, Steven Watts, et al. Spin-transfer torque magnetic random access memory (STT-MRAM)[J]. ACM Journal on Emerging Technologies in Computing Systems, 2013, 9(2): 1-35. DOI: 10.1145/2463585.2463589.

[15] Khan M, Bhasin S, Yuan A, et al. Side-channel attack on STTRAM based cache for cryptographic application[C]// IEEE International Conference on Computer Design (ICCD). Boston, MA, USA: IEEE, 2017: 33-40. DOI: 10.1109/ICCD.2017.14.

[16] Khan MNI, Ghosh S. Comprehensive study of security and privacy of emerging non-volatile memories[J]. Journal of Low Power Electronics and Applications, 2021, 11(4): 36. DOI: 10.3390/jlpea11040036.

[17] Chakraborty A, Mondal A, Srivastava A. Correlation power analysis attack against STT-MRAM based cyptosystems[C]// IEEE International Symposium on Hardware Oriented Security and Trust (HOST). Mclean, VA, USA: IEEE, 2017: 171-172. DOI: 10.1109/HST.2017.7951835.

[18] Ghosh S. Spintronics and security: prospects, vulnerabilities, attack models, and preventions[C]// Proceedings of the IEEE. IEEE, 2016, 104(10): 1864-1893. DOI: 10.1109/JPROC.2016.2583419.

[19] 成关壹. 基于 STT-MRAM 的新型读写电路的设计与研究[D]. 无锡：江南大学，2021.

[20] De A, Khan M N I, et al. Replacing eflash with STTRAM in IoTs: security challenges and solutions[J]. Journal of Hardware and Systems Security, 2017, 1: 328-339. DOI: 10.1007/s41635-017-0026-x.

第 10 章　芯片测试与安全防护

随着芯片规模和复杂度的不断提升，芯片的可测性设计技术已经被广泛应用。从测试角度来讲，希望芯片内部的可控性和可观性越强越好，这样芯片就更容易被快速测试；然而，从安全的角度来讲，其基本思想是将信息尽可能地隐藏，保证所有信息都尽可能地只出现并存储于芯片内部。因此，芯片的可测性与安全性本质上是相互矛盾的。本章首先对常用的可测性设计技术进行阐述，之后针对扫描测试、JTAG 及面向片上系统（SoC）测试的攻击与防护技术进行介绍。

10.1　引言

在芯片完成制造后，通常需要对其电参数、功能、性能及老化等情况进行全面测试，以判断芯片的各项指标是否符合要求。随着芯片集成度的不断提升，其面临的测试挑战也越来越突出，完成芯片测试所需的时间越来越长，例如，千万门级的 SoC 芯片测试可能需要数月甚至更长时间。同时测试所需的测试向量越来越多，测试设备的使用成本也越来越高。为了解决上述问题，可测性设计（DFT，Design For Test）的概念被提出。DFT 的基本思想是在电路设计时增加一些额外的逻辑电路，这些额外的电路主要服务于芯片的测试和调试，从而在很大程度上降低了芯片测试的复杂性，提高了故障覆盖率。事实上，DFT 已经成为超大规模芯片设计方法的重要组成部分。

在 DFT 中，常常使用可观性（Observability）和可控性（Controllability）进行描述。可观性是指电路中任意节点的逻辑值在原始输出端可被观察的难易程度，可控性是指把电路中任意节点设置为预定逻辑值的难易程度。一般地，电路允许的可观性和可控性程度越高，芯片越容易被测试，同时测试结果的可信度也越高。目前，常用的可测性设计技术包括扫描测试、边界扫描测试、内建自测试等。

10.1.1　扫描测试

扫描测试也称扫描链测试（SCT，Scan Chain Test），其基本设计思想是通过在时序电路的逻辑单元中增加可测性逻辑，并构成扫描链，从而使芯片内部的时序单元（如触发器）转换为外部可访问的单元，达到通过芯片外部引脚控制和观察芯片内部状态的目的。

在芯片开发流程中，扫描链通常是在芯片设计功能验证通过后插入的。扫描链的插入过程包括扫描替换和扫描链连接。扫描替换过程如图 10-1 所示，对于常规的 D 触发器（DFF，D Flip Flop），通过在其数据输入端口 D 增加一个二选一的多路选择器，构成扫描触发器（SFF，Scan Flip Flop），SFF 也称为扫描单元。相对于 DFF，SFF 增加了选择器，引入了两个额外的输入信号，分别为扫描使能（SE，Scan Enable）信号和扫描数据输入（SI，Scan Input）信号。

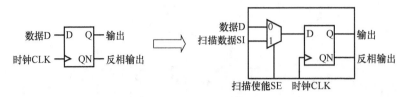

图 10-1　扫描替换过程

将一个扫描单元的输出端 Q 与另一个扫描单元的 SI 相连,然后以移位寄存器的形式串行连接所有扫描单元,即构成扫描链,如图 10-2 所示。扫描链与待测电路(CUT,Circuit Under Test)互连, 能够完成 CUT 的测试。

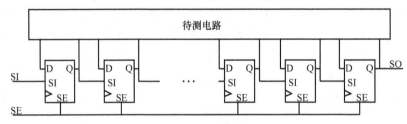

图 10-2　扫描链结构

在扫描链中,SE 信号用于控制扫描链在功能模式和测试模式之间的切换:(1)当 SE=0 时, 扫描链处于功能模式或测试模式下的功能采样阶段, 每个 SFF 都等同于 DFF;(2)当 SE=1 时, 扫描链处于测试模式下的扫描移位阶段, 整个扫描链构成一个移位寄存器, 数据从最左侧的 SI 端口输入整个扫描链。

在扫描测试中, 主要工作阶段包括以下几个方面。

(1)扫描移位输入阶段:将 SE 设置为"1", 此时电路处于测试模式下的扫描移位阶段, 通过扫描输入端口 SI, 将测试向量移入待测电路。由于一个时钟周期只能移入一位数据, 因此需要经过多个时钟周期才能完成测试向量的全部输入(与扫描链长度相等)。

(2)测试捕获阶段:将 SE 设置为"0", 此时电路处于测试模式下的功能采样阶段, 在下一个时钟到来时, 将待测电路对输入测试向量的响应捕获到扫描寄存器中。

(3)测试移位输出阶段:将 SE 设置为"1", 电路处于测试模式, 经过多个时钟周期, 将测试捕获阶段的值从扫描数据输出(SO,Scan Output)移出, 并进行分析。同时, 可以进行下一轮测试向量的输入。

10.1.2　边界扫描测试

边界扫描的目的是支持在电路板一级对芯片或板上的逻辑与连接进行测试、复位和系统调试。边界扫描法的研究起源于 20 世纪 80 年代, 其标准化过程由联合测试行动小组(JTAG,Joint Test Action Group)推进并提出了原型方案,IEEE 于 1991 年对边界扫描架构进行了标准化(IEEE 149.1:Standard Test Access Port and Boundary-Scan Architecture), 因此, 该标准一般也称为 JTAG 标准。

图 10-3 为 JTAG 的基本结构框图, 其中图 10-3(a)为 JTAG 整体结构, 主要包括 TAP 控制器(TAP Controller,Test Access Port Controller)、指令寄存器(IR,Instruction Register)、指令译码器(Decoder)、测试数据寄存器(TDG,Test Data Reg)组。测试数据寄存器组内

部由旁路寄存器（Bypass Reg）、设备身份寄存器（ID Reg）及边界扫描寄存器（BSR，Boundary Scan Register）构成的边界扫描链等结构组成。

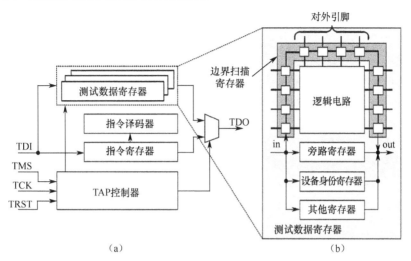

图 10-3　JTAG 的基本结构框图

JTAG 采用控制流与数据流分离的同步串行信号进行通信，其接口信号由测试时钟（TCK，Test Clock）、测试模式选择（TMS，Test Mode Select）、测试数据输入（TDI，Test Data In）、测试数据输出（TDO，Test Data Out）4 个必要信号和 1 个可选信号测试复位（TRST，Test Reset）组成，测试者通过这些信号完成激励施加、响应取回及系统资源访问等多种复杂任务。

在实际工作中，TAP 控制器是一个能够解析 JTAG 标准协议的状态机，在 TCK 时钟信号下将接收的 TMS 信号译码，产生操作控制序列，控制电路进入相应的测试模式。

JTAG 的一个重要特性是能够支持任意数目的设备以多种拓扑结构进行互连形成 JTAG 链，由上游的主机端（也称上位机）进行统一操作，如图 10-4 所示为最简单的"菊花链"（daisy-chain）式结构。在该结构中，每个芯片都由独立的控制器实现测试功能，测试数据从左侧 TDI 输入，经过所有芯片后从右侧 TDO 输出。

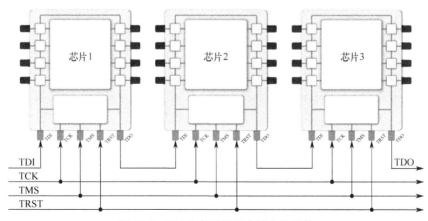

图 10-4　JTAG 在系统级电路上的结构

JTAG 具有三种基本工作模式：旁路（BYPASS）、外测试（EXTEST）和内测试（INTEST），通过不同的 JTAG 指令操作可将其设置为三种模式中的任意一种，不同的工作模式设置了不同的信号传输方式，也指定了当前被操作的数据寄存器。

10.1.3　内建自测试

内建自测试（BIST，Build in Self-Test）是指在芯片内部添加一个测试逻辑，也称 BIST 电路，使得能够在芯片内部完成测试向量生成、响应采样和与期望值比较等功能。这种测试方法不需要外部测试人员提供大量的测试向量，从而减少了需要的测试引脚，节省了测试开销，同时可以实现高速测试。从某种意义上说，BIST 是把"测试仪"嵌入电路内部，既要为待测芯片提供测试输入向量，也要对其响应特征进行对比分析。

BIST 电路结构如图 10-5 所示，主要包括三部分，分别是测试向量生成器、响应分析器和内建自测试控制器。测试向量生成器生成的测试向量施加给被测电路，响应分析器捕获测试结果，并将其与理想值进行比较，以判断被测电路是否正常。

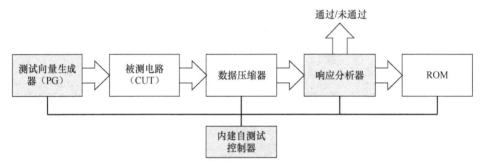

图 10-5　BIST 电路结构

BIST 技术可以分为存储器内建自测试（MBIST，Memory BIST）技术和逻辑内建自测试（LBIST，Logic BIST）技术等。其中，MBIST 技术主要用于测试芯片内部的存储器，是常用的 BIST 技术。

10.1.4　可测性与安全性

一般地，可测性设计会贯穿芯片的整个开发流程。在设计中，应该尽早考虑 DFT 设计，这样就能够更加合理地规划测试逻辑，同时版图和时序的实现也将更加容易。

为了保证芯片测试的可控性和可观性，在 RTL 级的文件准备好以后，对设计的存储器部分首先进行内建自测试设计；其次对逻辑综合后的网表进行扫描链的插入，这里插入扫描链是为了达到更好的检测效果，在门级网表插入扫描链之后还要对边界进行扫描，因为边界扫描可以对整体的设计再进行一次测试，这样可以保证整个设计流程可靠；最后进行布局布线设计、后端的物理设计及流片，对于流片后的芯片采用自动测试向量生成（ATPG，Automatic Test Pattern Generation）等方法进行测试，保证最终的芯片可靠。

从本质上说，可测性设计技术极大地提高了芯片内部的可测性及测试的故障覆盖率，但也为攻击者提供了访问芯片内部的途径，从而引入了许多潜在的安全问题。攻击者可以利用可测性对芯片进行各类攻击，非法控制芯片及通过可测性的相关链路从芯片内部读取敏感数据。对于芯片，可测性与安全性之间存在不可避免的矛盾。本章将重点结合扫描测试、边界扫描测试及片上系统的相关测试，介绍针对芯片测试环节的攻击与防护技术。

10.2　基于扫描测试的攻击与防护

目前，基于扫描测试的攻击技术主要是与非侵入式攻击相互结合实现的。一般地，现有的基于扫描测试的攻击都假设扫描链和测试端口可以被攻击者轻松控制，而且芯片内部运行的算法也是已知的。其具体攻击过程如图 10-6 所示，首先，攻击者需要在功能模式下将恶意数据输入芯片，或者在测试模式下的移位输入阶段将数据加载到扫描链；其次，攻击者需要在功能模式下或测试模式下的捕获阶段将敏感数据捕获到扫描链中，然后在测试模式下将其扫描出来，进而进行攻击分析。

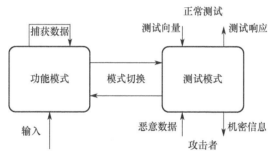

图 10-6　基于扫描测试的攻击过程

10.2.1　扫描测试攻击分类

目前，扫描测试攻击大致可以分为模式切换攻击和测试模式攻击两类。

（1）模式切换攻击。

模式切换攻击主要利用可观性进行攻击，即攻击者通过分析扫描链移出的数据从而推测芯片内部敏感数据或电路结构。对于密码芯片，可以通过模式切换实现攻击，如图 10-7 所示，首先对密码芯片进行复位，并使其工作在功能模式下；之后，攻击者将特定的明文输入密码芯片中进行加密，此时扫描链中的扫描单元会捕获到加密中间值或加密结果；然后将芯片切换至测试模式，通过扫描链串行输出捕获到的数据，到此完成一次通过模式切换进行的攻击。通常情况下，需要进行多次攻击才能实现攻击目标，因此需要不停地改变输入明文并重复上述过程，结合统计分析的方法获取最终想要的敏感数据。

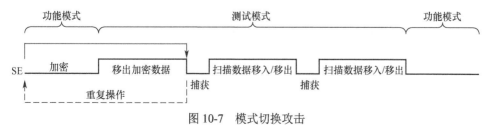

图 10-7　模式切换攻击

（2）测试模式攻击。

测试模式攻击是同时利用可控性和可观性实现的攻击。对于密码芯片，如图 10-8 所示，攻击者首先对芯片进行复位，并使其工作在测试模式下；之后，在扫描移位阶段，通过扫描链移入特定的测试向量，并将特定的明文输入密码运算电路中进行加密。在功能采样阶段，扫描链中的扫描单元会捕获加密结果。当再次处于扫描移位阶段时，捕获的结果则可以通过扫描链串行输出，到此完成一次测试模式下的攻击。与模式切换攻击类似，测试模式攻击也需要重复多次，并利用统计学方法才能完成攻击。

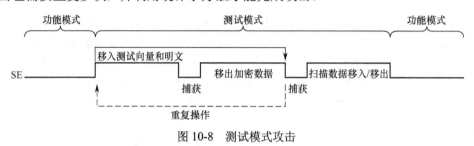

图 10-8　测试模式攻击

10.2.2　面向密码芯片的扫描测试攻击实例

本节将以 AES-128 算法芯片为例，介绍基于扫描链的非侵入式攻击方法。攻击过程采用差分的思想，即通过输入仅具有一位差值的明文对，对密码运算电路进行扫描测试，然后分析扫描链移出数据的汉明距离，从而恢复密钥。假设在 AES-128 的加密过程中，每轮运算结束后产生的状态数据都会被锁存在轮寄存器中。整个攻击过程可以分为两个阶段。

1.　确定扫描链的结构

在芯片中，扫描链的长度可能会非常大，而扫描链中各寄存器的顺序是由物理布局布线等因素决定的。在针对 AES 算法芯片的攻击过程中，一般重点关注第一轮的中间值和最终输出状态。当芯片为功能模式时，AES 算法的第一轮变换输出的状态数据（图 10-9 中的 f 状态）会存储在轮寄存器中。因此，在攻击时，首先需要确定轮寄存器输出在芯片扫描链中的具体位置，这样才能获得数据并进行分析。

在 AES 算法中，其输入和输出为 4×4 的字节矩阵，可以将输入明文记为 $a_{i,j}(0 \leq i, j \leq 3)$。假设改变输入明文 $a_{i,j}$ 中的 1 字节 $a_{1,1}$，则 b 处对应的状态矩阵中的字节 $b_{1,1}$ 将发生改变，同样，节点 $c_{1,1}$ 和节点 $d_{1,0}$ 也将发生改变，进而节点 e 处对应的状态矩阵中的字（$e_{0,0}, e_{1,0}, e_{2,0}, e_{3,0}$）也会发生改变，最终使轮寄存器中存储（$f_{0,0}, f_{1,0}, f_{2,0}, f_{3,0}$）的 32 位寄存器的状态发生改变。此时，进入测试模式，通过扫描链将寄存器的状态数据移出，并分析改变前后的汉明距离。通过不停地改变输入明文的 1 字节 $a_{1,1}$ 且每次只改变 1 位，即可确定扫描链中存储（$f_{0,0}, f_{1,0}, f_{2,0}, f_{3,0}$）的 32 位寄存器的具体位置。由于 AES 算法具有雪崩效应，即输入明文的 1 位发生变化将导致状态数据的多位发生变化。因此，只需较少的次数，即可确定扫描链中该 32 位寄存器的具体位置。

2.　恢复初始密钥

在扫描链的结构确定之后，攻击者可以进行密钥恢复。首先复位芯片，在功能模式下输入仅具有一位差值的明文对，并使电路工作一个周期。此时初始轮密钥加和第 1 轮变换完成，然后切换至测试模式，通过扫描链移出并分析轮寄存器中状态数据之间的汉明距离，从而恢复密钥。通过上述过程，将图 10-9 中 b 处对应的初始轮密钥加的输出与节点 f 处对应的第 1 轮变换的输出联系起来。

假设输入明文对为（$a_{i,j}^1, a_{i,j}^2$），且该明文对只有字节（$a_{1,1}^1, a_{1,1}^2$）中的 1 位不相同，初始轮密钥加的密钥为 $RK0_{i,j}$，第 1 轮变换使用的轮密钥为 $RK1_{i,j}$。初始轮密钥加的输出（$b_{i,j}^1, b_{i,j}^2$）可以分别表示为

$$b_{i,j}^1 = a_{i,j}^1 \oplus RK0_{i,j}$$
$$b_{i,j}^2 = a_{i,j}^2 \oplus RK0_{i,j} \tag{10-1}$$

因此，初始密钥可表示为

$$RK0_{i,j} = a_{i,j}^1 \oplus b_{i,j}^1 \text{ 或 } RK0_{i,j} = a_{i,j}^2 \oplus b_{i,j}^2 \tag{10-2}$$

那么在已知输入明文的情况下，只需推测出 $b_{i,j}$ 的值，即可恢复初始密钥。在加密过程中，第 1 轮变换中轮密钥加后的状态值记为（$f_{i,j}^1, f_{i,j}^2$），二者的汉明距离为其异或结果中"1"的个数，而

$$
\begin{aligned}
f_{i,j}^1 \oplus f_{i,j}^2 &= f_{i,0}^1 \oplus f_{i,0}^2 \\
&= (e_{i,0}^1 \oplus RK1_{i,0}) \oplus (e_{i,0}^2 \oplus RK1_{i,0}) \\
&= e_{i,0}^1 \oplus e_{i,0}^2 \\
&= e_{i,j}^1 \oplus e_{i,j}^2
\end{aligned} \tag{10-3}
$$

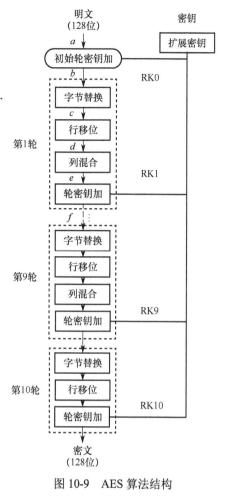

图 10-9　AES 算法结构

由式（10-3）可知，第 1 轮变换输出状态数据之间的汉明距离与列混淆后状态值之间的汉明距离是相等的。因此可以进一步推断，第 1 轮变换的输出状态数据之间的差异与轮密钥 $RK1_{i,j}$ 无关，仅受（$b_{i,j}^1, b_{i,j}^2$）的影响。

在实际中，不同的（$b_{i,j}^1, b_{i,j}^2$）对应的（$f_{i,j}^1, f_{i,j}^2$）的汉明距离可能相同。通过对 AES 算法进行分析，发现 4 个（$f_{i,j}^1, f_{i,j}^2$）的汉明距离对应唯一的（$b_{i,j}^1, b_{i,j}^2$），如表 10-1 所示。

表 10-1　f 的汉明距离与 b 的关系

（$f_{i,j}^1, f_{i,j}^2$）的汉明距离	9	12	23	24
（$b_{1,1}^1, b_{1,1}^2$）	(226, 227)	(242, 243)	(122, 123)	(130, 131)

因此，攻击者只需不停地改变输入的明文对，对电路进行扫描测试，然后根据扫描链移出的输出数据分析汉明距离，当汉明距离为表 10-1 中的任何一个时，即可得到对应的（$b_{i,j}^1, b_{i,j}^2$），进而根据式（10-2）恢复初始密钥中的 1 字节 $RK1_{1,1}$。利用同样的方法，通过改变输入明文对的其他字节，重复操作，即可确定初始密钥的剩余字节，从而完全恢复初始密钥。

10.2.3　安全扫描测试技术

基于扫描链的非侵入式攻击对芯片的安全构成了巨大威胁，目前一种常用的防护策略是在对芯片进行扫描测试设计时，给电路中的扫描链上一把"锁"。只有在测试人员输入了正确的测试密钥后，扫描链才能被"解锁"，扫描测试才能正常进行。否则，扫描链将一直处于混淆状态，扫描测试不能正常进行。这就是"锁和钥匙"（LK，Lock & Key）机制。

在 LK 机制中，较为典型的是一种基于动态混淆扫描数据（DOSD，Dynamic Obfuscation of Scan Data）的安全扫描链电路，其电路结构如图 10-10 所示。该安全扫描链电路主要由控制单元、移位链和少量逻辑门组成。其中，移位链由多个 D 触发器串联而成，最左侧触发器的输入端与二选一 MUX 的输出端相连，MUX 的输入端分别连接外部输入端口 IN 和移位链中最右侧触发器的输出，MUX 的选通信号连接控制单元的输出信号 LOAD。移位链中每个触发器的输出 Q 或 QN 通过与门连接扫描链中选定扫描单元的扫描使能端口 SE，与门的另一个输入则是系统扫描使能信号 SE′。同时，移位链中每个触发器的输出 Q 或 QN 还将作为多输入与非门的输入，该与非门的输出信号将被锁存到下降沿触发的触发器里，锁存信号与控制单元的输出信号 LOAD 进行一次或操作，其输出作为移位链的门控时钟。

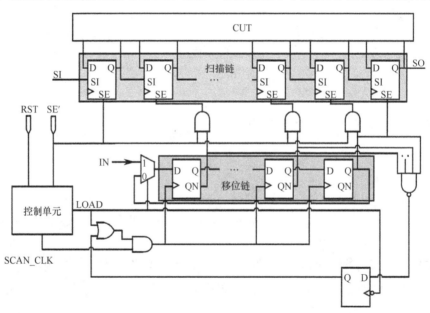

图 10-10　基于 DOSD 的安全扫描链电路结构

在功能模式下，系统扫描使能信号 SE′=0，选定扫描单元的工作状态不受移位链中触发器的输出影响，电路正常工作。在测试模式下，扫描移位阶段 SE′=1，选定扫描单元的扫描使能端口 SE 由移位链中每个触发器的输出控制。如果移位链中某个触发器的输出为"1"，则其连接的扫描单元将在扫描移位阶段正常工作，接收来自前一个扫描单元的扫描数据；否则，其连接的扫描单元将在扫描移位阶段接收来自被测电路的数据，此时扫描数据是混淆的。假设该扫描单元连接的下一个扫描单元正常工作，那么这个混淆的数据将会传给下一个扫描单元。因此，在测试模式下，只有当移位链中所有触发器的输出都为"1"时，选定扫描单元在扫描移位阶段才能正常工作，扫描测试才能正常进行；否则，扫描移位阶段存在部分扫描数据是混淆的情况，导致扫描测试不能正常进行。

由此可见，移位链中每个触发器的输出和与门的连接方式构成了该安全扫描链电路的 LK 机制。芯片上电或复位后，移位链中每个触发器的输出并不都为"1"，此时扫描链是"锁"着的。因此，为了使扫描链中选定扫描单元在测试模式下能够正常工作，必须"解锁"扫描链。一般也将用户"解锁"扫描链的过程称为授权认证阶段，只有授权用户才能"解锁"扫描链。

控制单元在检测到芯片从功能模式进入测试模式后，将 LOAD 信号电平拉高，控制用户输入指定长度的解密密钥，当解密密钥全部加载到移位链中时，将 LOAD 信号电平拉低。当用户输入的解密密钥匹配移位链中每个触发器的输出连接方式，从而使移位链中所有触发器的输出都为"1"时，说明授权认证成功，移位链的时钟将被门控关闭，从而移位链中触发器的值保持不变，扫描测试可以正常进行；否则，移位链中所有触发器的值将随时钟进行反馈移位，从而使动态混淆扫描移位阶段选定扫描单元接收的扫描数据。即使移位链中所有触发器的值在反馈移位的过程中使某个时刻所有触发器的输出都为"1"，但由于 LOAD 信号只在控制单元的作用下产生一次下降沿，下降沿触发的触发器中锁存信号将一直为"1"，因此移位链将继续反馈移位，从而使扫描测试不能正常进行。

10.3　JTAG 的攻击与防护

随着 JTAG 的广泛应用，针对 JTAG 的攻击和防护也在不断发展。本节首先对 JTAG 的概念安全模型进行介绍，然后分析不同的攻击方式，最后对 JTAG 的安全防护策略进行介绍。

10.3.1　JTAG 的安全模型

由于针对 JTAG 的攻击方式不断发展，实施方法不断变化，为简化对各种攻击方式的分析，本节首先介绍一种概念化的 JTAG 安全模型。

图 10-11 所示为一种概念化的 JTAG 安全模型，该模型为 JTAG 应用中安全风险的分析提供了一种方法。假设存在一组攻击者 A1～A3 和一系列攻击目标 G1～G6，同时定义 4 种攻击者可能具备的攻击能力 P1～P4，每个攻击者实际具备的能力是它的一个子集。K1～K4 是 4 种攻击方式，不同攻击方式对攻击能力的实现要求是不一样的，每种攻击方式也是 P1～P4 的一个子集，同时，对于给定的攻击方式，其能达到的攻击目标也是有所区别的。对于被攻击目标而言，针对 4 种攻击能力 P1～P4，其能够针对其中的一部分制定相应的防护措施。

通过该模型可以发现，攻击者 A1 具有攻击能力 P1、P3 和 P4，经防御能力抵消后还有 P1 和 P3，所以他能够实施攻击方式 K2 进而达成攻击目的 G1 和 G4，而其他攻击者 A2 和 A3 的攻击能力经防御能力抵消后不足以实施任何攻击方式，因此无法实现任何攻击目标。

这个概念化的攻击安全模型提供了一种分析 JTAG 所面临攻击方式的方法。首先，一个具有 JTAG 结构的芯片系统可能面临许多不同身份的潜在攻击者，例如，其中一个攻击者可能是恶意使用者，另一个则可能是芯片的某个制造方。每个攻击者都具有一定的攻击能力，例如，一个攻击者可能具有对 JTAG 数据线进行监听的能力。然而，攻击者的能力可能会被系统拥有的防御能力所抵抗，例如，即使攻击者能够监听到 JTAG 数据线上的信息，但是如果这些数据是被加密的，那么这项监听攻击便不能发挥作用，达不到其所期待的攻击目标。所有的攻击方式都有其相应的攻击要求，例如，由于 FPGA 的配置信息是经 JTAG 输入的，攻击者可以对 JTAG 施加攻击以获取这些配置信息，因此这种攻击就需要对 JTAG 数据线有监听能力。每个攻击者自身所具备的且未被系统防御能力所抵抗的攻击能力就决定了他能够实施的攻击方式和能够达成的攻击目标。通过对各种攻击方式进行分析能够帮助我们进行有针对性的防护设计。最后，需要考虑攻击者对 JTAG 进行攻击的目的，主要有两种：一种是获取 JTAG 的操作权限；另一种是直接窃取经 JTAG 传输的敏感信息。

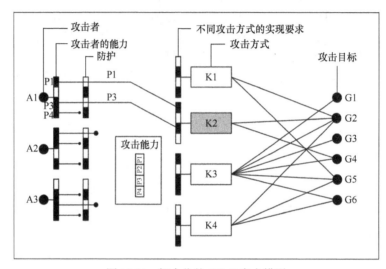

图 10-11　概念化的 JTAG 安全模型

10.3.2　JTAG 的攻击方式

以 10.3.1 节的概念化的攻击安全模型为分析手段，本节对具体的 JTAG 攻击方式进行介绍。

1. 嗅探攻击

图 10-12 所示为 JTAG 嗅探攻击示意图，在该攻击中，目标 IP 核需与攻击 IP 核在同一条 JTAG 链上，并且位于攻击 IP 核的下游，而攻击者的目标则是窃取通过 JTAG 中的 TDI 接口发送给受害 IP 核的敏感信息。在嗅探过程中，攻击 IP 核会表现出一种假的 BYPASS 模式，其外部行为与真正的 BYPASS 模式相同，但它能够解析 JTAG 信号。当敏感信息被发送到目标 IP 核时，攻击 IP 核会嗅探捕捉到一个副本。之后，信息被传递给攻击者。

2. 读出攻击

在读出攻击中，要求攻击者能够利用 JTAG 链中的上游 IP 核，如图 10-13 所示，通过

上游 IP-2（攻击者 1）的 I/O 驱动器强行控制 TMS 线和 TCK 线，即 IP-2 强行充当 JTAG
总线主控，并对目标 IP 进行扫描操作，以获取敏感信息。下游的 IP-5（攻击者 2）则利用
目标芯片的 TDO 输出采集敏感信息。

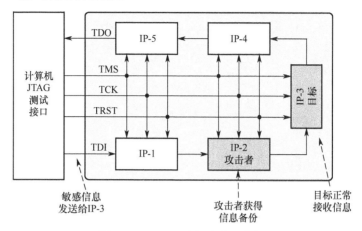

图 10-12　JTAG 嗅探攻击示意图

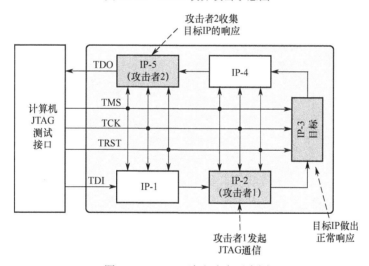

图 10-13　JTAG 读出攻击示意图

3. 测试向量与响应搜集攻击

如图 10-14 所示，攻击者的目标是搜集目标 IP 核的测试向量和正确的测试响应，这种
攻击要求攻击者位于目标 IP 的下游。在测试中，目标 IP 正常接收测试向量并做出响应，
通过 TDO 向下游传递。下游的攻击者能够对测试向量与响应进行搜集。

4. 修改目标状态

在这类攻击中，攻击者的目标是修改目标芯片的状态。在攻击中，一般假设攻击者可
以在攻击 IP 中插入强大的 I/O 驱动，强行控制 TMS 线和 TCK 线，之后将目标芯片的 JTAG
测试访问端口设置为可以进行数据转移的状态，进而改变目标 IP 核内寄存器的状态，包括
影响其正常操作的寄存器等。

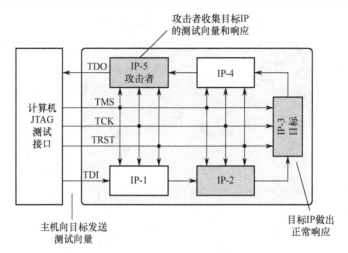

图 10-14　JTAG 测试向量与响应搜集攻击示意图

5．虚假响应攻击

如图 10-15 所示，在虚假响应攻击中，攻击者可以拦截测试向量，同时代替目标芯片产生一个假的测试响应，并传输给测试者，使测试者发生误判。

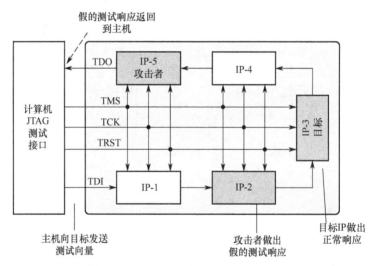

图 10-15　JTAG 的虚假响应攻击示意图

10.3.3　JTAG 的安全防护

针对 JTAG 面临的安全性问题，目前已经提出了多种安全防护方法，不同方法都有自己的特点和适用场景。本节主要对 JTAG 销毁、受保护的 JTAG 防护技术及 JTAG 隐藏技术进行介绍。

1．JTAG 销毁

在某些情况下，只在调试过程和制造测试中需要 JTAG，芯片在测试并交付给客户之后，JTAG 接口就可能成为安全隐患之一。因此，在这些情况下，芯片厂商可以在批量出货前对

JTAG 接口及功能进行禁用。在这种情况下，JTAG 接口可以用 Fuse 或 eFuse 等熔丝进行设计和控制，在不需要时，将 JTAG 的熔丝熔断。由于该过程不可逆，因此熔断之后很难对 JTAG 功能进行恢复，从而达到安全防护的目的。

2. 受保护的 JTAG 防护技术

受保护的 JTAG 防护技术（Protected JTAG）是由摩托罗拉公司提出的一种 JTAG 安全防护策略，该策略通过灵活的模式机制和认证机制在不影响调试功能的同时，能够阻止非法操作者对机密信息的访问，该方案采用全硬件进行实现。

在 JTAG 防护技术中，JTAG 的行为由 3 种保护级别（PL，Protection Level）和 4 种访问模式（AM，Access Mode）协调控制。访问模式是一个可以配置的参数，它定义了默认状态下 JTAG 的保护级别及保护级别可否降低等安全属性。保护级别定义了实际工作状态下 JTAG 的功能、可访问的区域等。访问模式对保护级别的规定如表 10-2 所示。访问模式通过一组熔丝实现，由于熔丝的熔断是一个不可逆的过程，因此 JTAG 的访问模式只能降低不能提高，而访问模式越低，意味着它所能访问的区域越有限，对系统内敏感信息的威胁也越小。

表 10-2　Protected JTAG 各访问模式下的系统功能

访 问 模 式	默认保护级别	保护级别可否降低	可降低级别
AM3	PL2	不可	—
AM2	PL1	可	PL2
AM1	PL0	可	PL1、PL2
AM0	PL0	不可	—

Protected JTAG 主要对非法操作提供安全防护，对于可信用户的授权是该方案中的重要任务。考虑到芯片应用过程中可能面临的运算能力受限等因素，该方案引入了第三方安全实体，即一个能够保存用户证书并完成相关运算的安全服务器，授权过程中芯片的测试设备需要与该服务器进行多次数据通信并完成认证。认证实现是基于挑战应答机制进行的，首先由 Protected JTAG 产生挑战，安全服务器根据设备 ID 和操作者证书完成计算产生响应，再由 Protected JTAG 对该响应进行验证，完成用户身份认证。在此过程中，测试者需要采用专门的软件工具通过安全网络通道连接到安全服务器。

Protected JTAG 方案的突出特点是灵活性高，提供了多种访问模式，并且在访问模式下还可以通过授权改变其安全等级，从而为设备的不同需求提供有效防护。

3. JTAG 隐藏技术

解决 JTAG 安全问题的另一种方法是将 JTAG 进行隐藏，如将 JTAG 隐藏在系统控制器后面。在这种方法中，系统控制器充当代理角色，并同一个或多个芯片（通常在 PCB 板级）进行与测试相关的通信，如图 10-16 所示，FPGA U1 充当系统控制器，与其他芯片连接并完成测试。该方法能够在不修改芯片的情况下，提高整个系统的安全性。系统控制器可以实现合理的安全策略，包括：（1）所有访问必须通过验证；（2）通过身份验证的测试者只能访问获得授权的资源；（3）仅允许已签名和已验证的固件被更新；（4）不允许将固件进行更改或恢复到以前的版本；（5）测试设备和系统控制器之间的所有通信都受到加密保护，以防止中间人攻击等。

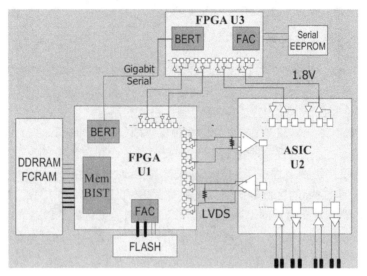

图 10-16　将 JTAG 隐藏在系统控制器后面

10.4　面向 SoC 测试的攻击与防护

片上系统（SoC，System on Chip）已经成为现代集成电路的重要组成部分，其基本思想是将各个 IP 模块在片上进行高密度集成。针对 SoC 的测试访问机制则从 PCB 上的机制演进而来，其主要采用 JTAG 作为芯片到测试设备的外部接口，同时也用于芯片内 IP 核的访问。对于 SoC 而言，除传统的测试攻击技术外，其特殊的设计模式也对其测试环节构成了新的安全威胁。本节主要对面向 SoC 测试的攻击及防护技术进行介绍。

10.4.1　面向 SoC 测试的攻击技术

在 SoC 中，其内部的测试信号可以在芯片中以多种不同的方式进行交互传递。一般地，综合考虑测试速度和测试成本，在包含多个 IP 核心的 SoC 中，最佳测试配置是多个核心共享相同的测试布线资源。在实际测试中，这些共享的测试布线资源主要用于实现测试仪器向测试目标之间的测试数据传输。如图 10-17 所示，每个 IP 核包括测试壳串行输入（WSI，Wrapper Serial Input）、测试壳串行输出（WSO，Wrapper Serial Output）及测试壳串行控制（WSC，Wrapper Serial Controller）端口，测试接口与各个 IP 核的 WSC 进行交互，对于测试数据，则是在各个 IP 核之间以串行的方式进行流动。对于这种特殊的测试数据传输机制，基于共享的测试布线也暴露出一些安全隐患。

（1）测试线监听。

由于各个 IP 核都会与测试线进行互连，如果某个 IP 核内存在恶意代码，能够监听总线上的数据，那么可以接收测试设备向其他 IP 核发送的测试数据，从而造成信息泄露。例如，如果测试数据包含加密所需的密钥等信息，那么恶意 IP 就能够获取这些信息并通过特定方式泄露给攻击者。

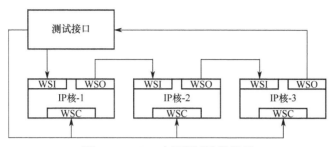

图 10-17　SoC 内部测试连接关系

（2）测试线劫持。

在共享的测试线上，恶意 IP 核可能会频繁干扰测试设备与待测目标 IP 核之间的通信，或者将测试线进行劫持，对总线上传输的数据进行篡改，从而造成误测试或者测试失败等情况。

10.4.2　面向 SoC 测试的防护技术

不同的公司已经针对 SoC 测试中存在的安全性问题开发了多种防护技术。其中，最直接的方式就是在芯片测试完成后，将内部的测试接口进行物理移除。但是由于 SoC 的内部结构较为复杂，将测试接口完全去除会极大限制芯片后期使用的灵活性，因此，现在更多的公司在芯片内部嵌入测试管理机制，以增强对芯片内部测试线的管理和访问控制。

一种典型的防护方法如图 10-18 所示，在 SoC 内部提供一种可信机制，为每个 IP 核传递密钥。在芯片测试初始化器件时，测试控制器中的密钥生成模块生成多组密钥并通过扫描单元构成的扫描链传输给各个 IP 核，而每个 IP 核均有自己的密钥寄存器，用于存储这个临时会话密钥。在之后的整个测试过程中，测试人员仍然通过共享线进行测试数据的输入，但是传输的数据是经过目标 IP 核会话密钥加密的，即使其他 IP 核进行了数据窃取，也不能实现正常解密，进而保证了测试的安全性。

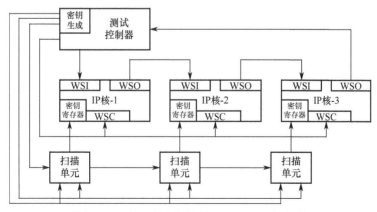

图 10-18　基于加密保护的 SoC 测试防护方法

10.5　本章小结

　　本章对常用的可测性设计技术进行了介绍，分析了可测性与安全性之间的矛盾关系，同时以扫描测试、JTAG 及 SoC 测试为例，详细讲解了基于测试的攻击和防护技术。对于芯片而言，当复杂度达到一定程度时，必须借助可测性设计技术来提升芯片的测试效率。但是由于可测性与安全性本身存在矛盾，因此在进行可测性设计时必须进行全面的考虑，并对潜在的基于测试的安全漏洞进行防护。

<h1 style="text-align:center">参 考 文 献</h1>

[1]　CUI A, LUO Y, CHANG C. Static and dynamic obfuscations of scan data against scan-based side-channel attacks[J]. IEEE Transactions on Information Forensics and Security, 2017, 12(2): 363-376. DOI: 10.1109/TIFS.2016.2613847.

[2]　Rosenfeld K, Karri R. Attacks and defenses for JTAG[J]. IEEE Design and Test of Computers, 2010, 27(1): 36-47. DOI: 10.1109/MDT.2010.9.

[3]　吴雪涛. 密码 SoC 芯片 JTAG 安全防护技术研究[D]. 郑州市：解放军信息工程大学，2015.

[4]　WANG X, ZHANG D, HE M, et al. Secure scan and test using obfuscation throughout supply chain[J]. IEEE Transactions on Computer-Aided Design of Integrated Circuits and Systems, 2018, 37(9): 1867-1880. DOI: 10.1109/TCAD.2017.2772817.

[5]　Rosenfeld K, Karri R. Security-aware SoC test access mechanisms[C]// VLSI Test Symposium. Dana Point, CA, USA: IEEE, 2011: 100-104. DOI: 10.1109/VTS.2011.5783765.

[6]　LI X, LI W, YE J, et al. Scan chain based attacks and countermeasures: a survey[J]. IEEE Access, 2019, 7: 85055-85065. DOI: 10.1109/ACCESS.2019.2925237.

[7]　鱼鲧. AES 密码电路安全扫描设计[D]. 西安：西安电子科技大学，2020.

[8]　吴秋纬. 密码芯片扫描链安全技术研究[D]. 西安：西安电子科技大学，2020.

[9]　Park K, Yoo S G, Kim T, et al. JTAG security system based on credentials[J]. Journal of Electronic Testing, 2020, 26: 549-557. DOI: 10.1007/s10836-010-5170-y.

[10]　Tehranipour M H, Ahmed N, Nourani M. Testing SoC interconnects for signal integrity using boundary scan[C]// Proceedings 21st VLSI Test Symposium. Napa, CA, USA: IEEE, 2003: 158-163. DOI: 10.1109/VTEST.2003.1197647.

反侵权盗版声明

　　电子工业出版社依法对本作品享有专有出版权。任何未经权利人书面许可，复制、销售或通过信息网络传播本作品的行为；歪曲、篡改、剽窃本作品的行为，均违反《中华人民共和国著作权法》，其行为人应承担相应的民事责任和行政责任，构成犯罪的，将被依法追究刑事责任。

　　为了维护市场秩序，保护权利人的合法权益，我社将依法查处和打击侵权盗版的单位和个人。欢迎社会各界人士积极举报侵权盗版行为，本社将奖励举报有功人员，并保证举报人的信息不被泄露。

举报电话：（010）88254396；（010）88258888
传　　真：（010）88254397
E-mail：　dbqq@phei.com.cn
通信地址：北京市万寿路 173 信箱
　　　　　电子工业出版社总编办公室
邮　　编：100036